冶金专业教材和工具书经典传承国际传播工程
普通高等教育“十四五”规划教材

“十四五”国家重点
出版物出版规划项目

深部智能绿色采矿工程
金属矿深部绿色智能开采系列教材
冯夏庭　主编

金属矿共伴生资源利用

Utilization of Co-associated Resources in Metal Ore

黄菲　高文元　高尚　姜海强　程云虹　编著

扫码看本书
数字资源

北京
冶金工业出版社
2023

内 容 提 要

本书在讲述新型资源观和金属矿共伴生资源的基本概念、可利用属性等基本知识的基础上，详细介绍了热力学相变、物相重构等金属矿共伴生资源的科学原理，以及金属矿共伴生资源制备胶凝材料、陶瓷材料、多孔材料以及3D打印材料等金属矿共伴生资源利用的技术方法，最后对金属矿产资源全组分利用的前景进行了讲解，并对其发展趋势做出了展望。

本书可作为采矿工程、资源勘查工程、矿物加工工程等专业本科生教材，也适合从事地质资源、地质工程、矿物加工工程、矿物材料、生态环境等相关学科的教学、科研、工程技术人员参考使用。

图书在版编目(CIP)数据

金属矿共伴生资源利用/黄菲等编著．—北京：冶金工业出版社，2023.11

（深部智能绿色采矿工程/冯夏庭主编）

“十四五”国家重点出版物出版规划项目

ISBN 978-7-5024-9404-9

Ⅰ.①金… Ⅱ.①黄… Ⅲ.①金属矿—共生矿物—资源利用—高等学校—教材②金属矿—伴生矿物—资源利用—高等学校—教材 Ⅳ.①TD85

中国国家版本馆CIP数据核字(2023)第029434号

金属矿共伴生资源利用

出版发行 冶金工业出版社　**电　话** (010)64027926
地　址 北京市东城区嵩祝院北巷39号　**邮　编** 100009
网　址 www.mip1953.com　**电子信箱** service@mip1953.com

责任编辑 刘小峰 赵缘园 美术编辑 彭子赫 版式设计 郑小利
责任校对 石 静 责任印制 窦 唯
三河市双峰印刷装订有限公司印刷
2023年11月第1版，2023年11月第1次印刷
787mm×1092mm 1/16；13.5印张；323千字；197页
定价 45.00元

投稿电话 (010)64027932 **投稿信箱** tougao@cnmip.com.cn
营销中心电话 (010)64044283
冶金工业出版社天猫旗舰店 yjgycbs.tmall.com
（本书如有印装质量问题，本社营销中心负责退换）

冶金专业教材和工具书
经典传承国际传播工程
总　序

钢铁工业是国民经济的重要基础产业，为我国经济的持续快速增长和国防现代化建设提供了重要支撑，做出了卓越贡献。当前，新一轮科技革命和产业变革深入发展，中国经济已进入高质量发展新时代，中国钢铁工业也进入了高质量发展的新时代。

高质量发展关键在科技创新，科技创新离不开高素质人才。党的二十大报告指出："教育、科技、人才是全面建设社会主义现代化国家的基础性、战略性支撑。必须坚持科技是第一生产力、人才是第一资源、创新是第一动力，深入实施科教兴国战略、人才强国战略、创新驱动发展战略，开辟发展新领域新赛道，不断塑造发展新动能新优势。"加强人才队伍建设，培养和造就一大批高素质、高水平人才是钢铁行业未来发展的一项重要任务。

随着社会的发展和时代的进步，钢铁技术创新和产业变革的步伐也一直在加速，不断推出的新产品、新技术、新流程、新业态已经彻底改变了钢铁业的面貌。钢铁行业必须加强对科技进步、教育发展及人才成长的趋势研判、规律认识和需求把握，深化人才培养体制机制改革，进一步完善相应的条件支撑，持续增强"第一资源"的保障能力。中国钢铁工业协会《"十四五"钢铁行业人力资源规划指导意见》提出，要重视创新型、复合型人才培养，重视企业家培养，重视钢铁上下游复合型人才培养。同时要科学管理，丰富绩效体系，进一步优化人才成长环境，造就一支能够支撑未来钢铁行业高质量发展的人才队伍。

高素质人才来源于高水平的教育和培训，并在丰富多彩的创新实践中历练成长。以科技创新为第一动力的发展模式，需要科技人才保持知识的更新频率，站在钢铁发展新前沿去思考未来，系统性地将基础理论学习和应用实践学习体系相结合。要深入推进职普融通、产教融合、科教融汇，建立高等教育+职业教育+继续教育和培训一体化行业人才培养体制机制，及时把钢铁科技创新成果转化为钢铁从业人员的知识和技能。

一流的专业教材是高水平教育培训的基础，做好专业知识的传承传播是当代中国钢铁人的使命。20 世纪 80 年代，冶金工业出版社在原冶金工业部的领导支持下，组织出版了一批优秀的专业教材和工具书，代表了当时冶金科技的水平，形成了比较完备的知识体系，成为一个时代的经典。但是由于多方面的原因，这些专业教材和工具书没能及时修订，导致内容陈旧，跟不上新时代的要求。反映钢铁科技最新进展和教育教学最新要求的新经典教材的缺失，已经成为当前钢铁专业人才培养最明显的短板和痛点。

为总结、提炼、传播最新冶金科技成果，完成行业知识传承传播的历史任务，推动钢铁强国、教育强国、人才强国建设，中国钢铁工业协会、中国金属学会、冶金工业出版社于 2022 年 7 月发起了“冶金专业教材和工具书经典传承国际传播工程”（简称“经典工程”），组织相关高校、钢铁企业、科研单位参加，计划用 5 年左右时间，分批次完成约 300 种教材和工具书的修订再版和新编，以及部分教材和工具书的对外翻译出版工作。2022 年 11 月 15 日在东北大学召开了工程启动会，率先启动了高等教育和职业教育教材部分工作。

“经典工程”得到了东北大学、北京科技大学、河北工业职业技术大学、山东工业职业学院等高校，中国宝武钢铁集团有限公司、鞍钢集团有限公司、首钢集团有限公司、河钢集团有限公司、江苏沙钢集团有限公司、中信泰富特钢集团股份有限公司、湖南钢铁集团有限公司、包头钢铁（集团）有限责任公司、安阳钢铁集团有限责任公司、中国五矿集团公司、北京建龙重工集团有限公司、福建省三钢（集团）有限责任公司、陕西钢铁集团有限公司、酒泉钢铁（集团）有限责任公司、中冶赛迪集团有限公司、连平县昕隆实业有限公司等单位的大力支持和资助。在各冶金院校和相关钢铁企业积极参与支持下，工程相关工作正在稳步推进。

征程万里，重任千钧。做好专业科技图书的传承传播，正是钢铁行业落实习近平总书记给北京科技大学老教授回信的重要指示精神，培养更多钢筋铁骨高素质人才，铸就科技强国、制造强国钢铁脊梁的一项重要举措，既是我国钢铁产业国际化发展的内在要求，也有助于我国国际传播能力建设、打造文化软实力。

让我们以党的二十大精神为指引，以党的二十大精神为强大动力，善始善终，慎终如始，做好工程相关工作，完成行业知识传承传播的使命任务，支撑中国钢铁工业高质量发展，为世界钢铁工业发展做出应有的贡献。

中国钢铁工业协会党委书记、执行会长

2023年11月

金属矿深部绿色智能开采系列教材

编　委　会

金属矿深部绿色智能开采系列教材

序　言

新经济时代，采矿技术从机械化全面转向信息化、数字化和智能化；极大程度上降低采矿活动对生态环境的损害，恢复矿区生态功能是新时代对矿产资源开采的新要求；"四深"（深空、深海、深地、深蓝）战略领域的国家部署，使深部、绿色、智能采矿成为未来矿产资源开采的主趋势。

为了适应这一发展趋势对采矿专业人才知识结构提出的新要求，依据新工科人才培养理念与需求，系统梳理了采矿专业知识逻辑体系，从学生主体认知特点出发，构建以地质、测量、采矿、安全等相关学科为节点的关联化教材知识结构体系，并有机融入"课程思政"理念，注重培育工程伦理意识；吸纳地质、测量、采矿、岩石力学、矿山生态、资源综合利用等相关领域的理论知识与实践成果，形成凸显前沿性、交叉性与综合性的"金属矿深部绿色智能开采系列教材"，探索出适应现代化教育教学手段的数字化、新形态教材形式。

系列教材目前包括《金属矿山地质学》《深部工程地质学》《深部金属矿水文地质学》《智能矿山测绘技术》《金属矿床露天开采》《金属矿床深部绿色智能开采》《井巷工程》《智能金属矿山》《深部工程岩体灾害监测预警》《深部工程岩体力学》《矿井通风降温与除尘》《金属矿山生态-经济一体化设计与固废资源化利用》《金属矿共伴生资源利用》，共13个分册，涵盖地质与测量、采矿、选矿和安全4个专业、近10个相关研究领域，突出深部、绿色和智能采矿的最新发展趋势。

系列教材经过系统筹划，精细编写，形成了如下特色：以深部、绿色、智能为主线，建立力学、开采、智能技术三大类课群为核心的多学科深度交叉融合课程体系；紧跟技术前沿，将行业最新成果、技术与装备引入教材；融入课程思政理念，引导学生热爱专业、深耕专业，乐于奉献；拓展教材展示手段，采用全新数字化融媒体形式，将过去平面二维、静态、抽象的专业知识以三维、动态、立体再现，培养学生时空抽象能力。系列教材涵盖地质、测量、开采、智能、资源综合利用等全链条过程培养，将各分册教材的知识点进行梳理与整合，避免了知识体系的断档和冗余。

系列教材依托教育部新工科二期项目“采矿工程专业改造升级中的教材体系建设”（E-KYDZCH20201807）开展相关工作，有序推进，入选《出版业“十四五”时期发展规划》，得到东北大学教务处新工科建设和“四金一新”建设项目的支持，在此表示衷心的感谢。

主编 冯夏庭

2021 年 12 月

前　言

矿产资源是人类生存和发展的重要物质基础，是人类社会赖以生存和发展的不可再生资源。在我国经济快速发展的过程中，约85%的生产原材料来自矿产资源，大规模开采过程中产生了大量尾矿、废石，环境压力越来越大。尾矿是我国排放量最大的固体废弃物之一，其中大部分尾矿资源未得到合理综合利用，以尾矿库的形式堆存。人们在矿产资源开发获得巨大利益的同时，也遭受着水土流失、水系污染、地质灾害频发以及空气污染等环境问题。传统矿产资源利用观念中对于低品位矿、难选（冶）矿、废石（渣）、尾矿等矿产共伴生资源的综合勘探、开采及综合利用等方面认识不足。因此，在面向深部、面向绿色、面向智能化的矿业发展新形势下，建立新型资源观，加快、加强金属矿共伴生资源的利用水平，提高利用率，提升利用价值，已迫在眉睫。

本书在查阅国内外大量学术文献的基础上，结合作者从事成因矿物学、实验矿物学、矿产资源评价与利用方向上教学和科研工作中经验积累和心得体会，简要地阐述了金属矿共伴生资源利用的原理、方法和应用途径。本书主要特色如下：(1) 通过反思传统资源观，构建新型资源观，介绍矿产资源利用与可持续发展的新型综合利用理念；(2) 通过建立矿产共伴生资源的可利用属性评价方法，阐明矿产共伴生资源利用原理，指导金属矿共伴生资源利用方法；(3) 以金属矿共伴生资源制备胶凝材料、陶瓷材料、多孔材料、3D打印材料的应用实例，详细介绍金属矿共伴生资源利用的具体方法与注意要点。

本书可作为采矿工程、资源勘查工程、矿物加工工程等专业本科生教材，也适合从事地质资源、地质工程、矿物加工工程、矿物材料、生态环境等相关学科的教学、科研、工程技术人员参考使用。

在本书编写过程中，参考了国内外许多专家、学者和现场工程技术人员的研究成果。本书共8章，编写分工如下：前言和第1章由黄菲和高尚编写；第2章由高文元和孙琪编写；第3章由高文元和黎永丽编写；第4章由程云虹和姜海强编写；第5章由黄菲、常卓雅、王佳为编写；第6章由黄菲、闻昕宇、罗子杰编写；第7章由黄菲、孟林、邓杨编写；第8章由黄菲、刘波编写；黄菲、高文元、高尚负责全书的策划和审定工作。

本书是冯夏庭院士主编的“金属矿深部绿色智能开采系列教材”之一，本书的修撰工作自始至终得到了冯夏庭院士的热忱关怀和指导，多次审阅文稿内容，给予了极大的帮助，提出了宝贵的意见。本书编写过程中同时得到了东北大学资源与土木工程学院、教务处以及诸多同事的多方关心和帮助。北京大学鲁安怀教授和中国地质大学（北京）李胜荣教授参与了书稿的讨论和修改，对书稿提出了建设性的意见。在此一并表示衷心的感谢！

由于近年来矿产资源共伴生利用研究成果十分丰富，本书作为本科生教材篇幅有限，难免挂一漏万。加之作者水平所限，书中不妥之处，恳请同行和广大读者批评指正。

编　者

2022年6月于沈阳

目　　录

本章课件

1　新型资源观

本章提要

通过本章内容的学习，了解矿产资源的概念、属性和供需形式，掌握金属矿产共伴生资源综合利用的主要途径和标准，并认识通过反思传统资源观，构建新型资源观的重要意义。

1.1　矿产资源概述

矿产资源（mineral resources）是指经过地质成矿作用，使埋藏于地下或出露于地表，并具有开发利用价值的矿物或有用元素含量达到具有工业利用价值的集合体。矿床、煤田、油田等是矿产资源的实际载体，也是人类直接研究、寻找和开发利用的资源对象。矿产资源在人类生活中无处不在，几乎90%的生产生活用品都与之密切相关，其开发利用极大地促进了人类进步、经济发展和社会财富的积累，是人类文明的物质基础。

随着世界各国的发展，包括发达国家的持续高位需求、发展中国家工业化的不断推进和全球化程度的不断提高，预计未来数十年全球对矿产资源的需求将继续高速增长，如何应对和满足可持续发展的重大资源需求，一直是全球关注的焦点之一。资源争夺关系着世界政治格局，它们的持续安全供给关系着国计民生和国家安全[1]。

1.1.1　矿体-矿石-共伴生矿

按照当前经济技术水平，根据矿产工业品位在地壳中圈定的具有一定空间位置、形状和大小的矿石聚集体称为矿体（ore bodies）。矿体是构成矿床的基本组成单位，是开采和利用的对象。一个矿床至少由一个矿体组成，也可以由大小不同的两个或多个矿体组成。矿石（ores）是矿体的组成部分，是从矿体中开采出来的、能以工业规模从中提取有用组分（元素、化合物或矿物）的矿物集合体。

共伴生矿简单来说，就是形成在同一成矿区域内的不同矿物。共生矿（symbiotic minerals）是指在同一矿区（矿床）内有两种或两种以上都达到各自单独的品位要求和储量要求，并且各自达到矿床规模的矿产。伴生矿（associated minerals）是指在同一矿床（矿体）内，不具备单独开采价值，但能与其伴生的主要矿产一起被开采利用的有用矿物或元素。共生矿和伴生矿定义差异的关键在于同一矿区（或矿床）的两种以上的矿产能否各自独立成矿。共生矿达到了成矿品位和储量要求，可以不分主次；而伴生矿达不到，但能与主要矿产一起被开发利用[2]。

1.1.2 围岩和废石

矿体周围的岩石称为围岩（wall rocks），指有用元素或矿物的品位低于边界品位，开采和利用时产生经济效益较低的部分[3]。矿体与围岩的界线有的是明显的，能用肉眼就可以区别；有的是渐变的，要根据化学分析才能圈定出来。废石（waste rocks）是指在矿体周围的岩石（围岩）以及夹在矿体中的岩石（夹石），不含有用成分或含量过少，当前不宜作为矿石开采的集合体。如与中-酸性侵入体有关的矽卡岩型铁矿床中矿体与围岩的关系如图 1-1 所示。

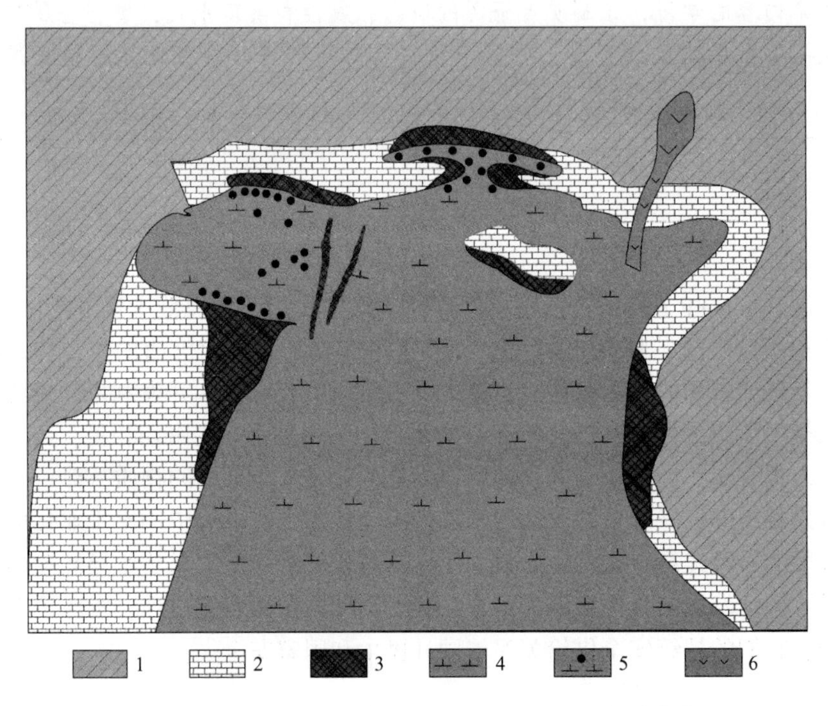

图 1-1　与中-酸性侵入体有关的矽卡岩型铁矿床模式图

1—页岩；2—大理岩；3—接触交代矿体；4—闪长岩；5—蚀变带；6—中-酸性脉岩

1.1.3 矿石矿物和脉石矿物

矿石是由矿石矿物和脉石矿物组成的。矿石矿物（ore minerals），又称有用矿物，指可被利用的矿物，如铜矿石中的黄铜矿和斑铜矿；铁矿石中的磁铁矿、赤铁矿、菱铁矿等。脉石矿物（gangue minerals），又称无用矿物，是指矿石中对于主矿而言，目前还不能被利用的矿物，如铜矿石中的石英、绢云母、绿泥石等。鞍山式铁矿和黑龙江老柞山金矿中矿石矿物与脉石矿物的结构关系如图 1-2 和图 1-3 所示。同矿体与围岩一样，矿石矿物和脉石矿物的划分也是相对的和暂时的。随着人们对新矿物原料的需求日益增长和经济技术条件的不断进步，目前被认为无用的脉石矿物，可能逐渐成为有用的矿石矿物。例如矽卡岩型铜矿石中的透辉石，过去一直认为是无用的矿物，现在却广泛用作低温快烧陶瓷的原料。

图 1-2 鞍山式铁矿石中矿石矿物和脉石矿物分布照片

(a) 鞍山式铁矿石标本；(b) ~ (d) 鞍山市铁矿石条带状构造镜下观察

Mag—磁铁矿；Qtz—石英

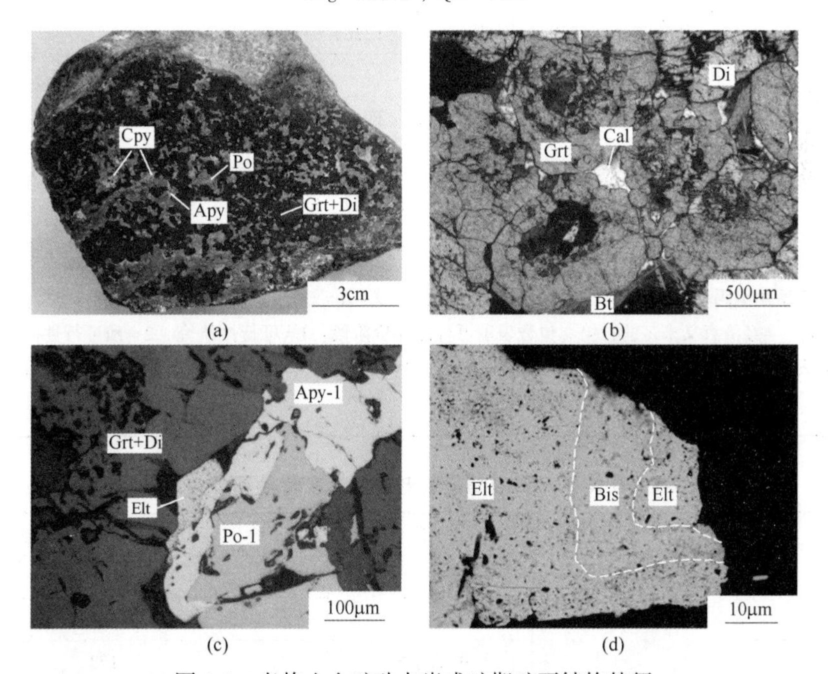

图 1-3 老柞山金矿矽卡岩成矿期矿石结构特征

(a) 磁黄铁矿和黄铜矿、毒砂等在矿石中呈浸染状分布；(b) 方解石和黑云母充填在石榴子石与辉石颗粒中；(c) 银金矿分布在毒砂边部；(d) 银金矿与 Bi-Te 矿物呈固溶体结构 (BSE)

Apy—毒砂；Bis—Bi-Te 矿物；Bt—黑云母；Cal—方解石；Cpy—黄铜矿；Di—透辉石；Elt—银金矿；Grt—石榴子石；Po—磁黄铁矿

1.1.4 矿产资源量和矿产储量

矿产资源是指由地质作用形成于地壳内或地表的自然富集物，其位置、数量、质量、品位、地质特征是根据特定的地质依据和地质知识计算和估算的。对矿产资源所估算的数量称为矿产资源量（mineral resource）。按照地质可靠程度，可分为查明矿产资源和潜在矿产资源。

矿产储量（ore reserve）是矿产资源量中查明资源的一部分，经勘查证实存在矿床（体），其产出形式（形态、产状、空间分布）、数量/规模、质量能为当前工业生产技术条件所开发利用，并且国家政策法规允许开发的原地矿产资源量。查明资源的其余部分则为暂难利用的探明资源量。根据《固体矿产资源储量分类》（GB/T 17766—2020）标准，综合考虑地质可靠程度、可行性评价和经济意义三个方面技术和经济的因素，将矿产资源分为三大类（即储量、基础储量、资源量）16 种类型（表 1-1 和表 1-2）[4]。

表 1-1 固体矿产资源/储量分类表[4]

经济意义	地质可靠程度			
	查明矿产资源		潜在矿产资源	
	探明的	控制的	推断的	预测的
经济的	可采储量（111）			
	基础储量（111b）			
	预可采储量（121）	预可采储量（122）		
	基础储量（121b）	基础储量（122b）		
边际经济的	基础储量（2M11）			
	基础储量（2M21）	基础储量（2M22）		
次边际经济的	资源量（2S11）			
	资源量（2S21）	资源量（2S22）		
内蕴经济的	资源量（331）	资源量（332）	资源量（333）	资源量（334）

说明：表中所用编码（111~334），第 1 位数表示经济意义：1=经济的，2M=边际经济的，2S=次边际经济的，3=内蕴经济的，?=经济意义未定的；第 2 位数表示可行性评价阶段：1=可行性研究，2=预可行性研究，3=概略研究；第 3 位数表示地质可靠程度：1=探明的，2=控制的，3=推断的，4=预测的，b=未扣除设计、采矿损失的可采储量。

表 1-2 固体矿产资源储量新老分类标准转换基本对应关系

序 号	新分类标准资源储量类型		老分类标准资源储量类型
1	储量	证实储量	111
			121
2		可信储量	122
3	资源量	探明资源量	111b
			121b
			2M11

续表 1-2

序 号	新分类标准资源储量类型		老分类标准资源储量类型
3	资源量	探明资源量	2M21
			2S11
			2S21
			331
4		控制资源量	122b
			2M22
			2S22
			332
5		推断资源量	333

1.1.5 矿床工业指标

矿床工业指标，指在当前经济技术条件下，对矿产质量和开采条件的综合要求。它是在可行性评价的基础上认真分析国内、外矿产品的供求形势、技术水平和经济条件，经过经济技术论证制定的，是划分矿与非矿的标准，是圈定矿体、估算储量和评价矿床工业价值的依据。目前，我国广泛应用的矿床工业指标主要包括两大类：一是对矿产质量方面的要求标准（矿石质量指标）；二是对矿床开采技术条件的要求标准（矿床开采技术条件指标）。

（1）矿石质量指标。矿石质量要求包括矿石品位和矿石物理技术性能方面的内容。矿石品位指矿石中有用组分的含量，是衡量矿床经济价值的主要指标。在矿床勘查工作中，为合理地评价矿床的工业价值，矿石品位通常用边界品位和最低工业品位两个指标来综合表示。边界品位（cut-off grade）指在资源储量估算圈定矿体时，对单个矿样中有用组分含量的最低要求，是区分“矿”与“非矿”界限的分界品位。最低工业品位（minimum industrial grade）一般指工业上可以利用的矿石（矿物）按单个工程或块段（矿体）计算的最低平均品位，其会随着经济技术条件的发展和需求程度而不断发生变化[5]。

（2）矿床开采技术条件指标。主要有最低可采厚度、最小夹石剔除厚度等。最低可采厚度（minimum exploitable thickness）是当前根据采矿技术和矿床地质条件对固体矿产提出的一项工业指标，指在一定的经济技术条件下，对有开采价值的单层矿体的最小厚度要求，以作为储量计算圈定工业矿体时，区分能利用储量与暂不能利用储量的标准之一。最小夹石剔除厚度是圈定矿体、计算储量的又一重要指标，指矿体（层）内的岩层或达不到边界品位要求的矿化夹层（夹石）应予剔除的最小厚度[6]。

（3）综合工业品位指标。当矿床中同时存在几种有用组分，但每一种组分均不能单独达到工业利用的要求，而它们在矿石中的含量又高于技术上的可选品位时，该矿床的工业价值就不能只用一种有用组分的价值来衡量，而必须按技术上可以回收的几种有用组分的综合价值进行考虑。这种按照两种或两种以上有用组分的综合价值所制订的工业指标，叫作综合工业品位指标[6]。

根据地质矿产行业标准《矿产地质勘查规范铁、锰、铬》（DZ/T 0200—2020），铁矿石的一般工业指标如下（表 1-3~表 1-5）。

表 1-3 需进行选矿的铁矿石一般工业指标

矿石类型	w_B/%	
	边界品位	最低工业品位
磁铁矿石	20 15①	25 20①
赤铁矿石	25	28~30
菱铁矿石	20	25
褐铁矿石	25	30

①为 mFe 质量分数，其他为 TFe 质量分数。

表 1-4 矿床开采技术指标

矿床开采技术指标	露天开采	地下开采
最小可采厚度/m	2~4	1~2
最小夹石剔除厚度/m	1~2	1

表 1-5 铁矿石中伴生组分综合评价参考指标

伴生组分	单位	w_B	伴生组分	单位	w_B
V_2O_5	%	0.15~0.20	Mo	%	0.02
TiO_2	%	3~5	S	%	2~4
Co	%	0.02	P_2O_5	%	1~2
Cu	%	0.1~0.2	Nb_2O_5	%	0.05
Ni	%	0.1~0.2	TR_2O_3	%	0.5
Pb	%	0.2	U	%	0.005
Zn	%	0.2	Au	10^{-5}	0.1~0.2
Sn	%	0.1	Ag	10^{-5}	5
B	%	1~2			

注：Co、Cu、Ni、Pb、Zn、Mo、S、Au、Ag 系指这些元素赋存于硫化物中的含量；V_2O_5 指其赋存于有用铁矿物中的含量；P_2O_5 指其在磷灰石状态时的含量；U 指其以晶质铀矿、方钍石等独立矿物存在时的含量；Nb_2O_5 指其以铌铁矿矿物为主存在的含量；TR_2O_3 指其以独居石、氟碳铈矿物为主存在时的含量；Sn 指富集在铁精矿中的锡，当铁精矿还原焙烧时，锡被挥发，可在烟道中回收或在铁尾矿中呈锡石单独矿物的含量；TiO_2 指钒钛磁铁矿床中，其在可被选出的粒状钛铁矿中的含量；B 指其赋存于硼镁石矿物中的含量；铁矿石中其他有用组分，如 Cr、Ga、Ge 等达到多少含量即可综合回收，目前尚无成熟经验，在工作中可据具体情况与有关部门商定；含量一般为块段平均品位。

《矿产地质勘查规范　岩金》（DZ/T 0205—2020）中，岩金矿的一般工业指标及其伴生矿产综合评价参考指标见表 1-6 和表 1-7。

表 1-6 岩金矿一般工业指标

项　目	指　标		
	原生矿		氧化矿
	坑采	露采	
边界品位/$g \cdot t^{-1}$	0.8~1.0		0.5
最低工业品位/$g \cdot t^{-1}$	2.2~3.5	1.6~2.8	1.0

续表 1-6

项目	指标		
	原生矿		氧化矿
	坑采	露采	
最小可采厚度/m	0.8~1.5，陡倾斜者为下限，缓倾斜至水平者为上限		
最小夹石剔除厚度/m	2.0~4.0，坑采者为下限，露采者为上限		
最小无矿段剔除长度/m	相邻坑道对应时为10~15，相邻坑道不对应时为20~30		

注：1. 对于边界品位和最低工业品位，当矿石赋存条件较好、矿物成分简单、外部建设条件较好时，取指标的下限值，反之取上限值。

2. 当矿体厚度小于最小可采厚度时，采用厚度与品位的乘积，即 m · g/t 值。

表 1-7 岩金矿伴生矿产综合评价参考指标

组分	铜（Cu）	铅（Pb）	锌（Zn）	三氧化钨（WO_3）	锑（Sb）
质量分数	0.1%	0.2%	0.2%	0.05%	0.3%
组分	钼（Mo）	砷（As）	硫（S）	钴（Co）	银（Ag）
质量分数	0.01%	0.2%	2%	0.01%	2g/t

矿山生产过程中随着矿体不断被工程揭露，对矿床（矿体）地质条件有了确切的了解，要根据新的条件与新认识，修订工业指标。由于矿山生产技术水平的提高，如低品位矿石处理新方法的出现，生产成本的降低，或矿石中某些伴生组分的综合利用、矿产品价格的上涨等原因，均可以使工业指标进一步降低。因此，矿石和围岩均不是固定不变的东西。矿业上所广泛使用的边界品位、最低工业品位、最小可采厚度、最小夹石剔除厚度等概念，都是暂时的和相对的。“矿”是一个动态的概念，随着经济技术和需求变化而变化，目前不是矿的伴生组分，将来有可能成为矿而获得利用[3]。

1.1.6 矿产资源的分类

根据矿产资源的存在状态，可分为固态、液态和气态矿产三大类。根据矿产资源的性质和用途，又可分为金属、非金属和燃料（能源）矿产三类[7]。

（1）金属矿产。工业上作为金属原料提取利用的矿产，称为金属矿产。按其物质成分、性质和用途分为五类，详见表 1-8。

表 1-8 金属矿产分类[7]

类型		主要矿种
黑色金属		Fe、Mn、Cr
有色金属（非铁金属）	轻金属	Al、Mg、Ti、Sr 等
	重金属	Cu、Pb、Zn、Sn、Bi、Sb、Hg、Ni、Co 等
贵金属		Au、Ag、Pt 族
稀有分散元素矿产	稀有金属	Li、Be、Nb、Ta、Zr、Rb、Cs、Sr、Mo、W、稀土
	分散元素	Ge、Ga、In、Tl、Hf、Re、Cd、Sc、Se、Te 等
半金属矿产		As、Si、Se、Te、B 等

（2）非金属矿产。除金属矿石、矿物燃料以外的具有经济价值的任何种类的岩石、矿物或其他自然产出的物质，称为非金属矿产。根据工业用途和矿石加工技术相结合进行分类，详见表1-9。

表1-9　非金属矿产工业分类[7]

大类	分　类	原料类别	矿 产 种 类
矿物	自然元素	化学原料	自然硫
	晶体	宝石原料	金刚石（宝石级）、祖母绿、红宝石、电气石、黄玉、绿柱石、贵蛋白石、紫水晶等
		工业技术晶体原料	金刚石（工业级）、压电石英、冰洲石、白云母、金云母、石榴子石等
	独立矿物	半宝石、彩石和玉石原料	玛瑙、蛋白石、玉髓、孔雀石、绿松石、绿玉髓、赤铁矿（血滴石）等
	矿物集合体（非金属矿石）	化学原料	磷灰石、磷块岩、天青石、含硼硅酸盐、钾盐、镁盐等
		磨料	刚玉、金刚砂（柘榴石）、铝土矿
		耐火、耐酸原料	菱镁矿、石棉、蓝晶石、红柱石、矽线石、水铝石
		隔声及绝热材料	蛭石
		综合性原料	萤石、重晶石、石墨、滑石、石盐、硅灰石等
岩石	尾矿直接利用或经机械加工后利用	彩石、玉石和装饰砌面石料	碧玉、角页岩、天河石、花岗岩、蛇纹石大理岩、蛇纹石、寿山石、蔷薇辉石等
		建筑和饰面石料	花岗岩、拉长石岩、闪长岩及其他火成岩、灰岩、白云岩、大理岩、凝灰岩等
	经热加工或化学处理后利用	混凝土填料、建筑及道路建筑材料	砾石、碎石、细砾、建筑砂
		陶瓷及玻璃原料	玻璃砂、长石和伟晶岩、易熔及耐熔黏土、高岭土
		制取黏结剂的原料	泥灰岩、石膏、易熔黏土、板状硅藻土、硅藻土
		耐火材料	耐火黏土、石英岩、橄榄岩、纯橄榄岩
		铸石材料	玄武岩、辉绿岩等
		颜料原料	赭石、土红、铅丹等
		综合性原料	石灰岩、白云岩、白垩、砂、黏土、石膏等

与金属矿共伴生的非金属资源有可能成为一类新的“非金属矿”，例如我国的金矿资源分布广、类型复杂、中小型矿居多，与金矿共生及伴生的非金属矿资源储量巨大。可以从金矿床中回收储量丰富、品位高的脉石英资源，这些较高品位的脉石英可以直接用作低档石英玻璃的原材料，或用于制备高纯石英，其被广泛应用于建筑材料、照明、半导体、高频技术、有色冶金、航空航天、国防科技等领域。此外，在金矿尾矿中还可以回收绢云母非金属资源，其天然粒径小，易加工成超细粉，耐高温、耐酸碱、绝缘性能优良，同时还具有屏障紫外线、微波、红外线、富弹性等功能特性，因此被广泛应用于涂料、造纸、油漆、塑料、橡胶、化妆品等行业的优质填料，还用于建筑、焊接、钻探等领域，与传统

原料相比，具有不可替代的独特性能。

(3) 燃料（能源）矿产。燃料矿产包括石油、煤炭、油页岩、铀、钍等。此外，还有天然气、沼气、煤成气（瓦斯）等气态矿产，以及含有高浓度盐分或含有对国民经济有价值的微量组分的矿化水。根据产出部位可分为地表卤水、地下卤水、热卤水、油田水等。如红海热卤水，含有 Cu、Pb、Zn、Co 等金属，形成数量巨大的金属沉积物，仅在上部 10m 厚的沉积物中就有 8500 万吨硫化物矿石。

1.2 矿产资源的社会属性

矿产资源作为地球形成过程中地质作用的产物，除了自身的地质属性外，在人类经济和社会发展过程中还具有经济属性和环境属性，这些属性在人类可预见的发展历史阶段和国家间的政治格局中，还表现出明确的政治属性[1]。

1.2.1 矿产资源的地质属性

矿产资源是由自然地质作用形成于地壳中具有资源意义的地质体集合的总称，其地质属性主要涵盖三层意义：(1) 在地球漫长、复杂的形成、演化历史进程中，于不同时期由特殊地质作用形成的有用物质聚集体；(2) 其时间和空间分布符合地质规律，并非均匀分布或遍及全球，不以人口、国家边界和不同人群的资源要求来分布；(3) 以人类进化的历程为时间尺度，这种资源不可再生。因此，人类需要有节制地开发利用这些空间分布不均匀、数量有限而又不能再生的矿产资源。

1.2.2 矿产资源的经济属性

矿产资源经济属性主要表现为提取技术和经济利用这两个核心要素与时俱进的可变性。一方面，这意味着过去和现在不曾被认为是矿产资源的地质体，随着经济水平的提高和科学技术的进步，将来可能成为矿产资源，其种类、数量和用途也会因此不断增加和拓展；另一方面，现有部分矿产资源随着科学技术水平的快速提高，有可能被新的更廉价和清洁的资源所取代而失去经济意义。此外，在经济全球化背景下，衡量矿产资源经济价值的尺度不再是某一国家的度量衡，而是国际市场的价格体系。

1.2.3 矿产资源的环境属性

矿产资源的环境属性是指矿产资源开发在极大地促进人类文明和社会经济发展的同时，也给人类赖以生存的环境造成改变、再平衡或者破坏。其破坏表现在：一方面，矿产资源开发造成水土流失、水系污染、地质灾害频发、生态环境扰动等；另一方面，人类从大自然中索取资源的同时，又在高强度生产和消耗这些资源的过程中将废弃物排入大自然，造成一定的负面环境效应。另外，部分矿产资源作为某种元素高浓度聚积的产物，在地表、近地表或接近潜水面时就开始了自身的环境效应，并不同程度地影响人类现有的生产与生活。矿产资源的裸露、开发、生产、加工和消费对人类赖以生存的地球环境构成了潜在威胁。因此，了解矿产资源的环境属性，科学、有效地预防、减轻和治理矿产资源开发、生产和消费过程中的负面环境效应是人类共同的任务和责任[1]。

1.2.4 矿产资源的政治属性

矿产资源的地质、经济和环境属性客观上决定了各国在开发利用资源、促进本国社会进步和经济发展时国家意志的定位以及全球资源理念与环境意识的形成。特别是矿产资源在地理和国家疆域中分布的客观性和局限性，以及各国和各种政治集团在经济发展不同阶段的需求和政治理念的差异性，使得资源成为人类历史上争夺与战争的根源。

矿产资源的自然属性决定了全人类、发展中国家和发达国家需要资源的全球配置，但是国家和政治集团的利益决定对资源的“实力控制”是国家意志的体现。这是非常重要的一种社会现象和政治形态，在某种程度上是很难调和的。从当前的国际形势和政治生态来看，资源争夺造成的国家之间和政治集团之间的争夺从来没有停止。中国作为人口大国在经济发展过程中也需要矿产资源。中国用好国际国内两种资源的战略、资源全球化配置与国家利益和国家间的利益冲突不可避免地存在。中国对此需要有清醒的认识，为确保战略性新兴产业、国防军工产业保持全球领先地位，需要安全可靠的原材料供应[1]。

1.3 矿产资源的供需形势

1.3.1 世界矿产资源的供需形势

矿业是全球经济发展长期的基础和支撑产业。矿产资源的不可再生性和分布的不均衡性决定了其竞争性和战略性的基本资源属性特征。随着人类经济社会的快速发展及工业化进程的不断加快，全球矿产资源需求总量激增使得全球矿产资源供应风险持续升高。

全球资源消费周期受经济周期和工业化周期的双重影响，每一个周期转换都与大国或国家集团的工业化有关。当前，随着主导全球资源消费的中国步入工业化中、后期转换时期，经济增长从高速向中低速过渡，资源消费弹性系数将进一步降低，资源需求增速将随之显著减缓。其中钢需求已越过顶点步入平稳下降阶段，铜、铅、锌、铝消费虽然还在继续增长，但是增速放慢了，清洁能源和新材料矿产需求将持续增长。能源消费结构也在发生深刻调整，煤炭过去占比是70%，现在随着清洁能源需求快速上升，到2030年，煤炭消费结构将会下降到50%以下。金属矿产的供应方式也正在发生重大变化，二次资源供应在增加。目前中国钢铁的二次回收在12%~15%左右，从未来发展趋势看，中国钢铁的60%甚至更高将来自于二次回收。

如何缓解矿产资源供需矛盾、转变矿产资源开发与利用模式，在提高矿产资源利用率的同时尽可能避免或降低矿产资源开发对环境、社会所带来的负面效应，从而实现矿产资源开发利用的可持续发展已经成为全球共同面临的巨大挑战和关键问题。在这个过程中，中国应强化新兴战略性资源，特别是小品种矿产资源的勘查、评价、分离和加工技术的研发，加强非金属材料学研究。

1.3.2 我国矿产资源的总体特点和消费现状

我国矿产资源较为丰富，矿产种类齐全。截至2021年底，中国已发现173种矿产，其中，能源矿产13种，金属矿产59种，非金属矿产95种，水气矿产6种。稀土金属、钨、锡、钼、锑、铋、硫、菱镁矿、煤等储量均居世界前列。我国虽然矿产资源种类较多，总量较丰，但人均占有量不足，而且石油、富铁矿、铜矿等大宗用量的支柱性矿产严重短缺或探明储量不足，不少矿产需要依赖进口。多数矿种以中型、小型矿床为主，缺少大型、超大型矿床，贫矿多，富矿少，伴生矿多，单一矿种少，矿产的地域分布极不均衡。现有的矿产资源开发利用现状显示，我国矿产资源呈现隐伏矿多、露天矿少的特点，导致找矿和开采难度越来越大，大型矿产资源接替明显不足等矛盾也日益突出。因此，我国本质上是一个矿产资源相对匮乏的国家。

矿产资源有力地支撑了中国工业化和城镇化的快速发展。未来 15 年，中国大力发展战略性新兴产业和建设全球制造业强国两大战略对矿产资源的需求仍然较大，矿产资源进口的局面在短时间内难以改变[8]。已有资料表明，我国 43 种主要矿产资源中，32 种消费量居世界第一，24 种消费量占比超过全球的 40%，18 种大宗和关键金属矿产对外依存度（40%~99%）居高不下，直接威胁国家经济安全。近年来，中国优势的稀土元素和若干稀有、稀散元素矿产储量全球占比也在下降[1]。同时，我国海外矿业合作能力弱，矿产资源供应能力差；矿产资源开发强度过大，环境问题突出，矿产资源可持续发展能力不足[8]。

为扭转上述被动局面，亟待加强矿产资源科技创新，理清中国矿产资源家底，探究共伴生矿产资源潜力，盘活大量难利用资源，解决资源形成、勘查和开发利用中的系列理论难题和技术瓶颈，大幅提升中国资源保障能力。

1.3.3 我国非金属矿产持续有效供给形势严峻

我国是世界上非金属矿资源丰富，品种较为齐全的国家之一，但我国矿产资源人均占有量低，资源浪费严重，从而造成了非金属矿产品“高进低出”、自有产品不能满足国家需求以及资源浪费和环境破坏严重的局面。

我国的非金属矿长期以来存在结构性供需矛盾。一方面是高品质富矿资源不足，另一方面我国有大量已经发现并查明储量的非金属矿产资源没有或者难以得到利用。因此，开发中低品位非金属矿利用技术迫在眉睫。通过开采、加工、利用整装技术装备创新，从强调资源利用率转变到提高资源利用效率，破解行业集约度低和粗放利用互为制约的困局已成当务之急。

目前我国的非金属矿高效综合利用技术与国外依然具有较大差距。发达国家在集约化、产品系列化和产品稳定性方面达到较高水平，而我国企业规模小，产业集中度低，产品质量稳定性差，严重影响企业的技术创新和形成价格优势。非金属矿原材料出口、制成品进口的局面仍然存在，部分优势矿种如萤石、高铝矾土、优质长石、优质滑石等已经出现短缺或者仅有中低品位资源可供利用，共伴生非金属矿资源利用程度很低。由此可见，我国的非金属矿产持续有效供给形势严峻。

（1）大宗非金属矿资源利用技术从粗放走向合理和精细化。社会进步对非金属矿物材料的性能、质量、规格等方面提出更高的要求。碳酸钙、饰面石材等传统产品需求急剧上升；建筑材料、长石、化工用盐、硫、苏打等消费量日益增多；高岭土、滑石、膨润土、硅灰石、云母等填料；磷、硫、海泡石等农肥、土壤改良剂、畜牧用矿物填料等非金属矿产的应用领域日趋扩大。因此，亟须充分发挥我国非金属矿资源优势，加快非金属矿物深加工技术创新和产业步伐，开发标准化、系列化产品，提高产品的技术含量和附加值，以及在国际市场上的竞争力。

（2）开辟非金属矿新来源，日趋重视共伴生非金属矿资源。共伴生非金属矿是一种存量巨大的不可再生矿产资源，由于利用难度大，一度因为利用价值低而被废弃。随着对该类资源认识的不断深入，已越来越多地受到关注和重视。再加上现有矿产资源日趋枯竭，有必要开发共伴生非金属矿的高效利用技术。

（3）挖掘非金属矿资源特性，发展从资源到矿物材料的深加工技术。近年来新能源新材料等战略性新兴产业加速发展。非金属矿物材料作为新能源新材料产业的基础原料，产品质量被提出了更高的要求。因此，加强我国非金属矿的开发利用和深加工，提升产品的附加值是我国非金属矿业一项任重道远的艰巨任务。

1.4 矿产共伴生资源的全组分利用

1.4.1 矿产共伴生资源利用的含义

矿产共伴生非金属资源指选矿作业中产生的有用组分含量低且目前无法经济用于工业生产的组分，也是工业固体废弃物中的主要组成成分，主要涉及边际经济意义上的低品位矿、难选（冶）矿、废石（渣）、尾矿等。这些共伴生非金属资源是指选矿厂达标排放的，不是危废，不存在安全处置问题。

狭义的矿产共伴生资源综合利用主要是指在矿产开发过程中对共生、伴生矿产进行综合勘探、开采和合理利用；对以矿产资源为原料、燃料的工业企业排放的废渣、废液、废气及生产过程中的废水、废气、余热的综合回收利用。具体包括：（1）通过科学的采矿方法和先进的选矿工艺，将共生、伴生的矿产资源与开采利用的主要矿种同时采出，分别提取加以利用；（2）通过选矿和其他手段，将综合开采出的主、副矿产中的有用组分，尽可能地分离出来，产出多种价值的商品矿；（3）通过一物多用，变废为宝，化害为利，科学地使用矿产资源。

广义的矿产共伴生资源综合利用是指对矿产资源全面、充分和合理地利用的过程。除了上述狭义的矿产资源综合利用内容外，还涉及边际经济意义上的低品位矿、难选（冶）矿的合理开发利用；废石（渣）、尾矿的再选利用；非常规矿产资源的开发利用；矿山开采后期残矿资源的合理回收利用；以及对社会生产和消费过程中产生的各种废物进行回收和再生利用。

1.4.2 矿产共伴生资源综合利用的需求

矿产资源是不可再生的重要自然资源[9]，是人类社会赖以生存和发展的必须，给我们带来了巨大的经济利益和生活效用。提高矿产资源的保障能力，既需要提高增量，更需要盘活存量。盘活存量就是将找到的矿产资源用好，通过技术进步和指标改善，将低品位、共伴生、复杂难利用资源及废弃物等资源化，实现“一矿多吃”“吃干榨尽”，在提高资源利用效率和效益的同时，减少大规模找矿对环境的扰动，以及资源粗放利用带来的“三废”（废水、废气、废渣）排放[10]。

尾矿是矿石经粉碎、选冶形成精矿后的剩余部分，它的主要成分是非金属矿物，含有 SiO_2、Al_2O_3、CaO、MgO 等大量有用组分，具有极大的潜在利用价值，受到现有技术条件的制约，暂时无法充分利用。随着矿产资源被开采力度的加大，尾矿排出量呈现逐年增加的趋势。如此大量的尾矿堆积，不仅造成资源的浪费，还带来环境污染，影响周边人群的生活。此外，在安全上还存在极大的隐患，尾矿库一旦发生溃坝事故，将给国家带来巨大的经济损失，甚至人员伤亡（图 1-4）。

(a) (b) (c) (d) (e) (f) (g)

图 1-4 金尾矿排放尾矿库

2015 年我国国内尾矿堆积量为 173 亿吨，到 2020 年我国尾矿堆积量增长至 222.6 亿吨（图 1-5）[11]，其中，铁、铜、金尾矿的总堆存量占尾矿总产量的 83%，其他类型尾矿产量相对较少。2019 年，我国铁尾矿总产生量约为 5.2 亿吨，约占全国尾矿总产生量的 41.8%（图 1-6），相较于其他尾矿，铁尾矿所占比例最大。

2015~2020 年我国国内尾矿综合利用量呈波动上升，2020 年我国尾矿综合利用率增至 31.8%（图 1-7 和图 1-8）。但铁尾矿的利用率仅为 20%左右，金尾矿的几乎 100%排放到尾矿库。而德国的尾矿综合利用率可达 60%以上，欧洲一部分国家开始以零废料标准进行采矿及矿业后期的加工处理。因此，我国尾矿的综合利用与发达国家相比还存在很大差距[12]。

目前，我国提倡加快建设资源节约型、环境友好型社会，在资源节约与管理、生态保

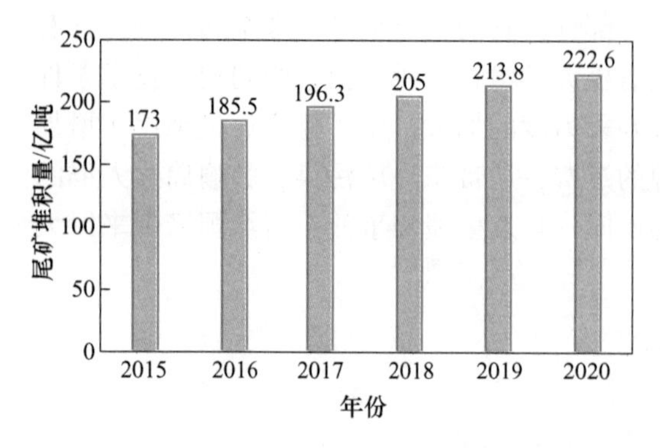

图 1-5　2015~2020 年我国尾矿堆积量走势图

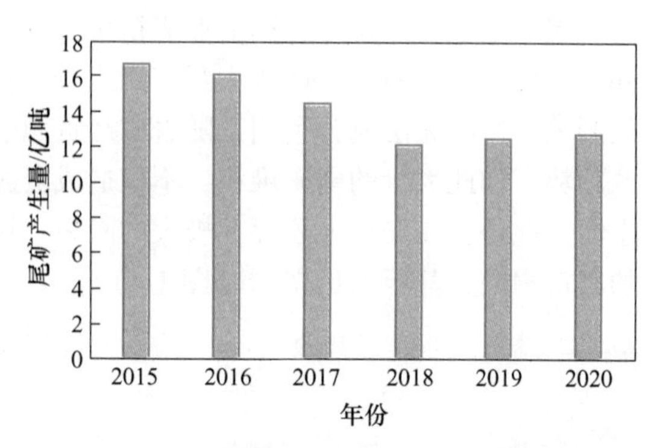

图 1-6　2015~2020 年我国尾矿产量走势图

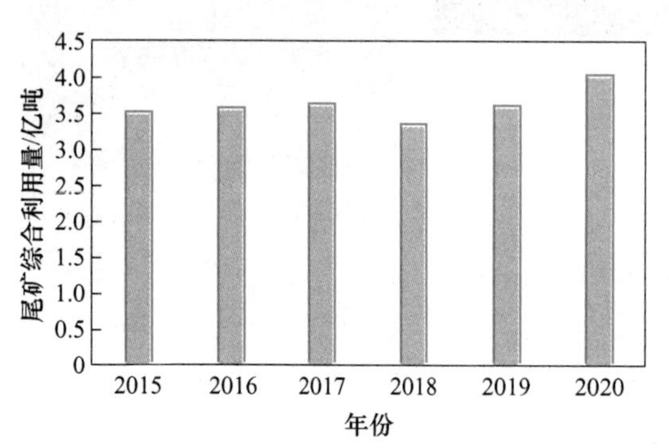

图 1-7　2015~2020 年我国尾矿综合利用量走势图

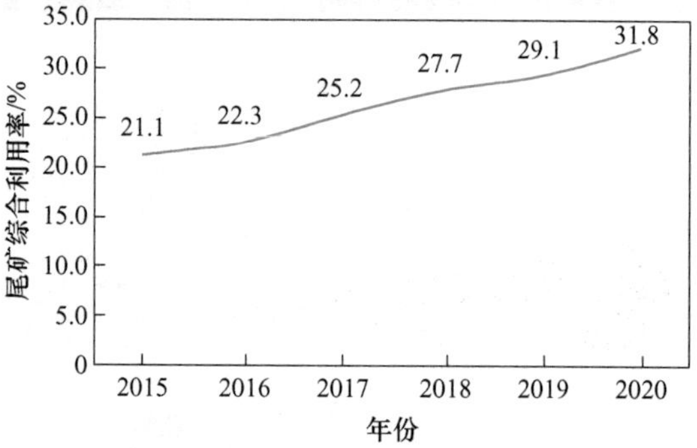

尾矿综合利用率/%
35.0
30.0
25.0
20.0
15.0
10.0
5.0
0
21.1
22.3
25.2
27.7
29.1
31.8
2015
2016
2017
2018
2019
2020
年份

图 1-8　2015~2020 年我国尾矿综合利用率走势图

护力度和防灾减灾体系建设等方面得到了大力的加强。大量堆积的废石、尾矿已成为制约矿业持续发展、危及矿区及周边生态环境的重要因素，纵观发展矿业所遇到的严峻挑战，在矿石日趋贫杂、资源日渐枯竭、环境意识日益增强的今天，解决困扰的根本出路在于依赖于二次资源的开发利用，因此，金属矿共伴生非金属资源的综合利用是矿业持续发展的必然选择[7]。

矿产共伴生非金属资源综合利用是我国矿产资源开发特点的要求。随着矿产资源开发的推进，富、近、易、浅的矿产日益减少，贫、远、难、深的矿产越来越多，致使矿石的开采品位逐年下降。我国不少矿山进入中晚期开采，品位降低，资源紧张，随着开采深度增加成本升高，矿山经济效益变差。所以，加强矿产共伴生资源综合利用是开创矿山新局面的紧迫任务和有力措施之一。

矿产共伴生非金属资源综合利用是增加企业经济效益的要求。通过矿产综合利用，可使矿产资源发生具有经济意义的转化；使一矿变多矿、贫矿变富矿、死矿变活矿、小矿变大矿。

矿产共伴生非金属资源综合利用是防治环境污染、保护人民生命健康的要求。矿山的废石、废水，选厂的尾矿，冶炼的废渣、废气、废液等工业“三废”都是污染源，是造成环境污染最重要的原因。然而，工业“三废”这些常见的污染源又是宝贵的资源，是综合利用的重要对象。因此，加强矿产品和工业“三废”的综合利用，不仅可以充分合理地利用矿产资源，而且可防治公害，保护人类生态环境，造福子孙后代。

1.4.3 矿产共伴生资源综合利用主要途径

矿产共伴生资源的综合利用长期以来一直都是矿业领域的焦点问题之一。加快推进黑色金属、有色金属、稀贵金属等共伴生矿产资源综合开发利用和有价组分梯级回收，推动有价金属提取后剩余废渣的规模化利用，对于提高大宗固废资源利用效率，推动资源综合利用产业新发展具有重要意义。当前，国内外对矿产共伴生资源利用途径主要集中在以下几个方面。

1.4.3.1 尾矿再选和有价组分回收

尾矿再选就是将尾矿中的有价组分回收利用。由于受到选矿技术条件限制，在当时特定的技术条件下，选矿厂难以实现全部有价组分的回收。随着科学技术水平的提高以及选矿工艺研究的逐步深入，人们通过改进工艺流程和选矿设备来实现对尾矿有价组分的再回收利用。尾矿再选可使尾矿成为二次资源，既可减少尾矿坝建坝及维护费，节省破磨、开采、运输等费用，还可节省设备及新工艺研制的更大投资，因此受到越来越多的重视。尾矿再选已在铁矿、铜矿、金矿、铅锌矿、锡矿、钨矿、钼矿、铌钽矿、铀矿等许多金属矿的选矿方面取得了一些进展及效益[13]。

自 20 世纪 60 年代起，国外便开展了铁尾矿有价组分综合回收技术方面的研究，取得了丰富成果[14]。从 20 世纪 80 年代末开始，国内许多科研院所也开始开展铁尾矿中铁元素的回收研究，最终从铁尾矿中回收得到的铁品位可达 60%以上，回收率接近 90%[15,16]。虽然目前该技术相对较为成熟，但由于不同铁尾矿的化学成分存在差别，在回收过程中需要根据实际情况进行工艺调整。

除铁矿外，江西铜业集团的德兴铜矿攻克“含铜废石”堆浸技术难关，研发了“微生物堆浸-电萃取-电积”提铜技术，最大限度地利用了铜资源，形成了规模化生产，铜、金、银的回收率分别达到 86.60%、62.32%、65.09%[17]。河南金渠金矿在 200 目占 78%的再磨细度下，采用丁基黄药+丁铵黑药作为联合捕收剂，辅以硫酸铜的活化作用，经一粗二精二扫闭路浮选，从品位 0.87g/t 的马桥沟尾矿中获得金品位为 12.49g/t 金，金精矿回收率达 81.36%，经济效益明显[3]。

在尾矿中还有一部分金属由于其与目的金属伴生或共生在一起，在过去的选矿过程中因没有受到人们的重视或选矿技术水平不足，而被滞留下来。如钨在高温下形成，会伴生有铝、铋等有价组分，在过去的选矿过程中，人们仅仅考虑了目的金属钨的回收，而忽视了伴生金属铝、铋的回收利用。而近些年，人们在回收目的金属的同时加强了对伴生金属的综合回收力度，如赣州有色金属冶炼厂对钨矿尾矿进行综合回收利用，获得了含铜 13.52%、回收率达 85.29%的铜精矿和 60%~70%的钨锡混合精矿。攀枝花钢铁集团从铁尾矿中回收钒、钛、钴、钪等多种有色金属和稀有金属，综合回收产品的价值占铁矿总价值的 60%以上。

除可综合回收的多种金属元素外，尾矿中还含有石英、长石、云母、石灰石、白云石、高岭土、膨润土、重晶石等大量非金属矿物，具有潜在的利用价值。因此，许多矿山开展了绢云母、石英、重晶石等非金属矿物的综合回收试验。山东莱州新城金矿浮选尾矿堆存量近 300 万吨，尾矿中绢云母含量约为 25%。经试验采用一次粗选、一次扫选、两次精选的工艺流程对尾矿进行处理，分别获得了一级、二级、三级绢云母产品，总回收率达

65%[3]。某金尾矿中重晶石含量29.2%，为了实现资源综合利用，经优化选矿方法获得重晶石精矿的品位超过90%，回收率达85%以上[3]。由此可见，通过提升选矿技术，从尾矿中回收有价成分是提高尾矿资源利用率和企业经济效益的重要措施。

1.4.3.2 矿山采空区充填

（1）井下充填。矿山采空区的回填是直接利用矿产共伴生非金属资源最行之有效的途径之一。尾矿是一种较好的充填材料，可以就地取材，废物利用，免除采集、破碎、运输等生产充填料碎石的费用，而且利用尾矿作为井下填充物工艺简单、耗资少，可使采空区得到综合治理，避免采空区塌陷引起的生态破坏。我国充填工艺和技术的发展起于20世纪50年代，期间经历了干式充填、水砂充填、分级尾矿水力砂充填、混凝土胶结充填、尾砂及细砂胶结充填、高浓全尾砂充填、膏体充填等多种充填方式的发展，目前部分充填工艺技术已达到了世界先进水平。

近年来，一些矿山采用井下充填法，基本实现了矿山的无尾排放。济南钢铁集团的张马屯铁矿由于铁矿石回采率低、地表无处建尾矿库等问题，开展了全尾砂胶结充填试验，建成了我国第一座无尾矿库的金属矿山[18]。虽然我国在充填采矿领域取得了长足进步，但与矿业发达国家相比还存在较大差距，不断开发低廉有效的胶结材料以代替传统水泥已成为充填采矿法发展的必然趋势，也是降低充填成本的重要途径。

（2）露天矿坑回填。除井下充填外，在一些露天矿坑附近由于长期地表降雨过大易引起沉降塌陷，为防止地表大面积塌陷，可采用尾矿回填的方式对塌陷部位进行治理。可有效阻止地面塌陷的发生，减少矿山次生地质灾害的产生，改善矿区生态环境，增加深部开采的安全性，并有效防止塌陷区上部村庄、厂房及公路等建筑设施遭到严重的破坏，保护人民生命和财产的安全。

1.4.3.3 土壤改良剂及植被复垦

由于矿产共伴生资源中含有多种微量元素，如Zn、Fe、Mn、Mo、V、B、P等，是维持植物生长和发育的必需元素，可用作土壤改良剂或用来生产肥料。而一些含钙尾矿可以适量施于酸性土壤中，用来中和土壤的酸性。尾矿库复垦不仅可以从根源上解决尾矿堆积占用土地的问题，而且把尾矿变成了可生产的“新土地”，对环境恢复有重要意义。当然，尾矿库复垦要根据当地实际情况选取不同的治理措施。由于涉及土地、生态环境以及技术、经济等相关多学科领域的专业认知，复垦治理措施的效益评估一直是尾矿库复垦治理体系中的薄弱环节[19]。

与国外相比，我国的尾矿库复垦工作起步较晚，但发展较快。马鞍山矿山研究院将磁选铁尾矿加入到化肥中制成了磁化尾矿复合肥，并建成一座年产1万吨的磁化尾矿复合肥厂，对农作物具有明显的增产效果[20]。云南楚雄小水井金矿露天采矿后遗留大量的尾矿及废土，针对这些土壤持水保肥能力差，微碱性，缺乏有机质和氮、磷、钾的特点，对该区进行生态恢复试验，最终在植被恢复、改良土壤、保持水土和改善景观方面均取得了良好效果[13]。湖南郴州市玛瑙山矿业公司对原玛瑙山矿采空塌陷区、乱采滥挖裸露荒坡，龙形寨尾砂库周边进行了生态复垦，对易发生地质灾害的边坡全部采取工程措施、植树措施，开展生态环境保护治理，治理后的玛瑙山矿区群山环抱、环境幽雅，成为了天然的旅游度假胜地。

1.4.3.4 用作道路填料

以往公路工程施工中基层骨料大部分采用河床砂砾或机制碎石，随着河床砂砾资源匮乏和机制碎石加工成本增加，造成了施工过程中原材料供应困难，并且挖采河床砂砾和开采山石对周边环境造成极大破坏。近些年，人们开始探索将铁矿共伴生非金属资源用在路面基层和路基回填上，取得了较好应用效果。

马鞍山矿山研究院利用齐大山选矿厂尾矿加入一定的配料（碎石、砂、粉煤灰及黏土）和石灰，经一定处理后用作路面基料，并在沈阳至盘山的道路中 12km 路段进行了工业试验，结果已达到二级公路对路基的强度要求。河北承德隆化县交通局在韩郭线大修公路工程施工中，采用隆化县金谷矿业铁矿尾矿作为水稳基层碎石主要原料，实现了尾矿在公路基层施工中的成功利用，该工程通过使用尾矿料节省材料费 40 余万元，创造了可观的经济价值[13]。除用在公路路面基层中外，铁尾矿砂还可以用来填筑路基[13]。

将尾矿用作道路填料，不仅大大提高铁尾矿的综合利用率，减少尾矿库对周围环境的污染，还可以减少河沙和土石方的消耗量，降低公路工程造价，社会效益和经济效益均十分显著，在地方道路及乡村道路大有推广应用前景。

1.4.3.5 制备聚合物填料

尾矿中可能含有石榴子石、硅灰石、云母等一些具有特种性能的非金属矿物，这些尾矿经过一定处理后可作为塑料、橡胶、涂料等产品的填充料，可大大改善其外观质量、强度、电性能等。

湖北大冶铜矿从尾矿中回收石榴子石精矿用作橡胶填充料，可有效提高胶料的耐磨强度和抗老化性能，并改善了加工性能，降低了胶料成本。山东蚀变岩型金矿尾矿，无须进行磨矿，通过超细分级提纯获得含绢云母的硅酸盐矿物，其在塑料聚丙烯（PP）母料成型和聚烯烃塑料热注塑加工过程中，显现出良好的天然润滑性。山东蚀变岩型金矿尾矿提纯产品在橡胶工业产品中也表现出了较好的应用效果，其粒度适宜，表面活性好，具有良好的加工性能和半补强性能。产品不仅保持了胶料的原有性能（部分性能还优于原材料），而且可降低成本，同时还可提高橡胶产品的外观质量，因此应用前景广泛[3]。

1.4.3.6 制备生物陶粒和高效絮凝剂

利用尾矿制备多孔生物陶粒滤料或高效絮凝剂等应用于污水处理领域，有利于加强固体废物资源化利用，实现“以废治废”，且不产生二次污染，是近些年尾矿综合利用的新方向。

武汉科技大学王德民等[21]以某低硅铁尾矿为主要原料制备出了尾矿添加量达 77%的多孔陶粒，并通过实验室曝气生物滤柱考察了所制备陶粒对模拟生活污水的处理效果，结果显示浸出液中的重金属浓度符合国家地表水环境质量标准，对模拟污水的处理效果良好，COD_{Cr}、NH_4^+-N、TN 的去除率分别为 84.26%、84.01%和 25.87%。冯秀娟等[22]以江西大余下垄钨矿尾砂为主要原料，以炉渣、粉煤灰、黏土为辅料，采用焙烧法制备了多孔生物陶粒，用该生物陶粒处理 COD_{Cr}为 817mg/L 的实际污水，挂膜速度快，微生物附着量大，易反冲洗，20 天 COD_{Cr}下降率达 93%以上。

除多孔生物陶粒外，尾矿还可以用来制备高效絮凝剂。武汉理工大学李军[3]以武钢赤铁矿尾矿为原料，通过酸浸、还原、聚合等一系列工艺，制备出高盐基度的聚合磷硫酸铁（PFPS），并利用制备出的聚合磷硫酸铁对模拟高岭土废水进行了处理，结果显示，在絮凝试验中，自制 PFPS 的絮凝性能远优于聚合硫酸铁（PFS）和聚合氯化铝（PAC）[3]。

1.4.3.7 制备建筑材料

尾矿因其资源特征与传统的建材、陶瓷、玻璃原料相似，而被广泛应用于建筑领域。多年来，国内外就尾矿在建筑材料领域的开发做了大量研究[23]，研究较早的有水泥、混凝土、建筑用砖及道路材料等。近期世界各国在新型建筑材料，如微晶玻璃、建筑陶瓷、多孔保温材料、建筑吸隔声材料及涂料等的开发应用方面取得了较好的研究成果。因此，大多数尾矿可以成为传统原料的代替品，甚至成为别具特色的新型原料。如高硅尾矿（SiO_2>60%）可用作建筑材料、公路用砂、陶瓷、玻璃、微晶玻璃花岗岩及硅酸盐新材料原料，高铁或含多种金属的尾矿可作色瓷、色釉、水泥配料及新型材料原料等。

下面主要从生产建筑用砖、硅酸盐水泥、混凝土、微晶玻璃、建筑陶瓷装饰材料、建筑保温隔热材料和新型建筑涂料等 7 个方面说明尾矿在制备建筑材料方面的应用。

（1）建筑用砖。建筑用砖是最普遍且主要的一种建筑墙体材料。传统建筑用砖以黏土矿物为主要原料，烧制过程既不环保又不节能。由于尾矿的主要组成与黏土矿物组成相似，利用尾矿等固体废弃物制备建筑用砖将是未来建材领域的一大发展方向[24]。根据不同的工艺可以分为烧结砖、免烧砖、蒸压砖、三免砖等。

以铁尾矿代替部分黏土，掺入适量增塑剂，完全可以烧制出普通黏土砖，而且可通过控制铁尾矿掺量，制成不同强度等级的尾矿砖。在一些低硅型铁尾矿中可通过加入适当比例的富硅材料，如黏土、煤矸石、粉煤灰等来制备高强烧结砖。与烧结砖相比，免烧砖和蒸压砖无需烧结过程，在经过模压成型或蒸压养护后可以制备出强度较好的建筑用砖，其抗压抗折强度均达到相关标准要求，且铁尾矿的利用率较高，最高可达 70%。相比于烧结砖、免烧砖和蒸压砖，三免尾矿砖具备免压、免蒸、免烧特性。鞍钢集团以铁尾矿粉为主要原料，石灰为固化剂，水泥为黏结剂，掺加粉煤灰等，利用水泥水化制备出了结构致密、强度较高的三免砖。此外，利用金属尾矿还能制备一些特殊性能的建筑用砖，如耐盐碱建筑砖、耐火砖、轻质砖等。

（2）硅酸盐水泥。尾矿可以用于制备硅酸盐水泥。铁尾矿中 SiO_2、Al_2O_3 和 Fe_2O_3 含量较高，Na_2O、K_2O、CaO、MgO 等含量较少，烧失量较低，且 SO_3 含量极低不易产生污染。因此采用机械力活化、热活化和化学活化的方法可激发其潜在活性，之后再与碱性物质反应用作水泥混合材料[25]。煅烧水泥时掺加铜、铅锌尾矿，主要是利用尾矿中的微量元素来改善熟料煅烧过程中硅酸盐矿物及熔剂矿物的形成条件，使熟料质量尤其是早期强度有明显提高。还有一些含铁高、铝低的金矿尾砂，不仅能生产普通硅酸盐水泥，尤其适宜生产道路水泥和抗硫酸盐水泥。

（3）混凝土。混凝土是建筑行业中应用最广、使用最多的建材之一。已有大量研究表明，铁尾矿代替天然砂石应用于混凝土领域具有较大潜力。其应用方式包括替代混凝土粗骨料、细骨料和水泥胶凝材料。

铁尾矿废石与机制碎石外形相似，在开采过程中会受到机械损伤，因此与天然石料相比，尾矿废石具有强度较低的风化表面，导致尾矿混凝土强度低于天然砂石混凝土。为防止尾矿混凝土受压发生骨料劈裂破坏，合理选择尾矿粗骨料粒径成为控制尾矿混凝土质量的重要因素。铁尾矿砂掺量也会显著影响混凝土强度，当掺量适宜时，铁尾矿对混凝土的抗压强度有积极的影响，优于天然砂混凝土，也可通过蒸汽养护、合理调节配合比等方式提高其强度。随着铁尾矿掺量的增加，混凝土试块抗拉强度会随之降低，呈现出脆性。因此，合理控制尾矿砂的掺量可以提高混凝土密实度与强度、与钢筋的黏结力、耐久性以及抗渗能力。

近些年，许多企业为选出更多的铁精矿，加强了对矿石的粉磨程度，致使尾矿粒径越来越细。这些过细的尾矿已不适合替代混凝土脊料，因此，许多研究人员将较细的铁尾矿进一步磨细，将其制成尾矿微粉活性掺和料应用于混凝土中，取得了较好效果。尾矿掺和料在制备混凝土过程中能够发挥“活性效应”和“微集料效应”，在提高混凝土密实度、抗渗性和耐久性等方面具有显著优势，同时可减少水泥凝胶材料用量，降低混凝土生产成本。虽然尾矿粉磨后具有一定的水化活性，但其作为混凝土单掺和料性能总体弱于与粉煤灰、矿渣等固体废料混合后制成的“双掺或三掺”复合掺和料效果。

（4）微晶玻璃。微晶玻璃是将特定组成的基础玻璃，在加热过程中通过控制晶化而制得的一类含有大量微晶相及玻璃相的多晶固体材料。以往研究表明，以铁尾矿为原料，一般可制备出 $CaO\text{-}MgO\text{-}Al_2O_3\text{-}SiO_2$（CMAS）系或 $CaO\text{-}Al_2O_3\text{-}SiO_2$（CAS）系微晶玻璃，其主晶相多为辉石相结构，通常具有较好的耐酸碱性能、抗压强度和抗折强度。但由于铁尾矿复杂的成分性质且不同地区铁尾矿成分差异较大，制备出的微晶玻璃种类繁多，性能各异[23]。铁尾矿在微晶玻璃的制备中掺量有极值，目前铁尾矿掺量大多在50%左右，需要继续研究如何加大铁尾矿在微晶玻璃中的整体用量。铁尾矿微晶玻璃的组成目前仍停留在CMAS和CAS两个体系上，有待进一步扩大新的体系和新的应用领域。

（5）建筑陶瓷装饰材料。陶瓷砖是以黏土和其他无机非金属材料为原料制成的板状或块状陶瓷制品，主要以玻化砖为主。利用尾矿制备陶瓷玻化砖的研究可以追溯到20世纪。前人在不同的烧成气氛下，利用大庙铁尾矿制成了咖色或黑色玻化砖，增加铁尾矿细度或加入少量黏土矿物，可增加生坯强度、降低烧成温度。铁尾矿还可以用来制备彩坯釉面仿古砖，铁尾矿掺量为20%~45%，替代陶瓷矿物原料和色料，简化工艺过程，省去了传统色釉料涉及到的煅烧、粉碎等高能耗环节以及酸洗等高污染环节，环保经济。

（6）建筑保温隔热材料。建筑保温隔热材料作为一种绿色、环保的可持续发展新材料，为节约能源和改善居住环境发挥了重要作用。目前利用铁尾矿为原料可以制备蒸压加气混凝土、泡沫混凝土、泡沫陶瓷等多种建筑保温隔热材料。

利用铁尾矿制备蒸压加气混凝土和泡沫混凝土的研究都表明尾矿的掺量及粒度对产品的性能有较大的影响[26,27]。铁尾矿的掺入有利于提高混凝土的力学性能，但尾矿的掺入量有极值。同时，铁尾矿粒度越小，比表面积越大，反应活性越高，有利于水化反应进行，但粒度过小的铁尾矿又无法为制品提供足够的骨架结构，反而不利于物料的扩散和溶解，影响成品强度。

（7）新型建筑涂料。氧化铁在正常环境条件下具有较高的稳定性，被广泛应用于涂料、塑料、纸张和陶瓷等领域。铁尾矿中含有一定量的氧化铁，有研究使用巴西铁尾矿作为颜料，用于生产可持续建筑涂料，此研究过程中，铁尾矿只进行干燥和破碎处理，制备过程中除了铁尾矿和水之外，还选择了聚醋酸乙烯树脂、丙烯酸树脂、油漆用水化石灰和高早强硅酸盐水泥四种类型黏合剂制备可持续建筑涂料。其颜色和耐久性效果较好，且成本大大降低。同时，可持续涂料只包括黏合剂、颜料（铁尾矿，也作为填料）和水，既不含通常用作溶剂的挥发性有机化合物，也不含有毒重金属，是一种环保型的油漆[28]。目前利用尾矿作为油漆的研究较少，有待进一步的研究发展。

综上可知，矿产共伴生资源的主要利用途径主要包括尾矿再选和有价组分回收、矿山采空区充填、土壤改良剂及植被复垦、用作道路填料和聚合物填料，以及制备建筑材料等。各种利用方式各有利弊，如尾矿再选需要面对耗能高、效益少和效率低等问题。尾矿库堆存不仅降低尾矿的潜在价值，而且占用了土地，需要大量资金维护的同时还要面对尾矿库可能决口和垮塌的危险[24,29]。矿山采空区填充要求充填料质量稳定并有一定的均匀性，若使尾矿满足矿山填充标准，则充填成本会大幅增加[30]。土壤改良及尾矿复垦条件要求较高，只能消纳少部分尾矿，所以治理尾矿需要加强综合考虑和综合利用模式，挖掘其潜在价值，实现变废为宝和资源综合利用目标。用作道路填料可以大量消减共伴生非金属矿堆存，但经济附加值不高。利用共伴生非金属矿制备建材是一条很重要的途径[31]，特别是一些新型绿色建材的制备，不仅可以大量消耗尾矿，有效地缓解尾矿大量堆存带来的环境问题，还能实现尾矿的高附加值利用，同时促进建材行业结构优化和绿色低碳发展，推动建材行业转型升级和健康可持续发展。

1.4.4 矿产共伴生资源的综合利用标准

在推进固废资源化利用方面，标准化发挥着基础性、战略性、引领性的作用。推动固废资源化利用标准化是提升循环发展标准化水平的重要内容。围绕铁矿共伴生非金属资源化利用，已成立相关标准化技术委员会，并建立了铁矿共伴生资源化利用的国家、行业、地方、团体、企业标准。截至 2020 年 12 月，我国已发布实施的相关标准共计 29 项，其中国家标准有 4 项，行业标准有 9 项，地方标准有 5 项，团体标准有 5 项，企业标准有 6 项（表 1-10）。这 29 项标准主要涉及铁尾矿资源化方面的产品标准和技术方法标准，其中产品标准 20 项，技术方法标准 9 项[32]。

表 1-10 铁尾矿资源化标准明细表

序号	标准编号/计划号	标 准 名 称	备 注
1	GB/T 31288—2014	铁尾矿砂	国家标准，产品标准
2	GB 51032—2014	铁尾矿砂混凝土应用技术规范	国家标准，方法标准
3	GB/T 33600—2017	金属尾矿多孔混凝土夹芯系统复合墙板	国家标准，产品标准
4	20192405-T-334	铁矿尾矿利用率计算方法	国家标准，方法标准
5	JB/T 12434—2015	永磁立盘式尾矿回收机	行业标准，产品标准
6	JB/T 13447—2018	自卸式立盘尾矿回收机	行业标准，产品标准
7	YB/T 4185—2009	尾矿砂浆技术规程	行业标准，方法标准
8	YB/T 4487—2015	铁矿山固体废弃物处置及利用技术规范	行业标准，方法标准
9	YB/T 4561—2016	用于水泥和混凝土中的铁尾矿粉	行业标准，产品标准
10	YB/T 4774—2019	加气混凝土用铁尾矿	行业标准，产品标准
11	YB/T 4775—2019	路面砖用铁尾矿	行业标准，产品标准
12	YB/T 4776—2019	免烧砖用铁尾矿	行业标准，产品标准

续表 1-10

序号	标准编号/计划号	标准名称	备注
13	YB/T 4794—2019	铁尾矿高浓度运行技术规范	行业标准，方法标准
14	DB13/T 2191—2015	用于混凝土和硅酸盐建筑制品的铁选矿碎屑	地方标准，产品标准
15	DB13/T 2469—2017	铁尾矿砂路基施工技术规程	地方标准，方法标准
16	DB13/T 2512—2017	铁尾矿用于公路基层施工技术规范	地方标准，方法标准
17	DB13/T 2611—2017	铁尾矿刺槐林造林技术规程	地方标准，方法标准
18	DB35/T 1467—2014	用于水泥和混凝土中的铅锌铁尾矿微粉	地方标准，产品标准
19	T/GDGM 0001—2019	绿色设计产品评价技术规范铁尾矿再生铁精粉	团体标准，产品标准
20	T/JSSES 3—2020	建设用铁尾矿砂	团体标准，产品标准
21	T/JSSES 4—2020	建设用铁尾矿碎石	团体标准，产品标准
22	T/CECS 732—2020	铅锌、铁尾矿微粉在混凝土中应用技术规程	团体标准，方法标准
23	T/CECS 10103—2020	用于水泥和混凝土中的铅锌、铁尾矿微粉	团体标准，产品标准
24	Q/371312TYHNT 001—2017	铁尾矿石混凝土	企业标准，产品标准
25	Q/371312TYHNT 004—2018	铁尾矿砂砂浆	企业标准，产品标准
26	Q/JLJC 02—2017	铁尾矿混凝土蒸压砖标准	企业标准，产品标准
27	Q/ALJIC 01—2017	铁尾矿混凝土普通透水砖	企业标准，产品标准
28	Q/3201 MSGT 001—2018	水泥铁质校正原料用铁尾砂	企业标准，产品标准
29	Q/AZJC 002—2015	铁尾矿砂在混凝土中应用技术规程	企业标准，方法标准

通过这些标准或规范，一方面使得铁尾矿的资源化综合利用有据可依，另一方面也为利用过程中的产品质量、工艺安全等问题提供保障，有利于铁尾矿综合利用产业的健康和可持续发展。标准化是连接尾矿开发利用在研发、生产、流通、消费等各个环节的纽带，是顺利推进尾矿资源综合利用、规范和促进尾矿产业有序发展的有效途径和重要保障[33]。

1.4.5 矿产共伴生资源全组分利用

传统矿产共伴生复杂非金属矿资源是一种存量巨大的矿产资源，由多种非金属矿物组成，成分复杂，开发利用难度大，被认为利用价值低而被废弃，成为矿山开发的固体废弃物。目前，各类矿山作为废弃物堆积的共伴生复杂非金属矿少则数千万吨，多则数亿吨。这类资源的不断堆积不仅造成了资源浪费严重，而且带来越来越多的环境和安全隐患等问题。因此，开发利用这类资源，不仅可以促进现有资源的高效利用，而且对保护矿山生态环境、消除矿山周边安全隐患等具有重要意义。

矿产共伴生非金属资源综合利用是涉及开采、选矿、环境、岩土、化学、材料等众多学科的系统工程。随着高品位矿产的持续开发利用，原矿资源日益枯竭与贫化，因此矿产共伴生非金属矿资源化利用是关乎我国资源与环境安全的一项战略性课题。现阶段，应将开展矿产共伴生非金属资源的全面摸底调查及相关技术的科技攻关及推广应用作为工作的重点。针对矿产共伴生非金属资源的复杂性，充分考虑不同非金属矿的差异，加强科研投入和多学科交叉性研究。对已有的综合利用技术进行创新以降低成本、技术难度及简化工艺，并探索新的利用途径，以扩大矿产共伴生资源的使用范围、消纳量及提高附加值。更需国家和行业制订相关配套的规范和标准，以及给予政策保障和税收优惠等，以促进科研成果向生产应用转化，推动和规范金属共伴生资源综合利用产业链的良性发展[34]，实现矿及共伴生非金属矿的全组分、无害化利用。

1.5 树立新型资源观

1.5.1 传统资源观的反思

传统资源观以资源依赖、资源优势等理论占据主导地位。这一方面使得资源富集区在依托本地数量多、品位高的资源发展本区产业、促进区域经济发展的同时，没有充分考虑相关联企业的布局，从而使资源区域经济系统不完整，资源产地难以追求经济目标的多元化。另一方面，又使得本区经济受高度波动的世界原材料价格影响，在经济景气、资源产品紧俏的繁荣期有可能形成过分牛市的预期，导致掠夺性大规模开发自然资源的倾向。而一旦经济趋冷，就会直接影响区域经济的稳定。当资源开发殆尽时，区域经济也就失去了产业支撑，这样就导致区域发展面临着走资源开发—资源衰减—经济退化—发展艰难的恶性循环道路，现今一些资源型工矿城市或工矿企业就是明显的例证[35]。

总之，传统资源观是开发利用原生资源，但是造成了严重依赖资源的天然禀赋，资源的持续供给能力不足。而且，自然资源的过度开发利用，导致了生态破坏、环境污染及全球变暖等问题。在当今经济日益全球化、人力资本和科学技术因素在经济增长中驱动作用明显加大的新背景下，重新审视传统资源观，构建新型资源观，是实现区域产业和区域经济又好又快地发展的重要课题[35]。

1.5.2 新型资源观的意义

新型资源观是针对传统资源观而确立的新观点。新型资源观不仅在找矿方面寻求突破，更强调通过大量再生资源的开发利用，减少对原生资源的依赖，从而减少对生态环境的破坏和污染。新型资源观的构建主要有以下内涵：

（1）科技进步助力新型资源观的形成。矿产资源的内涵和外延是不断扩展的。随着科技的进步和社会发展的需要，原来品位低的、尚未发现和利用的，或传统意义不属于矿产资源的都变成了重要的矿产资源，甚至为了发展的需要利用高科技手段合成生产新的矿产资源。例如随着科技的进步，黏土矿物的研究近些年受到了很大关注，其粒径小、比表面积大，可以作为天然纳微米矿物材料。此外，其层间离子具有可交换性，可进行层间结构改造，表现出较好的吸附性能。黏土矿物表面还有活性基团和端面悬键，具有表面反应活性，同时其层间作用力弱，可进行剥片、开发纳米复合材料等。另外，传统矿物学研究，在很大程度上集中在体相结构与特性的研究领域，为阐明地球演化历史、矿产资源的形成及利用提供直接依据。新型资源观下，我们更应该注重认识矿物的功能性，如矿物的光伏性能、化学活性、电磁响应性能、吸波性能、发光效应、光催化性、吸附污染物与环境治理等。

当今材料、医学、生物领域纳米科学发展异常迅猛，许多纳米科技成果已经走入我们的生产生活。纳米矿物也广泛存在于天然地质体中，从浅部到深部，从陆地到海洋均发现了纳米矿物，因此，纳-微米堆积体是一种值得关注的重要资源。纳米矿物-宏观块体均为系列地质过程中的产物，以往更为重视宏观聚集体的研究，微观-介观尺度物质聚集规律研究应成为新型资源观下亟需重视的科学问题！

（2）可持续发展需要新型资源观。矿产、能源属不可再生资源。资源环境作为区域可持续发展系统的基础与重要组成要素，通过参与系统的物质循环和能量转换来维持系统的平衡稳定，并使系统长期持续地存在并运行下去。可持续发展要求我们这代人应该为下一代的利益着想，做到资源开发可持续、生态环境可持续。

树立新型资源观是减轻环境污染的重要措施。原生资源开发、生产、加工、利用过程中消耗大量的能源、水、原材料，而且严重污染环境。而利用固废资源中的有用物质，不但能变废为宝，还可产生显著的环境效益。

树立新型资源观是实现“碳中和”和矿业可持续发展的重要途径。充分发挥矿业在国家能源资源结构调整中的重要作用，通过建立新型资源观，优化能源结构、降低能源消耗强度，提高资源利用效率和综合利用程度，加快矿业绿色发展转型升级，有力推动“碳达峰”“碳中和”目标的达成。

（3）新时期国家发展战略需要新型资源观。经济全球化也是资源的全球化。随着全球化进程的加快，生产要素、资源可以在国际进行流动，资源已经没有了地域的概念。在高新技术发展的今天，利用现代交通工具可以较易、较低成本地进行资源的流动，大大降低对自然资源原材料的依赖，也可以进行替代，还可以通过产业链条的多边链接使资源使用者多途径获取资源。

树立新型资源观是战略性新兴产业发展的客观要求。我国正处于工业化发展阶段，受资金、技术等多因素影响，形成了高投入、高能耗、高物耗和综合利用率低、产出效率低的局面，给资源环境带来了极大压力。长期以来，我国资源循环利用企业规模小、技术装备落后，回收利用水平低。为解决该问题，要大力发展循环型资源产业，通过建立示范基地，提高拆解加工利用水平，搭建公共服务平台，配套完善基础设施，实现再生资源产业集聚发展和规模化利用。要以保护环境为前提，同时落实节约优先的战略，加强资源综合利用，提高它的利用效率，积极开辟新的资源利用途径，并尽可能用可再生资源和其他相对丰富的资源代替传统资源，保证矿产资源系统的动态平衡。

树立新型资源观是解决劳动力就业问题的重要渠道。再生资源开发利用不仅是劳动密集型产业，也需要贸易、物流、装备制造等配套产业，在我国发展新型城镇化进程中，为进城人员就近就业、就近创业提供了很好的渠道。

因此，针对传统资源观存在的弊端及由此所产生的以资源依赖或诅咒效应为代表的现实问题，建立新型资源观，以强化人们对资源价值及其利用的认知，强化对合理利用资源和珍惜、节约资源的意识，使其更科学、客观、理性，符合可持续发展的要求，并促进区域资源流的合理流进，促进区域产业结构调整优化和转型升级，实施新型工业化战略，达到区域资源—环境—经济—社会和谐共生和可持续发展的目标。

本 章 小 结

矿产共伴生资源综合利用是涉及开采、选矿、环境、岩土、化学、材料等众多学科的系统工程，随着高品位矿产的持续开发利用，原矿资源日益贫化与枯竭，因此，共伴生资源综合利用逐渐成为关乎我国资源与环境安全的一项战略性课题。反思传统资源观，构建新型资源观，除在找矿方面寻求突破外，更应该通过加强传统矿产共伴生资源在整个循环体系中的综合利用及生产、流通、消费过程中的废弃物综合利用，减少对原生资源的依赖和对生态环境的破坏，不断提高自然资源的利用和转化效率，发挥自然资源内在潜力以及对经济可持续发展的保障能力。

思 考 题

(1) 简述矿石、矿体、共生矿、伴生矿、围岩、废石的概念和区别。
(2) 简述矿产储量的概念及分类。
(3) 矿床工业指标主要包括哪些，如何区分“矿”与“非矿”？
(4) 根据矿产资源的性质和用途，矿产资源如何分类，如何理解与金属矿共伴生的非金属资源有可能成为一类新的“非金属矿”？
(5) 矿及共伴生资源综合利用的含义是什么，其主要利用途径包括哪些？
(6) 谈谈对新型资源观的理解。

参 考 文 献

[1] 翟明国，胡波. 矿产资源国家安全、国际争夺与国家战略之思考 [J]. 地球科学与环境学报，2021，43 (1)：1-11.
[2] 王峰，冯聪，杜雪明. 共伴生矿产的概念辨析及其矿业权管理 [J]. 中国国土资源经济，2020，33 (2)：30-33，38.
[3] 于学峰，洪飞，魏健，等. 我国黄金矿山尾矿资源的综合利用 [M]. 北京：地质出版社，2013.
[4] 杨言辰，叶松青，王建新，等. 矿山地质学 [M]. 北京：地质出版社，2009.
[5] 翟裕生，姚书振，蔡克勤. 矿床学 [M]. 3 版. 北京：地质出版社，2011.
[6] 叶松青，李守义. 矿产勘查学 [M]. 3 版. 北京：地质出版社，2011.
[7] 张佶. 矿产资源综合利用 [M]. 北京：冶金工业出版社，2013.
[8] 陈其慎，干勇，延建林，等. 从矿产资源大国到矿产资源强国：目标、措施与建议 [J]. 中国工程科学，2019，21 (1)：49-54.
[9] 杨国华，郭建文，王建华. 尾矿综合利用现状调查及其意义 [J]. 矿业工程，2010，8 (1)：55-57.
[10] 刘艾瑛. 我国矿产资源综合利用潜力巨大 [J]. 西部资源，2015 (3)：70-72.
[11] 卢瑞桢，甘敏，林欣威. 矿山尾矿资源综合利用现状及前景分析 [J]. 现代矿业，2020，36 (12)：5-7.
[12] 潘德安，逯海洋，刘晓敏，等. 铁尾矿建材化利用的研究进展与展望 [J]. 硅酸盐通报，2019，38 (10)：3162-3169.
[13] 张锦瑞，王伟之，李富平，等. 金属矿山尾矿资源化 [M]. 北京：冶金工业出版社，2014.
[14] Prakash S, Das B, Mohapatra B K, et al. Recovery of iron values from iron ore slimes by selective magnetic coating [J]. Separation Science and Technology, 2000, 35 (16): 2651-2662.
[15] 李强，周平，庄故章. 云南某细粒难选铁尾矿铁的回收试验 [J]. 现代矿业，2017，33 (8)：121-123.
[16] Chao L, Sun H, Yi Z, et al. Innovative methodology for comprehensive utilization of iron ore tailings: part

2: The residues after iron recovery from iron ore tailings to prepare cementitious material [J]. Journal of Hazardous Materials, 2010, 174 (1-3): 78-83.
[17] 张涛, 袁敏, 常文韬, 等. 典型尾矿高附加值利用关键技术研究与示范 [M]. 天津: 天津大学出版社, 2015.
[18] 吕宪俊, 崔学奇. 全尾矿胶结充填技术的研究与应用 [J]. 有色矿冶, 2006 (S1): 22-24, 27.
[19] 靳文娟, 魏忠义. 柴河铅锌矿尾矿库复垦治理中不同覆土与植被措施的效益估算 [J]. 中国环境科学, 2020, 40 (6): 2577-2587.
[20] 王长龙, 倪文, 杨飞华, 等. 铁尾矿综合利用基础研究 [M]. 北京: 中国建材工业出版社, 2015.
[21] 王德民, 宋均平, 刘博华, 等. 低硅铁尾矿多孔陶粒的制备及污水处理效果 [J]. 金属矿山, 2012 (12): 148-152.
[22] 冯秀娟, 余育新. 钨尾砂生物陶粒的制备及性能研究 [J]. 金属矿山, 2008 (4): 146-148.
[23] 路畅, 陈洪运, 傅梁杰, 等. 铁尾矿制备新型建筑材料的国内外进展 [J]. 材料导报, 2021, 35 (5): 5011-5026.
[24] 郭建文, 王建华, 杨国华. 我国铁尾矿资源现状及综合利用 [J]. 现代矿业, 2009, 25 (10): 23-25, 60.
[25] 王志强, 吕宪俊, 褚会超, 等. 尾矿的火山灰活性及其在水泥混合材料中的应用 [J]. 硅酸盐通报, 2017, 36 (1): 97-103.
[26] Cai L, Ma B, Li X, et al. Mechanical and hydration characteristics of autoclaved aerated concrete (AAC) containing iron-tailings: Effect of content and fineness [J]. Construction & Building Materials, 2016, 128: 361-372.
[27] Ma B G, Cai L X, Li X G, et al. Utilization of iron tailings as substitute in autoclaved aerated concrete: Physico-mechanical and microstructure of hydration products [J]. Journal of Cleaner Production, 2016, 127: 162-171.
[28] Barros G J L, Andrade H D, Brigolini G J, et al. Reuse of iron ore tailings from tailings dams as pigment for sustainable paints [J]. Journal of Cleaner Production, 2018, 200: 412-422.
[29] Kossoff D, Dubbin W E, Alfredsson M, et al. Mine Tailings Dams: Characteristics, Failure, Environmental Impacts, and Remediation [J]. Applied Geochemistry, 2014, 51: 229-245.
[30] 周杰. 关于铁矿应用尾矿干排充填采空区工艺的探讨 [J]. 矿业工程, 2011, 9 (2): 51-52.
[31] 张淑会, 薛向欣, 金在峰. 我国铁尾矿的资源现状及其综合利用 [J]. 材料与冶金学报, 2004 (4): 241-245.
[32] 舒敏, 刘昆, 李德军, 等. 铁尾矿资源化利用标准化现状及对策研究 [J]. 中国标准化, 2021 (11): 154-158.
[33] 袁树康. 对我国尾矿资源综合利用标准化工作的思考 [J]. 中国石油和化工标准与质量, 2011, 31 (4): 185, 63.
[34] 敖顺福. 有色金属矿山尾矿综合利用进展 [J]. 矿产保护与利用, 2021, 41 (3): 94-103.
[35] 王敏正. 传统资源观的反思与新资源观的构建 [J]. 云南师范大学学报 (哲学社会科学版), 2008 (1): 31-35.

2 矿产共伴生资源的可利用属性

本章课件

本章提要

了解金属矿产共伴生组分的一般特征及类型，介绍了我国常见金属矿产共伴生资源的种类及其特征，并简要提出了它们的综合利用途径；同时掌握金属矿产共伴生资源如何进行可利用属性评价，实现资源开发和节约并举，提高我国矿产资源利用率。

2.1 引　言

随着生态文明建设的深入推进和环境保护要求的不断提高，矿产共伴生资源的综合利用作为我国构建绿色低碳循环经济体系的重要组成部分，既是资源综合利用、全面提高资源利用效率的本质要求，更是助力实现碳达峰碳中和、建设美丽中国的重要支撑。经过多年研究和发展，矿产共伴生资源综合利用规模水平不断提高、产业体系不断健全、政策制度和长效机制不断完善、创新实践不断取得突破，矿产共伴生资源综合利用由“低效、低值、分散利用”向“高效、高值、规模利用”整体转变取得积极进展。

2.2 金属矿产共伴生组分一般特征

金属矿产资源是指能供工业上提取某种金属元素的矿产资源，对国民经济、国民日常生活以及国防事业、高科技尖端产业有着重要的战略意义。根据金属元素的特性和稀缺程度，金属矿产资源可以分为黑色金属、有色金属、贵重金属和稀有金属这四大类。

黑色金属矿产主要包括铁矿、锰矿、铬矿、钒矿和钛矿，其中铁矿产量和产值占黑色金属矿产资源90%以上[1]，大部分铁尾矿、锰尾矿和铬尾矿都含有可进一步提取的残余铁、锰和铬，其余组分主要是硅酸盐矿物。在黑色金属矿产中，以铁尾矿储量最为丰富、种类最为复杂，铁尾矿除了含少量金属组分外，其主要矿物组分是脉石矿物，有石英、辉石、长石、石榴子石、角闪石及其蚀变矿物等，根据铁矿种类不同，铁尾矿的成分和主要矿物含量也各不相同。

有色金属矿产包括铜、铅、锌、镍、钨、锡等，这一类金属矿产贫矿多、富矿少，多为共生、伴生矿床，单一矿床很少，我国有色金属共伴生组分多达23种，有色金属与贵重金属通常一起产出（表2-1）[2]。有色金属矿产中，大部分都是多金属硫化矿，铜、铅、锌等多为硫化矿；其次是氧化矿，主要以钨矿为主，铜矿其次。

表 2-1 有色金属共(伴)生组分

矿床	共（伴）生组分
铜	硫、钴、金、银、铂族、铅、锌、硒、碲、铁、钼、铼、钨、铋、镉、铟、铊、金红石、孔雀石、铜蓝
铅锌	铜、银、铋、金、锑、汞、硫、镉、铊、锗、镓、硒、碲、铟、萤石、重晶石
钨	钼、铋、铜、铅、锌、金、银、锡、铁、铌、铍、硫、砷、长石、石英、绿柱石、黄玉
锡	铁、铜、铅、锌、钨、钼、锑、铋、银、铍、锂、铌、钽、钪、锆、铟、钛、硫、砷、锆石、独居石、稀土、黄玉
钼	铜、钨、铋、硒、碲、锡、金、银、铼、锗、钪、铊、镍、钒、铀、铂族、钒、稀土、铁
稀有	铌、钽、锡、稀土、铯、锂、云母、绿柱石、锆英石、铪、黄玉、金红石、石英、长石
铝	钙、钛、钒、锗、镓、锂、黄铁矿、钾、黏土
钴	镍、铜、锰、银、硫
镍	铜、钴、铂族、硫、金
锑	砷、金、银、钨、铅、锌、汞、萤石
汞	锑、铜、铅、锌、碲、砷、铋、雌黄、雄黄
金	银、铜、铅锌、硫、锑、砷、锆石、独居石、金红石、刚玉
稀土	铁、钒、萤石、重晶石、蒙脱石、高岭石

贵重金属矿产包括金、银、铂、钯、铱等，这一类金属矿产多为黑色金属和有色金属的共生组分或伴生组分，但是金和银能够以独立矿物的形式赋存在矿床中。

稀有金属矿产包括铌、钽、铍、锂等稀有金属元素和稀土金属元素，这一类金属矿产绝大部分是共伴生矿。稀土元素矿主要类型有沉积变质-热液交代铌-稀土-铁矿床、含稀土氟碳酸盐热液脉状矿床、含铌-稀土正长岩-碳酸盐岩矿床、沉积变质铌-稀土-磷矿床、风化壳离子吸附型稀土矿床等。稀有金属矿主要类型有花岗岩型、伟晶岩型、盐湖卤水型、石英脉型、沉积变质-热液交代铌-稀土-铁矿床。稀有金属矿本身多为共伴生矿，在此不对其共伴生组分展开叙述。

2.3 矿产共伴生资源类型

我国矿产资源种类丰富，截至 2020 年底，中国已发现 173 种矿产。其中，能源矿产 13 种，金属矿产 59 种，非金属矿产 95 种，水气矿产 6 种[3]。按照矿产资源的可利用成分及用途，将矿产资源分为金属、非金属和能源三大类。由于各类矿产的成矿条件不同，所以其矿产共伴生组分的矿物种类、含量也不同，无论何种类型的尾矿，其主要组成元素基本包含 O、Si、Ti、Al、Fe、Mn、Mg、Ca、Na、K、P、H 等，不同类型的尾矿中元素含量差别巨大，且具有不同的结晶化学行为[2]。

我国大部分矿种品位较低，并且具有两种以上有用组分的矿床比例在 80%以上，很多矿山受当时的经济技术条件所限，只开采含量最为丰富的主矿种，那些伴生矿种则遗留于尾矿中。这些矿产共伴生资源若能充分加以开发和利用，可以为企业创造更多的财富。前人统计了尾矿的化学成分及含量，将其划分为以下 8 种类型（表 2-2）[2,4]。

（1）镁铁硅酸盐型共伴生资源。这一类共伴生资源的主要组成矿物基本为 $Mg_2[SiO_4]$-$Fe_2[SiO_4]$系列橄榄石和 $Mg_2[SiO_4]$-$Fe_2[SiO_4]$ 系列辉石，以及它们的含水蚀变矿物，例如蛇纹石、硅镁石、滑石、镁铁闪石、绿泥石等。一般产于超基性和一些偏基性岩浆岩、火山岩、镁铁质变质岩、镁矽卡岩中的矿石，常形成此类共伴生资源。在外生矿床中，富镁矿物集中时，可形成蒙脱石、凹凸棒石、海泡石型共伴生资源。其化学组成特点为富镁、富铁、贫钙、贫铝，且一般镁大于铁，无石英。

（2）钙铝硅酸盐型共伴生资源。这类共伴生资源的主要组成矿物为 $CaMg[Si_2O_6]$-$CaFe[Si_2O_6]$ 系列-辉石 $Ca_2Mg_5[Si_4O_{11}](OH)_2$-$Ca_2Fe_5[Si_4O_{11}](OH)_2$ 系列闪石、中基性斜长石，及其蚀变、变质矿物，例如石榴子石、绿帘石、阳起石、绿泥石、绢云母等。这类共伴生资源在中基性岩浆岩、火山岩、区域变质岩、钙矽卡岩型矿石时较为常见。与镁铁硅酸盐型共伴生资源相比，其化学组成特点是钙、铝进入硅酸盐晶格，含量增高，而铁、镁含量降低，石英含量较小。

（3）长英岩型共伴生资源。这类共伴生资源主要由钾长石、酸性斜长石、石英及其蚀变矿物，例如白云母、绢云母、绿泥石、高岭石、方解石等构成。产于花岗岩矿床、花岗伟晶岩矿床，与酸性侵入岩和次火山岩有关的高、中、低温热液矿床，酸性火山岩和火山凝灰岩蚀变型矿床，酸性岩和长石砂岩变质岩型矿床，风化残积型矿床，石英砂及硅质页岩型沉积矿床的矿石，常形成此类共伴生资源。它们在化学组成上具有高硅、中铝、贫钙、富碱的特点。

（4）碱性硅酸盐型共伴生资源。这类共伴生资源的矿物成分，主要以碱性硅酸盐矿物（如碱性长石、似长石、碱性辉石、碱性角闪石、云母以及它们的蚀变、变质矿物，如绢云母、方钠石、方沸石等）为主。产于碱性岩中的稀有、稀土元素矿床，可产生这类共伴生资源。根据共伴生资源中的 SiO_2 含量，可分为碱性超基性岩型、碱性基性岩型、碱性酸性岩型三个亚类。其中，碱性酸性岩型共伴生资源分布较广，在化学组成上，这类共伴生资源以富碱、贫硅、无石英为特征。

（5）高铝硅酸盐型共伴生资源。这类共伴生资源的主要成分为层状硅酸盐矿物，并常含有石英。常见于某些蚀变火山凝灰岩型、沉积页岩型以及它们的风化、变质型矿床的矿石中。化学成分上，表现为富铝、富硅、贫钙、贫镁，有时钾、钠含量较高。

（6）高钙硅酸型共伴生资源。这类共伴生资源主要矿物成分为透辉石、透闪石、硅灰石、钙铝榴石、绿帘石、绿泥石、阳起石等无水或含水的硅酸钙岩。多分布于各种钙矽卡岩型矿床和一些区域变质矿床。化学成分上表现为高钙、低碱，SiO_2 一般不饱和，铝含量一般较低的特点。

（7）硅质岩型共伴生资源。这类共伴生资源的主要矿物成分为石英及其二氧化硅变体，包括石英岩、脉石英、石英砂岩、硅质页岩、石英砂、硅藻土以及二氧化碳含量较高的其他矿物和岩石。这类矿物广泛分布于伟晶岩型，火山沉积-变质型，各种高、中、低温热液型，层控砂（页）岩型以及砂矿床型的矿石中。SiO_2 含量一般在 90%以上，其他元素含量一般不足 10%。

（8）碳酸盐型共伴生资源。这类共伴生资源中，碳酸盐矿物占绝对多数，主要为方解石或白云石，也可分为钙质碳酸盐型和镁质碳酸盐型。二者的区别在于钙质碳酸盐型中白云石的含量占大部分，而镁质碳酸盐型中，方解石占大多数。这类共伴生资源常见于化学或生物-化学沉积岩型矿石中。在一些充填于碳酸盐岩层位中的脉状矿体中，也常将碳酸盐质围岩与矿石一起采出，构成此类共伴生资源。

表 2-2　不同类型共伴生资源矿物组成和化学组成范围

共伴生资源类型	矿物成分	质量分数/%	主要化学成分							
			SiO_2	Al_2O_3	Fe_2O_3	FeO	MgO	CaO	Na_2O	K_2O
镁铁硅酸盐型	镁橄榄石（蛇纹石）	25~75	30.0~45.0	0.5~4.0	0.5~5.0	0.5~8.0	25.0~45.0	0.3~4.5	0.02~0.5	0.01~0.3
	辉石（绿泥石）	25~75								
	斜长石（绢云母）	15								
钙铝硅酸盐型	橄榄石（蛇纹石）	0~10	45.0~65.0	12.0~18.0	2.5~5.0	2.0~9.0	4.0~8.0	8.0~15.0	1.50~3.50	1.0~2.5
	辉石（绿泥石）	25~50								
	斜长石（绢云母）	40~70								
	角闪石（绿帘石）	15~30								
长英岩型	石英	15~35	65.0~80.0	12.0~18.0	0.5~2.5	1.5~2.5	0.5~1.5	0.5~4.5	3.5~5.0	2.5~5.5
	钾长石（绢云母）	15~35								
	碱斜长石（绢云母）	25~40								
	铁镁矿物（绿泥石）	5~15								
碱性硅酸盐型	霞石（沸石）	15~25	50.0~60.0	12.0~23.0	1.5~6.0	0.5~5.0	0.1~3.5	0.5~4.0	5.0~12.0	5.0~10.0
	钾长石（绢云母）	30~60								
	钠长石（方沸石）	15~30								
	碱性暗色矿物	5~10								
高铝硅酸盐型	高岭石类黏土矿物	≥75	45.0~65.0	30.0~40.0	2.0~8.0	0.1~1.0	0.05~0.5	2.0~5.0	0.2~1.5	0.5~2.0
	石英或方解石等									
	非黏土矿物	≤25								
	少量有机质、硫化物									
高钙硅酸盐型	大理石（硅灰石）	10~30	35.0~55.0	5.0~12.0	3.0~5.0	2.0~15.0	5.0~8.5	20.0~30.0	0.5~1.5	0.5~2.5
	透辉石（绿帘石）	20~45								
	石榴子石（绿帘石、绿泥石等）	30~45								
硅质岩型	石英	≥75	80.0~90.0	2.0~3.0	1.0~4.0	0.2~0.5	0.02~0.2	2.0~5.0	0.01~0.1	0.05~0.5
	非石英矿物	≤25								
碳酸盐型共伴生资源：钙质碳酸盐型	方解石	≥75	3.0~8.0	2.0~6.0	0.2~2.0	0.1~0.5	1.0~3.5	45.0~52.0	0.01~0.2	0.02~0.5
	石英及黏土矿物	5~25								
	白云石	≤5								
碳酸盐型共伴生资源：镁质碳酸盐型	白云石	≥75	1.0~5.0	0.5~2.0	0.1~3.0	0~0.5	17.0~24.0	26.0~35.0	微量	微量
	方解石	10~25								
	黏土矿物	3~5								

2.4 黑色金属矿产共伴生资源特征

黑色金属包括铁矿、锰矿、铬矿、钒矿和钛矿五种矿产。钢铁是世界上发现最早、利用最广、用量最多的一种金属，其消耗量约占金属总消耗量的95%[5]。铁矿石作为炼铁的主要原料，被誉为钢铁工业的“粮食”[6]，其产量和产值占黑色金属矿产资源的90%以上[1]。锰是地球上最丰富的12种化学元素之一，其用途非常广泛，在冶金领域和非冶金领域有着多种不同用途，世界上生产的锰约90%应用于钢铁工业，是钢铁工业必不可少的金属元素，也是改善和提高钢铁材料强度、硬度等各种性能的重要添加成分，“无锰不成钢”。

以下以铁矿和锰矿为例，说明黑色金属矿产共伴生资源特征。

2.4.1 铁矿种类及共伴生资源特征

全球铁矿资源分布极不均衡，位列前10位的国家依次是澳大利亚、加拿大、俄罗斯、巴西、中国、玻利维亚、几内亚、印度、乌克兰和智利（图2-1）。这10个国家铁矿资源量就达到6650亿吨，占全球资源总量的81.31%。目前全球已统计的1833个铁矿床中，大型、超大型铁矿床有348个，约占总数的19%，而大型、超大型铁矿床资源量却占到铁资源总量的79.4%；规模大于10亿吨的铁矿数为137个，约占总数的7.4%，占铁资源总量的68.8%[7]。虽然中国铁矿资源量排名位于全球前列，但大型、超大型铁矿床数量却不多，只有10个，以中小型矿床为主，与澳大利亚、巴西、俄罗斯和加拿大等国相去甚远，铁矿资源量只有273亿吨。全球开采的铁矿石品位差距也较大，南非、印度、澳大利亚、俄罗斯等国铁矿石平均品位都在55%以上，加拿大、中国、乌克兰和美国铁矿石平均品位只有30%多，中国仅为31.3%，低于全球铁矿石平均含量（48.3%）17个百分点[7]。

我国铁矿床矿石共（伴）生组分多。据统计，含共（伴）生组分的铁矿石储量多达148.2亿吨，占全国探明总储量的28.7%。我国铁矿根据其成因类型可以划分为沉积变质型、岩浆岩型、矽卡岩型、火山岩型、沉积型和风化淋滤型6种类型（图2-2）[8]。

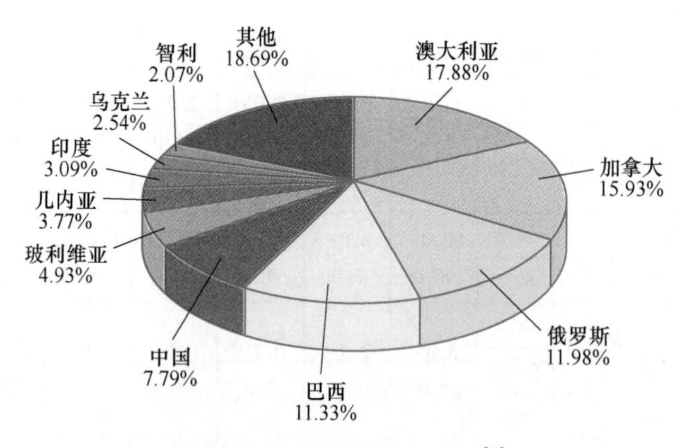

图2-1 全球铁矿资源量统计[7]

2.4.1.1 沉积变质型铁矿

全球铁矿类型众多，规模巨大。其中，沉积变质型铁矿又称条带状硅质建造（BIF）

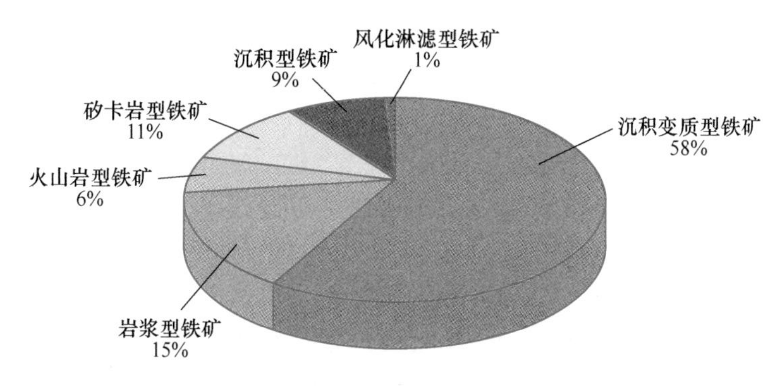

图 2-2　我国不同类型铁矿查明铁矿石量占比

型铁矿，占全球铁矿床的 60%～70%。我国沉积变质型铁矿储量约占我国铁矿总储量的 57.5%，大量分布在我国的辽宁鞍山、辽阳、本溪地区。我国 BIF 型铁矿矿体形成于海底岩浆间歇性喷发而成的沉火山岩中，岩浆喷发作用使地壳深部的硅、铁等物质被大量带出地表并相继沉积，形成了硅铁质条带互层[9]。含矿建造多发育在绿岩带中，与绿岩带中上部的火山碎屑岩相伴生，靠近浊积岩组合，含铁岩系中广泛分布火山岩，铁矿矿石主要由铁质矿物、硅质矿物和或多或少的硫化物及含铁碳酸盐等组成。最为代表的则是分布在辽西、冀东地区的“鞍山式铁矿”。鞍山式铁矿中以磁铁矿为主要的矿石矿物，部分矿床含有赤铁矿，脉石矿物以石英、燧石等为主，其他矿物含量很低，通常不超过 5%，有角闪石、绿泥石等。此类矿床的矿产共伴生组分铁、硅含量高，其中可含有少量的赤铁矿或磁铁矿，石英的含量可以达到 75%，其次为少量的绿泥石、角闪石等铁镁硅酸盐矿物，以及铁白云石、方解石等碳酸盐矿物。因其化学成分中 SiO_2 的含量在 60%～80%，部分高达 85%。因此，BIF 型铁矿共伴生组分属于高硅型铁尾矿。在综合利用过程中，首先对共伴生组分中的铁元素进行再选和有价组分回收，其次对其他组分进行二次利用，因其 SiO_2 的含量偏高，通常用作制备建筑材料等。

2.4.1.2　岩浆型铁矿

我国岩浆型铁矿在成因上与不同地质时代的超基性、基性杂岩体有关。矿体直接产于岩体内部，而且铁矿物中富含钒、钛等金属元素，所以又称钒钛磁铁矿床。含矿岩系主要为橄榄辉长岩、辉长岩、斜长岩、辉石闪长岩、斜长角闪岩等基性-超基性岩浆岩岩体。矿石矿物主要为磁铁矿、钛铁矿，还有少量磁黄铁矿、黄铁矿。铁矿物中除了常见的钒、钛，部分矿床还伴生铜、镍、钴等金属元素，含量较低，不作为主要矿石矿物产出。在攀枝花式铁矿中脉石矿物一般有辉石、斜长石、橄榄石等硅酸盐矿物；而在大庙式铁矿中，脉石矿物中硅酸盐矿物含量极低，主要为磷灰石。该类矿产共伴生组分较突出的特点是 SiO_2 含量较低，矿物成分复杂、伴生元素较多，属于多金属类铁尾矿，此类矿产共伴生组分中主要金属矿物有磁铁矿、钛铁矿、钒钛磁铁矿、赤铁矿，非金属矿物主要有辉石、斜长石、橄榄石、角闪石、磷灰石，也有晚期蚀变矿物有绿泥石、纤闪石、蛇纹石、金云母。在综合利用过程中，首先进行再选和有价组分回收，可以将铁、钛元素进一步回收利用，再选之后的矿产共伴生组分中，SiO_2 和 Al_2O_3 的含量居首位，可作为建筑材料、陶瓷材料等合成材料的原料。

2.4.1.3 矽卡岩型铁矿

矽卡岩型铁矿也被称为接触交代型铁矿，此类矿体主要产于中性、中酸性或酸性中浅成侵入岩和碳酸盐围岩接触带的矽卡岩中，近矿围岩碱质交代现象比较显著。含矿岩系常见的有闪长岩、石英闪长岩、安山岩、花岗闪长岩、二长闪长岩等中性岩和中酸性岩，围岩蚀变以矽卡岩化为主。矽卡岩型铁矿的矿石矿物以磁铁矿为主，共伴生有铜、钴、钼、铅、锌、钨（白钨矿为主）、锡、硼、硬石膏等。在邯邢式铁矿中，主要的矿石矿物有磁铁矿，其次为黄铁矿、赤铁矿，以及少量的镜铁矿、褐铁矿、黄铜矿、磁黄铁矿和铜蓝，伴生的脉石矿物有透辉石、石榴子石、阳起石、金云母、绿泥石、方解石等蚀变矿物；在大冶式铁矿中，矿石矿物以磁铁矿为主，其次为赤铁矿、菱铁矿、黄铜矿、磁黄铁矿，少量含有斑铜矿、镜铁矿、方铅矿等，脉石矿物主要为白云石、透辉石、绿泥石、方解石、金云母、石榴子石、阳起石、硬石膏等。矽卡岩型铁矿共伴生组分在化学组成上具有低硅、高钙/镁的特点，SiO_2 含量一般低于 40%，CaO/MgO 通常在 10%~30%之间。尾矿组成上的一个突出特点是除铁外，可伴生一些可综合利用的铜、钼、钴、金、银、钨、铅、锌等金属，可以通过再选和有价组分回收提高金属元素的产出率。非金属矿物主要是石榴子石、透辉石、硅灰石、方解石、白云石等矽卡岩矿物，可以用作聚合物填料。

2.4.1.4 火山岩型铁矿

我国火山岩型铁矿是指产于火山岩建造中以铁为主的矿床，可以分为海相火山岩型铁矿和陆相火山岩型铁矿。海相火山岩型铁矿是一种火山型（未变质）的铁矿床，产于海相火山-沉积岩系中，主要分布在我国西部地区，如西天山阿吾拉勒成矿带。此类矿床矿石矿物以磁铁矿为主，其次是赤铁矿、磁赤铁矿、黄铁矿，同时部分矿床还共伴生铜、锌、锰等多金属，脉石矿物以石榴子石、透辉石、阳起石、角闪石、长石以及碳酸盐矿物等为主。其中，海相火山沉积型铁矿矿石矿物以赤铁矿为主，其次为磁铁矿，脉石矿物多为硫化物，与其他海相火山岩型铁矿不同。陆相火山岩型铁矿也可以称为玢岩型铁矿，是指产于分布区域内，与玄武质、安山质岩浆的火山-侵入岩体在时间、空间及成因上有联系的一组以铁为主的矿床。矿石矿物以磁铁矿为主，其次为假象赤铁矿、赤铁矿、黄铁矿、镜铁矿、褐铁矿和少量黄铜矿，脉石矿物通常以钠长石、方柱石、透辉石、石榴子石、阳起石、金云母、磷灰石、绿帘石和绿泥石组合出现在高温气液接触带中，有的矿床还共伴生硬石膏，而在中低温热液充填带中，脉石矿物以石英、高岭石和绢云母等组成。该类铁矿共伴生组分属于低硅尾矿，SiO_2 的含量低于 35%，金属矿物有磁铁矿、赤铁矿、黄铁矿、黄铜矿，在回收有价组分的过程中，对其中金属元素的回收率可以达到 75%，剩余的组分中非金属矿物还包括石英、长石、方柱石、阳起石、磷灰石、绢云母等蚀变矿物，可以作为填充材料、道路材料，其中部分矿物还可以作为聚合物填料。

2.4.1.5 沉积型铁矿

沉积型铁矿是指主要与沉积作用有成因关系的铁矿床。这里所讲的沉积作用不包括火山沉积作用，根据沉积环境可以分为海相沉积型铁矿和陆相沉积型铁矿。我国沉积型铁矿以海相沉积为主，陆相沉积型铁矿探明资源储量占全国不足 1%。我国海相沉积型铁矿因其铁质来源不同，产出的铁矿种类不同。来自陆源风化的铁质经过流水搬运成矿，例如宁乡式铁矿和宣龙式铁矿，矿石矿物以赤铁矿为主，部分矿床可见褐铁矿、菱铁矿、共伴生黄铁矿、水锰矿，脉石矿物有石英、鲕绿泥石、磷灰石等。与海底喷气沉积作用有关的海相沉积铁矿，矿石矿物以菱铁矿、褐铁矿为主，其次为赤铁矿和磁铁矿，部分矿床共伴生铜矿和银矿，脉石矿物主要为绢云母、石英，其次为重晶石、绿泥石、铁白云石、黑云母等。我国陆相沉积型铁矿主要分布在山西、四川、重庆、贵州和云南等地，铁矿往往与含煤岩系有密切联系。在山西和贵州等地，铁矿与铝土矿共伴生。矿石矿物有褐铁矿、赤铁矿和菱铁矿。在山西式铁矿中，以褐铁矿和赤铁矿为主，与铝土矿共生，脉石矿物以石英和黏土为主。而在綦江式铁矿中，矿石矿物为赤（褐）铁矿-菱铁矿组合，脉石矿物有石英、绿泥石、伊利石和磷灰石等。沉积型铁矿共伴生组分中 SiO_2 含量在55%左右，其中金属矿物成分简单，主要为赤铁矿、黄铁矿，非金属矿物成分主要为石英、长石、绿泥石等。因该类矿床围岩以砂岩、页岩为主，部分尾矿中泥质含量较高。

2.4.1.6 风化淋滤型铁矿

风化淋滤型矿床是由不同类型的菱铁矿矿床、金属硫化物矿床或其他富铁岩石等，经过风化淋滤作用富集而成的氧化铁帽矿床。此类矿床主要分布在我国南方地区，已探明资源储量占全国不足1%。

2.4.1.7 铁矿共伴生资源特征

我国铁矿床矿石共伴生组分多，据统计，含共伴生组分的铁矿石储量多达148.2亿吨，占全国探明总储量的28.7%。按照共伴生元素的含量可分为单金属类铁矿共伴生资源和多金属类铁矿共伴生资源两大类[10]。

单金属类铁矿共伴生资源根据其硅、铝、钙、镁的含量又可分为高硅鞍山型铁矿共伴生资源，高铝马钢型铁矿共伴生资源，高钙、镁邯郸型铁矿共伴生资源和低钙、镁、铝、硅酒钢型铁矿共伴生资源四类。

（1）高硅鞍山型铁矿共伴生资源。该类铁矿共伴生资源是数量最大的铁矿共伴生资源类型。其中 SiO_2 含量高达85%，一般不含有价伴生元素，平均粒度在0.04~0.2mm。

（2）高铝马钢型铁矿共伴生资源。该类铁矿共伴生资源年排出量不大，主要分布在长江中下游宁芜一带，如江苏吉山铁矿、马钢姑山铁矿、南山铁矿及黄梅山铁矿等。其主要特点是 Al_2O_3 含量较高，大部分不含有伴生元素和组分，个别含有伴生硫、磷，-0.074mm 粒级含量占30%~60%。

（3）高钙、镁邯郸型铁矿共伴生资源。该类铁矿共伴生资源主要集中在邯郸地区的铁矿山，如玉石洼、西石门、玉泉岭、符山、王家子等铁矿。主要含有的伴生元素为硫、钴以及铜、镍、锌、铅、砷、金、银等微量元素，-0.074mm 粒级含量占50%~70%。

（4）低钙、镁、铝、硅酒钢型铁矿共伴生资源。这类铁矿共伴生资源中主要非金属矿物是重晶石、碧玉，伴生元素有钴、镍、锗、镓和铜等，尾矿粒度为-0.074mm 的占70%。

多金属类铁矿共伴生资源主要分布在我国西南攀西地区、内蒙古包头地区和长江中下游的武钢地区，特点是矿物成分复杂、伴生元素多，除含有丰富的有色金属外，还含有一定量的稀有金属、贵金属及稀散元素。从价值上看，回收这类铁矿共伴生资源中的伴生元素已远远超过主体金属——铁的回收价值。如大冶型铁矿共伴生资源中除了含有较高的铁之外，还含有铜、钴、镍、硫、金等元素；攀钢型铁矿共伴生资源中除了钒、钛之外，还有可回收的钴、镍、镓、锗等元素；白云鄂博型铁矿共伴生资源中含有22%的铁矿物、9%左右的稀土矿物以及15%的萤石。

2.4.2 锰矿种类及共伴生资源特征

锰是钢铁工业中的重要配套原料。世界上90%的锰矿用于钢铁工业，其余用在轻工、化工、医药等方面。据美国地质调查局（USGS）2020年的统计，世界锰的储量总计8.12亿吨，欧洲和非洲的锰矿储量总和约占世界储量的80%以上，分别为48.45%和33.35%，而亚洲的储量仅有2.88%，这表明锰矿资源在世界上分布的极不均匀，主要集中在南非、巴西、乌克兰、澳大利亚等国家（图2-3），并且南非、俄罗斯和乌克兰等国家的锰矿石成分以氧化锰为主，具有杂质少、品位高、规模大等优点，一般均可以露天开采，产量规模巨大，锰矿企业经济效益好[11]。我国锰储量约5400万吨，排在世界第6位[12]。我国锰矿资源具有“小、贫、杂、细”的特点。从规模集约可利用性来看，矿床规模偏小，矿床多属沉积或沉积变质型，矿体薄、倾角缓、埋藏深，不利于规模开发，规模效益差。同时符合当前经济技术水平可利用或中高品位锰矿资源储量偏低，锰矿资源质量较差，以贫锰矿为主，脉石废石尾矿多；锰矿石组分复杂，结构多以细粒或微细粒嵌布，杂质含量偏高，选矿难度大，选冶成本高。不仅如此，矿石自给结构性矛盾十分突出，锰矿产地与用锰经济区域不匹配，冶金用优质锰矿资源匮乏，优质富碳酸锰矿和优质富氧化锰矿严重紧缺[13-15]。

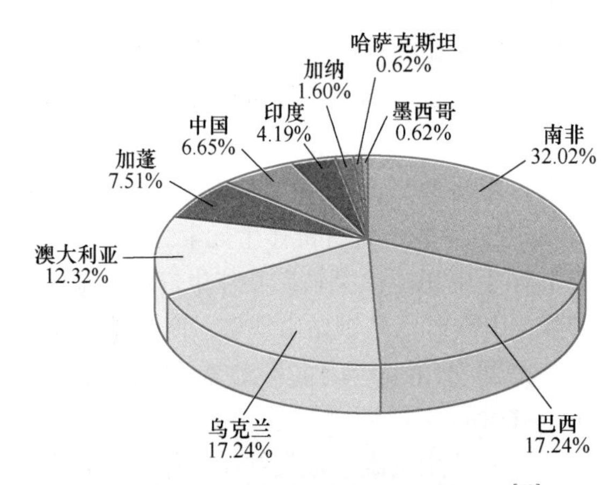

图2-3 世界主要锰矿国锰矿储量占比[12]

我国锰矿资源分布不均匀但相对集中，资源主要分布在广西、湖南、云南、贵州、重庆市和辽宁等省[15]。根据锰矿床成因进行划分，我国锰矿资源可以分为海相沉积型锰矿、沉积受变质型锰矿、层控型铅锌铁锰矿、风化型锰矿。其中海相沉积型锰矿资源储量占我国锰矿资源储量的70%以上（图2-4）[16]。

2.4.2.1 海相沉积型锰矿

海相沉积型锰矿一般形成于古陆边缘浅海地带，主要成矿时代为前寒武纪和白垩纪。该类型锰矿矿体多呈层状、透镜状，由滨海向海盆深处延伸，通常会出现碎屑岩-碳酸盐岩的变化序列，因此该类矿床常与碎屑岩和碳酸盐岩共生。根据其含矿岩系和锰矿层特征

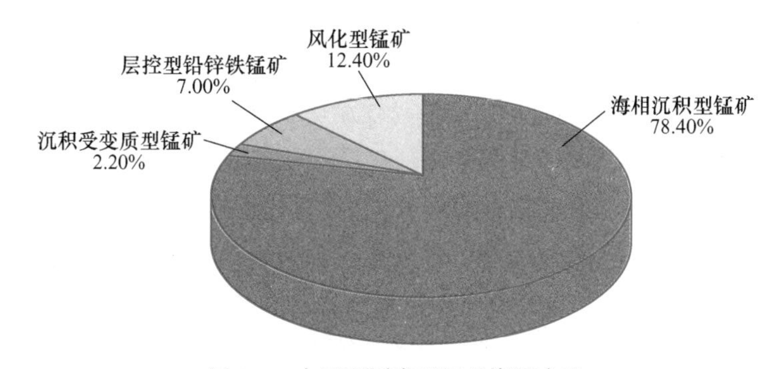

图 2-4 中国不同类型锰矿资源占比

可以分为五个亚类：

（1）产于硅质岩、泥质灰岩、硅质灰岩中的碳酸锰矿床。矿床分布于台盆或台槽区，含矿岩系以富含硅质、泥质，出现硅质岩段或夹层的不纯的碳酸盐岩为特征，其周围或旁侧为同期沉积的纯碳酸盐相区。缺乏底栖大个体生物化石，富含浮游生物化石。锰矿层主要产出于含矿岩系的泥质、硅质灰岩段内。纯碳酸盐相内几乎没有锰矿出现。矿石具灰泥结构、结核状、豆状、微层状构造。矿石均属碳酸锰类型，尚未见有原生氧化锰类型。有菱锰矿型、钙菱锰矿-锰方解石型、锰方解石型。有的矿床局部出现锰的硅酸盐-菱锰矿型。脉石矿物主要为石英、玉髓、方解石，大多数属酸性矿石。矿层浅部发育次生氧化带，主要为隐钾锰矿、硬锰矿-软锰矿型矿石。

（2）产于黑色页岩中的碳酸锰矿床。含矿岩系或含矿岩段为黑色含碳页岩、黏土岩，夹灰岩、白云岩层或透镜体，有时夹劣煤或鸡窝状石煤，富含微粒黄铁矿，具水平层理或线理。矿石具泥晶结构、球粒结构及少量鲕状结构，块状、条带状构造，球粒在一些矿区经鉴定为兰绿藻。矿石为碳酸锰类型，尚未见有原生的氧化锰类型。最普遍的是菱锰矿型，其次有钙菱锰矿-锰方解石型、锰方解石型（少数矿区矿石中出现少量锰菱铁矿、黑锰矿、黑镁铁锰矿、方锰矿、硫锰矿等矿物）。脉石矿物主要为石英、方解石及黏土矿物，常见伴有星散状的黄铁矿。近地表部分不同程度地发育次生氧化带，有隐钾锰矿-恩苏塔矿型和恩苏塔矿-隐钾锰矿型矿石。

（3）产于细碎屑中的氧化锰、碳酸锰矿床。含矿岩系为杂色粉砂质页岩、粉砂岩，常夹有泥质灰岩、灰岩，以水平层理为主，或有少量交错纹理。矿层常产在小旋回从碎屑岩到碳酸盐岩的过渡带处。矿石具细粒集合体及鲕状、球粒状结构，条带状、块状构造。原生矿石有氧化锰类型和碳酸锰类型，氧化锰类型主要为水锰矿型；碳酸锰类型有菱锰矿型、钙菱锰矿-锰方解石型。有的矿区主要为锰的氧化物（褐锰矿或水锰矿）与锰的碳酸盐矿物混合类型。脉石矿物有的以石英、玉髓为主，有的以方解石为主。近地表有发育程度不等的氧化矿石，主要为软锰矿-硬锰矿型。

（4）产于白云岩、白云质灰岩中的氧化锰、碳酸锰矿床。含矿岩系或含矿段为白云岩、粉砂质白云岩、白云质灰岩。矿层底板的白云岩，具涟痕、浪成凹坑，缓斜层理、水下滑动构造，或含有鲕粒。在燕山地区长城系高于庄组中产出的矿床（如河北前干涧），矿石有菱锰矿型、锰方硼石-菱锰矿型，呈晶粒或隐晶结构，鲕状、豆状、块状、条带状构造。脉石矿物有石英、白云石、方解石，属酸性矿石。次生氧化带以软锰矿型矿石为主，大部分矿床经次生氧化改造，主要产出软锰矿型矿石和水锰矿-复水锰矿型矿石，但前者其中残留有大量黑锰矿，可能原生沉积为氧化锰矿石，脉石矿物以方解石为主。

（5）产于火山沉积岩系中的氧化锰、碳酸锰矿床。含矿岩系属火山喷发期后或火山喷发间歇期的正常海相沉积碎屑岩与碳酸盐岩。矿层产在碎屑岩中或碎屑岩向碳酸盐岩过渡处。火山喷发岩属中、基性，沉积碎屑岩含有火山物质的玻屑、晶屑，矿层中常出现碧玉条带或团块。矿石呈晶粒状、球粒状结构，块状、条带状、网脉状构造。在新疆下石炭统阿克沙依组产出的矿床（莫托沙拉），主要为菱锰矿型，褐锰矿和锰的硅酸盐以网脉状出现，并有微弱的方铅矿、闪锌矿化。脉石矿物多为硅质矿物。

2.4.2.2 沉积受变质型锰矿

沉积受变质型锰矿资源储量占全国锰矿资源储量的0.6%，该类型锰矿原为沉积矿床，除少数经受较强变质外，一般只会遭受轻微变质作用。经受了区域变质作用或接触变质作用后，矿石矿物的成分有显著的改变，但是矿床的形态、产状并没有太大的变化，根据含锰矿物成分可以分为两个亚类：

（1）产于热变质或区域变质岩系中的氧化锰矿床。含锰矿石具有变晶或变鲕结构，一般为条带状构造。矿石类型主要为菱锰矿-褐锰矿型、褐锰矿-黑锰矿型，一般有含锰的硅酸盐出现。脉石矿物除石英、方解石外，还会出现少量钠-奥长石、闪石、辉石、石榴子石、云母等。围岩多属千枚岩、绿片岩类。

（2）产于热变质或区域变质岩系中的硫锰矿、碳酸锰矿床。主要是产于黑色页岩中的碳酸锰矿床，受到接触变质或其他变质作用，变成硫锰矿-菱锰矿型或硫锰矿-锰白云石型矿石，具有变晶及球粒状结构，大部分为条带状构造。也出现少量的锰的硅酸盐。脉石矿物除石英、方解石、白云石外，出现少量变质硅酸盐矿物。围岩属板岩或绿片岩类。

2.4.2.3 层控型铅锌铁锰矿

层控型铅锌铁锰矿资源储量占全国锰总储量的7%，常伴有多种有用元素。常产于某些比较固定的层位，并有明显的后期改造。矿体大多呈透镜体产出，产状与围岩近似，但不完全整合，分枝复合、膨缩现象显著，并常伴有穿切围岩层理的矿脉。围岩蚀变不一，一般仅有白云石化、铁锰碳酸盐化。原生矿石有方铅矿-菱锰矿型、硫锰矿-磁铁矿型和闪锌矿-锰菱铁矿型，呈粒状、球粒状结构，块状、浸染状、细脉状构造。次生氧化后，锰显著富集，有软锰矿-硬锰矿型的锰矿石和软锰矿、硬锰矿-褐铁矿型的铁锰矿石。铅锌矿物在半氧化带有白铅矿、铅矾等，在氧化带有铅硬锰矿、黑锌锰矿等一类矿物。

2.4.2.4 风化型锰矿

风化型锰矿在锰矿储量中的比重，仅次于海相沉积型锰矿，且埋藏浅，开采容易。风化型锰矿床根据其地质特征及含锰矿石类型可进一步细分为4个亚类：

（1）沉积含锰岩层的锰帽矿床。各时代的原生沉积含锰岩层，经过次生富集而形成具有工业价值的锰矿。矿体通常会保留原来含锰岩层的产状，沿走向延伸较长，沿倾向延伸的深浅受到氧化带发育深度控制。当含锰岩层产状平缓大面积赋存在氧化带内时，矿体才有很大的延伸。矿石主要由各种次生锰的氧化物、氢氧化物组成，具次生结构和构造。

（2）热液或层控锰矿形成的锰帽。这类矿床往往产于某一地区，层控矿床产出的地层的风化带内。原来的含锰地质体常被全部改造，无法了解原生矿的面貌。矿体呈透镜体、脉状、囊状。矿石由各种次生的锰的氧化物氢氧化物组成，常见铅硬锰矿、黑锌锰矿、水锌锰矿、黑银锰矿，含铅锌常较高，具次生结构、构造。典型的矿床见于广东高鹤、小带、安徽塔山。与热液贵金属、多金属矿床有关的铁锰帽，矿石呈土状、角砾状，含大量黏土或岩屑，其铁、锰含量只达一般指标的边界品位，但尚含金、银、铅、锌、铜等多种有用金属，具一定规模，可具有工业利用价值。

(3) 淋滤锰矿。这类锰矿常产于含锰沉积岩层的构造破碎带、层间剥离带、裂隙、溶洞中，是锰质在地下水运动中被溶解、携带至适合部位而积聚生成的。矿体呈脉状、透镜状、囊状。矿石主要由次生氧化锰、氢氧化锰矿物组成，具胶状、网脉状、空洞状、土状构造。

(4) 第四系中的堆积锰矿。由含锰岩层或锰矿层经次生氧化富集、破碎、短距离搬运、堆积而成。矿石由各种锰的次生氧化物、氢氧化物组成，呈角砾状、次角砾状、豆粒状，积聚于松散的砂质土壤之中。矿体呈层状、似层状，产状与地面坡度基本一致，受含锰层的出露和地貌形态的控制。

其他还见有湖相沉积锰矿和脉状热液锰矿，规模小，多属贫矿，开采利用很少。

2.4.2.5 锰矿共伴生资源特征

我国锰矿资源主要以菱锰矿、软锰矿、硬锰矿的形式存在，其中菱锰矿占据锰矿资源的80%。我国锰矿共伴生资源的主要成分为方解石、石英、高岭石、重晶石和水云母，其中还包含了残余的含锰金属矿物。锰矿共伴生资源虽然在我国堆存量大，危害严重，但是由于分布广泛、地域性强、不具有普遍性等原因，我国对锰矿共伴生资源的综合利用尚未形成规范。我国锰矿共伴生资源消耗量远小于堆积量，需要找到有效并且可以大量消耗的综合利用途径。目前我国对锰矿共伴生资源的综合利用途径有：作为辅助胶凝材料制备混凝土、作为土壤改良剂改善土壤层结构、作为陶瓷釉面的助溶剂和色剂。

2.5 有色金属矿产共伴生资源特征

有色金属矿产包括铜矿、铅矿、锌矿等，几乎所有的有色金属矿产都含有多种有用组分。作为国民经济发展的重要基础原料，铜、铅、锌是消费量最大的有色金属，三者往往为共生矿，同时产出。共伴生组分除了金属元素之外，非金属矿物的种类也非常多，例如在铜矿中，长石、角闪石、辉石、石英等矿物在采选过程中容易被分离，而云母、绿泥石、滑石、蛇纹石等因其可与浮选药剂发生反应而易残留在铜精矿中；在铅锌矿中，石英、萤石、重晶石、方解石和天青石等常与铅锌矿石共同产出，这些非金属共伴生组分具有高附加值，所以在有色金属金属矿产中，铅锌矿虽然成分复杂，但是“一身无害”。

以下以铜矿和铅锌矿为例，说明有色金属矿产共伴生资源特征。

2.5.1 铜矿种类及共伴生资源特征

铜作为重要的有色金属之一，是国家经济建设过程中不可或缺的金属原材料。世界铜矿十分丰富。智利的铜矿查明资源储量最为丰富，约占世界的29.73%。中国仅占4.27%，居世界第6，而且中国的铜矿单一矿种矿少、共生伴生矿多（图2-5）[17]。

我国铜矿资源总量丰富，但是整体呈现贫矿多、富矿少的特点。而且我国铜矿共伴生资源现存数量庞大，分布范围广泛，主要集中在江西、云南、湖北、安徽、甘肃等省。我国铜矿工业类型齐全，根据其矿床工业类型划分为：斑岩型铜矿、矽卡岩型铜矿、层状型铜矿、超基性岩型铜镍矿、砂岩型铜矿、火山岩黄铁矿型铜矿和各种围岩中脉状铜矿 7 种（图 2-6）[18]。

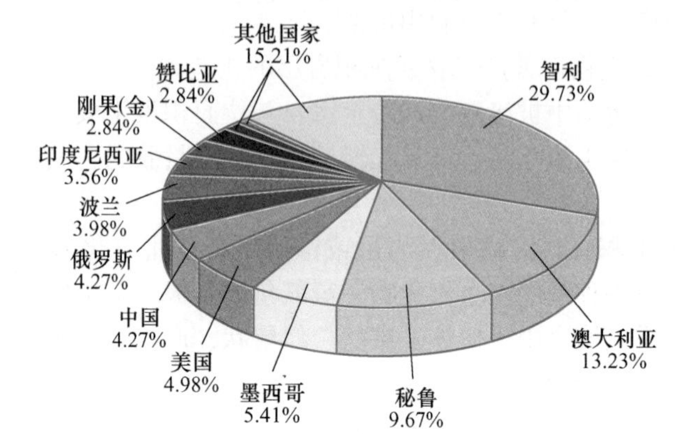

图 2-5 世界铜矿资源储量占比

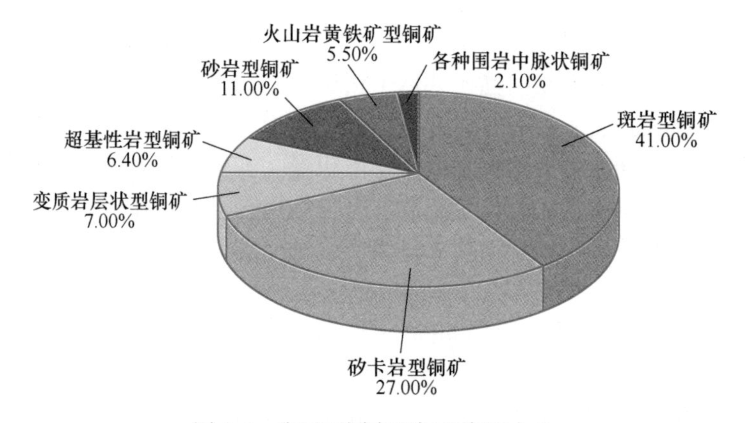

图 2-6 我国不同类型铜矿资源占比

2.5.1.1 斑岩型铜矿

斑岩型铜矿其资源储量约占我国铜矿资源储量的 41%。在我国主要集中于 3 个成矿带：阿尔卑斯-喜马拉雅成矿带（包括我国滇藏地区）、中亚-蒙古成矿带（包括我国新疆、甘肃、黑龙江）和环太平洋成矿带（包括我国东部广大地区）[19]。我国斑岩型铜矿通常产于各类斑岩（花岗闪长岩、二长斑岩、闪长斑岩等）岩体及其周围岩层中。矿体多为层状、似层状或透镜体。矿石矿物以黄铜矿为主，少量的辉铜矿、斑铜矿、黄铁矿、辉钼矿等。共伴生组分有钼、硫、金、银、铅、锌等。

2.5.1.2 矽卡岩型铜矿

矽卡岩型铜矿也是我国铜矿资源的主要类型，占我国铜矿资源储量的 27%[20]。典型的矽卡岩型铜矿主要集中在长江中下游地区，成矿岩体以燕山期的花岗闪长岩为主，沿中酸性侵入体和碳酸盐类岩石接触带的内外或离开岩体沿围岩岩层产出，围岩以古生代以来的碳酸盐岩地层为主品位较高、规模不等、常形成大的富铜矿床。矿石矿物以黄铜矿、黄铁矿、磁铁矿、磁黄铁矿为主，还有少量的辉钼矿、辉铜矿、方铅矿、闪锌矿、白钨矿等。

2.5.1.3 变质岩层状型铜矿

变质岩层状型铜矿是世界铜矿重要类型，在我国云南、山西、辽宁等地均有产出，占我国铜矿总储量的11%[19,20]。变质岩层状铜矿往往由早期的海相沉积岩经变质形成，矿体在变质岩中沿层产出，一般围岩多为白云岩、大理岩、片岩和片麻岩等。矿体多为似层状、层状、透镜状产出，矿石矿物以黄铜矿、斑铜矿、黄铁矿为主，还有少量的辉铜矿、辉砷钴矿、方铅矿、闪锌矿、辉钼矿、磁铁矿等，伴生组分以铅、锌、硫为主。

2.5.1.4 超基性岩型铜镍矿

超基性岩型铜镍矿主要形成在岩体的底部，与超基性-基性岩体有紧密联系，在我国东北长白地区、甘肃等地产出，占我国铜矿总储量的6.4%[19,21]。矿体通常产于纯橄岩、辉橄岩等超基性岩体的中下部，矿体多为似层状、扁豆状、透镜体状。矿石矿物以辉铜矿为主，含有少量的斑铜矿、黄铜矿、黄铁矿。该类型铜矿伴生组分种类较少，主要为银和钨。

2.5.1.5 砂岩型铜矿

砂岩型铜矿是世界最重要的铜矿工业类型之一。该类型铜矿探明总储量和产量居世界第二位，仅次于斑岩型铜矿。砂岩型铜矿床一般位于含铜古陆周围的断陷盆地或在褶皱带及其边缘的山间、山前盆地中，一般在沉积建造为碎屑岩至碳酸盐类的各种岩石中发现含铜岩系，尤其是砂岩和粉砂岩，其次为页岩。矿体多为层状、似层状、透镜状和带状。矿石矿物以辉铜矿、斑铜矿为主，其次为黄铜矿和黄铁矿，一般含有自然铜。伴生组分有银、铅、钼、钨。

2.5.1.6 火山岩黄铁矿型铜矿

火山岩黄铁矿型铜矿又称块状硫化物铜矿，主要产于元古宙-古生代的褶皱带中，它在全球的分布范围较广，与基性火山活动关系密切。矿体多呈层状、似层状产出，熔矿岩石为火山岩的块状硫化物。该类铜矿产于海相或陆相火山熔岩、火山角砾岩、凝灰岩、凝灰质岩以及潜火山岩系。其主要经济意义是易形成黄铁矿型铜矿、铜锌和铜多金属矿床。矿石矿物以黄铜矿、斑铜矿、黄铁矿为主，还伴有辉钼矿、方铅矿、闪锌矿、黝铜矿产出。伴生组分以硫、铅、锌、金、银、钼、钨为主。

2.5.1.7 各种围岩中脉状铜矿

还有一部分铜矿常产于各种岩石的断裂带或缝隙之中，统称为脉状铜矿。因其在围岩中产出，所以此类铜矿一般不作为主要矿种。矿石矿物以黄铜矿、斑铜矿为主，常与黄铁矿共生，与方铅矿、闪锌矿等伴生。

2.5.1.8 铜矿共伴生资源特征

铜尾矿中含有大量的硅、钙、铝、铁等成分的氧化物，其中SiO_2、Al_2O_3、Fe_2O_3、CaO含量较高，大部分为钙铝硅酸盐型尾矿。主要矿物成分为石英、长石、方解石、云母，还有少量的黄铜矿、黄铁矿、磁黄铁矿等。其中多数铜尾矿中含有较多的SiO_2和$CaCO_3$，一定量的FeS_2和其他的硫化物。同时，铜矿共伴生资源中含有大量的有用组分，由于我国早期的选矿技术水平相对较低，因此堆积的铜尾矿品位相对较高。回收尾矿中有用组分是目前降低尾矿品位、综合利用铜尾矿以及提高企业效益的重要方式之一。目前，我国铜尾矿中有用组分的提取水平已经有了很大提升，比如部分地区对铜尾矿中铜、铁、硫等的再选已经实现工业化应用。根据铜矿的工业类型对其共伴生资源进行分类，可以分为火山岩黄铁矿型铜矿尾矿、超基性岩铜镍矿尾矿、变质岩层状铜矿尾矿、矽卡岩型铜尾矿、斑岩型铜尾矿和砂岩型铜尾矿 6 种。

采矿区充填是直接利用矿共伴生资源的最有效的途径之一。铜尾矿只要处理得当，是一种很好的填充材料，具有就地取材、来源丰富和输送方便的特点，并省去扩建、增建尾矿库的费用。将铜尾矿用于矿井充填料，费用仅为碎石的 10%~25%。有些矿山由于地形原因，不能建设尾矿库，将铜尾矿填于采空区就更有意义。

铜矿共伴生资源中含有多种微量元素，能够作为添加剂或代替砂石制备混凝土。铜矿共伴生资源中含有 Mn、Zn、Cu、Ti 等微量元素，对熟料的煅烧有利，这些微量元素的氧化物起到了矿化的作用在熟料的煅烧过程中能使液相的温度降低；同时，微量元素如 Cu、Ti 等还起到了助熔剂的作用，有利于提高生料的易烧性。用铜尾矿作矿化剂时，熟料的烧成温度为 1300℃，而传统的熟料烧成温度在 1400~1450℃，不仅节约了熟料煅烧时所消耗的能源、缩短了煅烧时间，还综合利用了铜尾矿降低了水泥生产成本。在制备混凝土过程中，可以使用铜尾矿代替部分砂石，混凝土的抗压强度、透水性、耐久性以及抗氯离子渗透能力都会有明显提升。按照一定的配比将铜尾矿、石灰石、铁矿石均匀混合，以 Al_2O_3 为校正原料，可以制出符合使用要求的硅酸盐水泥。铜尾矿作为配料烧制的水泥，可以提高水泥强度。而且铜尾矿对混凝土的吸水率和总透水孔隙率略有提高，同时随着铜尾矿掺量的增加，混凝土的抗酸蚀和抗氯离子渗透能力也有所提高。用铜尾矿制备混凝土，并对其抗压强度、氯离子渗透系数以及重金属浸出性等进行了研究。结果表明，当用铜尾矿代替 20%的人工砂时，混凝土的抗压强度、弹性模量以及抗氯离子渗透能力等都有所提高，同时，混凝土骨料与膏体之间的界面接触系数增大；对混凝土进行的重金属浸出试验发现，铜尾矿中的重金属被固化在混凝土中，显著降低了铜尾矿中重金属的浸出。

铜矿共伴生资源中含有大量的硅酸盐矿物，富含 SiO_2、Al_2O_3 等成分，与制作陶瓷的原料基本相同，可以制作密度和抗压强度符合国家标准的发泡陶瓷墙板。而且将铜矿共伴生资源、钠长石以及发泡剂等混合还可以制备发泡陶瓷，其表观密度、抗压强度及各项指标均满足发泡陶瓷的使用要求。

2.5.2 铅锌矿共伴生资源特征

铅锌矿共伴生资源是对铅锌矿中铅、锌等有用元素进行提取后，产生的大量的尾矿和固体废弃物。铅锌矿共伴生资源中含有多种矿物质，可以视为一种复合硅酸盐、碳酸盐等矿物材料，其主要化学成分有 SiO_2、Al_2O_3、Fe_2O_3、CaO、MgO、Na_2O、K_2O、SO_3 等，主要矿物成分有石英、云母、绿泥石、铁白云石及黄铁矿等[22]。铅锌矿共伴生资源是一种含有残留选矿剂和较多重金属的工业固体废弃物，会对周围环境造成严重的破坏，所以在综合利用过程中需要考虑到其所含有的化学药剂或残留的重金属元素。

我国铅锌矿资源中具有 50 种左右的共伴生组分，银在铅锌矿种的共伴生储量占全国银矿总储量的 60%，所以经开采后的铅锌矿共伴生资源具有很好的回收利用价值。

铅锌矿共伴生资源中，当 CaO 含量较高，而 MgO 含量又较低时，则可用作水泥的原料。尤其是当共伴生资源的矿物成分主要是由石英、方解石组成，钙硅比在 0.5~0.7 之上时可制备水泥。

而对于没有利用价值或暂时无法回收利用的共伴生资源则大部分用于井下充填，可以有效减少共伴生资源对土地的占有量，降低暴露在土地表面的共伴生资源对周围环境的危害。铅锌矿的开采，使得部分山体和地里空洞，利用共伴生资源充填采空区能够避免塌陷事故，减少地质灾害的发生。

2.6 贵金属矿产共伴生资源特征

贵金属包括金、银、铂等，它们在地壳中的含量很少，多数具有很好的化学稳定性和延展性。在电子、宇航、原子能、电工材料、仪器仪表、感光材料等领域都有广泛的用途。金和银在自然界中能够以独立矿产存在，而其他贵金属元素通常为其他金属元素的伴生组分。

以下以金矿为例，说明贵金属矿产共伴生资源特征。

中国金矿资源比较丰富，总保有储量 4265 万吨，居世界第 7 位[23]。我国金矿几乎在全国都有分布。以山东独立金矿床最多，金矿储量占全国的 14.37%[24,25]。江西伴生金矿床最多，占总储量的 12.6%。黑龙江、河南、湖北、陕西、四川等省金矿资源也比较丰富。根据我国岩金矿地质勘察规范将金矿分为以下 5 种矿床工业类型：岩浆热液型金矿、火山及次火山-热液型金矿、沉积-变质型金矿、变质-热液型金矿和风化型金矿[26]。

2.6.1 岩浆热液型金矿

岩浆热液型金矿是指与重熔的中酸性侵入体或与混合岩化花岗岩在成因，和时空分布上有关的热液型金矿床，可分三个亚类：重熔岩浆热液金矿床、混合岩化-重熔岩浆热液金矿床、接触交代-热液金矿床。矿体一般以脉状体赋存在花岗岩和花岗闪长岩中，一般认为，在基性与超基性侵入岩中金的丰度相对较高，但是由于金处于分散状态，很少形成独立的矿床，常与其他金属矿产共生或伴生，以硫化物-金建造为主。

2.6.2 火山及次火山-热液型金矿

火山及次火山-热液型金矿是指在成因和时、空分布上与火山及次火山活动有关的热液型金矿床，可分两个亚类：火山热液型金矿和次火山-热液型金矿。其空间位置严格受到火山机制产物的控制，即矿床往往以石英、方解石、玉髓和具碱质成分的矿物等组成的脉状体赋于火山喷发中心，次火山侵入岩株、岩枝、岩床、火山管道以及近火山口相的喷发岩及其碎屑岩中。

2.6.3 沉积-变质型金矿

沉积-变质型金矿是指在沉积层中的成矿物质，在区域变质中进一步富集而形成的金矿床，其热液作用特征不显著，含金地质体均为不同形态不同规模的石英脉。

2.6.4 变质-热液型金矿

变质-热液型金矿是指（富）含金的沉积层或火山-沉积岩石组合，在区域变质形成的热液作用下，形成与沉积变质岩系在成因和时、空分布上有关的热液型金矿床，可分两个亚类：古老绿色岩系中的金矿和含炭质（火山）碎屑岩系的金矿。矿石矿物以金属硫化物为主，例如黄铁矿、黄铜矿、方铅矿、闪锌矿等。脉石矿物主要为绢云母、石英、绿泥石、碳酸盐等，共伴生组分为金。

2.6.5 风化型金矿

风化型金矿是指在地台和近地表含金地质体，经风化淋滤形成，并主要在风化壳带产出的金矿床，可分三个亚类：残余金矿、淋积金矿、残积金矿。该类金矿多为近代形成的，分布范围与含金地质体的出露范围基本一致。据不完全统计，我国已知铁帽型金矿床50多处，其中中小型矿床20余处，探获储量20余吨。金以自然金、银金矿及金银矿等独立矿物出现，金矿物主要存在于褐铁矿裂隙中，少量分布在石英间隙中。

2.6.6 金矿共伴生资源特征

中国大部分黄金企业在早期阶段往往只注重金的回收，没有重视对其他共（伴）生有用矿物或元素的回收，造成了可利用资源的浪费。大部分金矿共伴生资源中都含有可回收的其他金属元素。近年来，随着科学技术的发展和黄金选冶技术水平的提高，各黄金矿山金的回收率普遍提高。国内早期黄金矿山矿石入选品位高，选冶技术水平低，生产指标差，金的回收率低。随着选冶生产技术水平的提高，早期阶段的金尾矿再次成为黄金矿山的重要资源。南非、澳大利亚、美国、加拿大等国家都对在尾矿中回收金进行了研究，取得了显著的成果。世界上最大尾矿选金工程为南非 Anglo-Americangs 公司 1985 年建成的 Ergo 尾矿处理厂，月处理尾矿 200 万吨。国内黄金矿山已进行尾矿回收金、银的企业有湖南湘西金矿、黑龙江乌拉嘎金矿等，每年可创产值数百万元。

在金矿共伴生资源中，除了贵金属元素可以被回收之外，大多数矿山企业都发现了还有其他伴生元素可以回收。金尾矿中铅品位大于1%，硫品位大于8%，铜品位超过0.2%，铁品位大于10%，在当前经济技术条件下都具有回收价值。目前，金尾矿的共伴生组分回收利用研究都在不同程度地开展，回收利用水平差别较大。大中型矿山开展回收利用共伴生组分较普遍，特别是对银和硫的回收，回收利用水平处在国内较先进的地位，回收率达80%以上，有着较好的经济效益。

除了回收金矿共伴生资源中的共伴生组分，还可以将金尾矿作为建筑生产材料或采空区充填物等。金矿共伴生资源中的石英、长石及硅砂矿物可用于制作建筑材料或装饰材料。通常经磁选淘汰分选的块状金矿共伴生组分适用于制作铁路渣、公路修建或混凝土骨料，是对其最有效的利用方式，在节约矿企成本的同时保护了土地资源。

2.7 铝土矿和赤泥

2.7.1 铝土矿

自然界中含铝矿物和岩石种类丰富。目前已知的铝矿物和含铝矿物多达250种，其中主要有铝土矿、高岭土、红柱石、霞石、明矾石和冰晶石等。这些矿物及岩石都可以作为提取铝的原料。然而到目前为止，具有商业开采价值的原料主要是铝土矿。铝土矿是金属铝的主要来源，由含铝矿物（三水铝石、一水软铝石或一水硬铝石）、含铁矿物（主要为赤铁矿和针铁矿）及少量硅酸盐、钛酸盐、硫酸盐和碳酸盐组成。根据铝土矿成因类型进行划分，可以将铝土矿划分为沉积型铝土矿、堆积型铝土矿和红土型铝土矿三种[27,28]。

（1）沉积型铝土矿。产于碳酸盐岩侵蚀面上的一水硬铝石铝土矿矿床。矿床规模多为大、中型，该类铝土矿矿石资源储量占全国总资源储量约80%。矿物成分以一水硬铝石为主，其次为高岭石、水云母、绿泥石、褐铁矿、针铁矿、赤铁矿、一水软铝石，微量的锆石、锐钛矿、金红石等，有时有黄铁矿、菱铁矿和三水铝石。共生矿产有耐火黏土、铁矿、硫铁矿、熔剂灰岩、煤矿等。

而产于砂岩、页岩、泥灰岩、玄武岩侵蚀面或由这些岩石组成的岩系中的一水硬铝石铝土矿矿床，矿体呈层状或透镜状，矿石资源储量占全国总资源储量小于3%，属中、贫矿石。矿物成分主要为一水硬铝石，其次为高岭石、蒙脱石、多水高岭石、绿泥石、菱铁矿、褐铁矿、黄铁矿等。伴生有用元素镓质量分数0.005%~0.01%。共生矿产有半软质黏土和硬质黏土矿等。

（2）堆积型铝土矿。该类矿床在我国主要分布在广西桂西地区，云南、贵州和陕西等省少数地区也有发现，与广西接壤的越南北部也存在大量的堆积型铝土矿资源。矿床多为矿体群存在，总体规模达到大、中型，单矿体一般为中、小型。该类铝土矿矿石资源储量占全国总资源储量约16%。矿物成分以一水硬铝石为主，其次为高岭石、针铁矿、赤铁矿、三水铝石、一水软铝石等。伴生有用组分镓质量分数0.006%~0.009%。该类矿床全为一水硬铝石铝土矿。矿石类型以高铁型铝土矿为主。该类矿床因矿石与红土混杂，需经选洗才能利用。矿石特征是含Fe_2O_3高，铝硅比值高。

（3）红土型铝土矿。我国红土型铝土矿（又称“风化残余型”或“玄武岩风化壳型”）产于玄武岩风化壳中，由玄武岩风化淋滤而成。矿体规模多为小型。该类矿床储量占全国总资源储量约1%。矿物成分以三水铝石为主，其次为褐铁矿、赤铁矿、针铁矿、伊丁石、高岭石、一水软铝石及微量石英、蛋白石、钛铁矿等。共生矿产有钴土矿、红宝石、蓝宝石，伴生矿产有镓。我国该类矿床的单矿体以小型为主，泥质较多，需经选洗才能利用，仅小规模开采利用。

2.7.2 赤泥

赤泥是制铝工业提取氧化铝时排出的工业固体废弃物，因含氧化铁量大，外观与赤色泥土相似，故被称为赤泥。赤泥主要分布在我国山东、山西、河南、广西、贵州等五个省份。据统计，每生产1t电解铝就会附带产生1.5~2.0t赤泥。截至2017年3月，我国氧化铝总产能为7713万吨，全球每年约产生1.2亿吨赤泥。随着电解铝的需求不断增加和铝土矿石品位的下降，将会产生更多的赤泥废弃物，大量的赤泥无法实现大规模资源化二次利用。根据电解铝生产工艺、技术以及所采用的矿石的品位，所产生的赤泥可分为三种：烧结法赤泥、拜耳法赤泥和联合法赤泥[29-31]。

拜耳法生产工艺：铝矾土经过高温煅烧后直接进行溶解、分离、结晶、焙烧后得到了氧化铝，排出去的浆状废渣便是拜耳法赤泥。在溶解过程中采用的是强碱溶出高含量铝、铁的一水软铝石型和三水铝石型的铝土矿，产生的赤泥氧化铝、氧化铁、碱含量较高[29]。

烧结法赤泥生产工艺：首先在铝矾土矿中加入一定量的碳酸钙，经过回转窑高温煅烧后，生成了主要成分为铝酸钠的物质，最后通过溶解、结晶、焙烧后得到了氧化铝，排出去的浆状废渣便是烧结法赤泥。

联合法是烧结法和拜耳法的联合使用，联合法所用的原料是拜耳法排出的赤泥，再重新通过烧结法制得氧化铝，最后排出的浆状废渣为联合法赤泥。

由于我国铝土矿资源类型特殊，其矿石特点决定了我国氧化铝生产方法，除了少部分公司采用拜耳法生产氧化铝外，其余均采用烧结法和混联法。我国拜耳法赤泥的特点是：铁及氧化铝含量高；混联法的特点是：铁碱含量低，氧化钙含量高。针对不同特性的赤泥，对赤泥进行了不同的综合处理方式：

（1）利用赤泥生产水泥。烧结法生产氧化铝所产生的赤泥，由于含有大量的硅酸二钙等水泥矿物成分，可以用来生产水泥。其工艺方法是将洗涤沉降后的赤泥过滤，将滤饼和石灰石、砂岩等原料混合，磨成水泥生料，经回转窑烧成水泥熟料，再经掺入混合材磨制成水泥。由于赤泥已经过湿磨的磨制，赤泥的加入不仅不影响其他物料的下料量，反而起到了助磨剂的作用。赤泥中含有大量的水泥矿物成分硅酸二钙，在烧结过程中起到了晶种的作用，提高了生料的易烧性[30]。

（2）利用赤泥作硅肥。山东铝业公司利用赤泥生产硅肥，其工艺是先将赤泥脱水再经120~300℃烘干活化，并进行粉磨至粒径90~150μm，制得硅钙农用肥料。其作用机理是通过改变植物的细胞组织，使植物形成硅化细胞，改善作物果实的品质。硅肥中含有的元素具有弱酸溶性，可改良土壤，提高农作物产量。

（3）利用赤泥作新型墙材。烧结法赤泥具有水硬特性其中含有制砖的有效成分，二氧化硅和氧化钙等，成分总量占70%，粉煤灰中制砖有效成分占80%，是生产免蒸免烧砖的理想成分。把烧结法赤泥和热电厂粉煤灰混合，加入添加剂，进行轮碾、压制和养护，可制出符合国标的免蒸免烧砖。这种空心砖质轻、保温、强度高，符合国家建材行业的标准[31]。

2.8 矿产共（伴）生组分的可利用属性评价体系

我国矿产资源丰富，但具有矿石品位低、成分复杂、共伴生矿多、选矿难度大等资源特点，因此大力开展矿产资源综合利用显得更加重要[32]。在综合利用的过程中，除了对矿产资源进行初步评价之外，还需要对矿产共伴生资源的可利用属性进行评价，对不同的共伴生资源施以不同的处理方式，以求提高矿产资源整体的利用率和经济效益。

矿产共伴生资源综合利用评价体系是由相互联系、相互制约的因素构成的一个有机整体，是进行矿产共伴生资源综合利用的基础。在对我国矿产资源进行综合利用调查研究的基础上，建立初级指标评价体系，再采用层次分析法对其进行筛选、简化，形成最终的评价指标体系[32]。矿产资源节约与综合利用就是在开发和利用矿产资源的过程中，最大限度地提高矿产资源的利用效率和效益，同时为矿产共伴生资源提供新的可利用途径。在提高矿山企业效益的同时，减少矿产资源的消耗，提高矿产共伴生资源的利用效率和效益，降低废弃物排放对环境的污染，统筹实现企业效益、社会效益和资源环境效益的提高。

2.8.1 矿产共伴生资源可利用属性评价原则

随着矿产勘查和开发技术的提高，可以认为几乎所有的矿床都是综合性的。在矿床中通常除主要矿产外，还有多种共生矿产、伴生矿产；有造岩矿物、剥离岩石、夹矸、尾矿；有的还有煤成气、卤水、含矿水等可以实现综合利用的共伴生组分；有的矿产还具有一矿多用的性质。对矿产资源的综合勘查、综合评价和综合利用，是提高矿床的经济价值和增加矿山企业效益的重要原则，是广开矿源获得更多的金属、非金属、贵金属和稀有分散元素的重要途径，也是改善环境，减少“三废”的关键措施。大部分矿产是多种组分共生在一起的，这些矿产的共伴生组分在地质、技术（采矿、加工）、经济方面都是紧密联系不可分割的，必须综合研究，综合评价，以综合指标评价法取代单一指标评价法。各种矿床具有一定的复杂性，一定要从矿床的具体地质特征出发，研究和选择适合该矿区地质特点的综合利用体系和对矿产共伴生资源利用的方法。2020 年新修订的《固体废物污染环境防治法》中明确提出了固体废物污染环境防治坚持减量化、资源化和无害化原则，强化了资源综合利用评价等制度[33]。

矿产共伴生资源开发利用能够直接提高矿产资源利用率和经济效益，所以在评价矿产共伴生资源开发利用属性应遵循以下原则：

（1）科学性原则。以采矿、选矿和资源综合利用为重点，构建科学的指标体系和利用方法。

（2）客观性原则。明确指标要求，通过对矿产共伴生资源可利用属性的评价，明确综合利用方向，设计科学路线，使矿产共伴生资源开发利用水平能客观反映相应矿山或矿种的开发利用水平。

（3）主次原则。对矿产共伴生资源可利用属性的评价主要针对主要矿种开展。共伴生矿产资源综合利用率在矿产资源整体开发利用水平评价中作为附加值。

（4）动态原则。对各种类型的矿产资源综合利用评价要与时俱进，根据国内各矿产资源企业的开发利用现状定期调整相应的评价体系以确保平衡。

2.8.2 矿产共伴生资源可利用属性评价标准

矿产共伴生资源综合利用是一项复杂的系统工程，涉及多个方面，执行难度大，需要考虑矿产共伴生资源的物理、化学性质以及当前的技术、经济水平，进而选择合适的利用途径和技术。随着矿产共伴生资源综合利用的不断加强，矿业的可持续发展、资源与环境的协调发展、矿山安全意识的不断提高等对矿产共伴生资源综合利用标准提出了新的要求，亟须建立健全尾矿综合利用标准体系，对于促进矿产共伴生资源综合利用技术推广、全面提高尾矿综合利用水平等具有重要意义[34]。

矿产资源综合利用程度是矿产共伴生资源可利用属性评价体系的标准之一。一方面代表了矿山开采技术水平，另一方面也能体现选、冶技术工艺的水平。目前我国衡量矿业企业矿产资源综合利用程度的主要指标是“三率”[35]。“三率”指的是采矿回采率、采矿贫化率和选矿回收率。采矿回采率是指露天和地下开采的矿山在一定开采范围内，实际采出的矿量与该范围内地质储量的百分比。采矿贫化率是指采矿区域内采出矿石品位降低的百分比。贫化的程度，即采矿贫化率，反映采出矿石量和矿产资源利用程度。采矿贫化率高使选矿回收率降低，相应选矿厂的生产能力也降低，影响矿业企业的经济效益。选矿回收率是指选矿厂回收的金属量与进入选矿厂的金属量的比率。选矿回收率高，表明选别作业的效率高，回收的有用矿物多，从而提高了矿产资源的利用效率和矿床的经济价值。

“三率”中开采率是基础，没有开采率就谈不上其他两率。贫化率是品质指标，直接影响到企业的经济效益。贫化率指标定得太低，矿石损失率增大，回采率就要降低。选矿回收率是一种资源利用程度的重要标准，直接影响选矿成本、企业经济效益和资源效益。“三率”也是目前综合反映我国矿业企业资源效益和经济效益的重要经济技术指标。为了加强矿产资源合理综合利用的监管，客观准确地评价矿产资源利用效果，建立科学合理的指标体系是重要的基础。我国自然资源部在规范统一了“三率”作为行业评价指标的基础上，通过系统梳理、汇总分析，研究矿山设计、生产等相关资料，结合实际调查，认真分析不同矿床工业类型、开采方式、选矿工艺等影响因素，制定了124种矿产的“三率”指标要求。矿产资源节约与综合利用评价指标体系基本形成，实现了矿产资源节约与综合利用的客观评价和规范管理[35]。

近几年，国家制定了相关的政策积极鼓励矿业企业进行矿产共伴生资源综合利用，成立了矿产共伴生资源综合利用的专门机构，进行专题调研。国家发展和改革委员会等部门联合印发的《关于“十四五”大宗固体废弃物综合利用的指导意见》提出，到2025年煤矸石、尾矿（共伴生矿）等大宗固废的综合利用率达到60%[36]；《工业绿色发展规划（2016~2020年）》和《工业固体废物综合利用规划》都提出“将解决尾矿大宗整体利用的瓶颈问题，加强尾矿生产建筑材料”作为尾矿综合利用的优先方向，并对固废的综合利用提出了相应的标准[37]。2018年以来，科学技术部每年设定“固废资源化”重点专项资金，支持尾矿、建材等大宗固废的资源化利用技术及装备的研发。这些政策的发布和实施，将全面推进矿山企业的绿色发展，为矿产共伴生资源的综合利用提供了新的目标和标准。

2.8.3 矿产共伴生资源可利用属性评价方法

不同矿产资源的共伴生组分的种类、含量各不相同，所以不能以单一的综合利用方法去处理不同矿产资源共伴生组分，而是要“因地制宜”，根据矿产共伴生资源的特点“因材施教”，为我国矿产共伴生资源提供有效利用方法，提高经济效益，为矿山企业解决矿产共伴生组分难利用、利用难的问题[37]。矿产共伴生资源进行综合利用则需要对共伴生资源的物相组成、化学成分、粒度分布等进行测试评估，判断其是否符合利用的适用标准及其性质是否对所要转化的成果有利。

首先，要确定矿产共伴生资源的物相组成和化学成分等基本性质，以确保其中是否存在污染物、放射性元素等可能危害到人体、环境的成分，进行无害化处理，能够安全、环保地进行综合利用。在提取了矿产资源中有用组分以及化工可利用组分之后，大部分矿产资源剩余的共伴生组分中非金属矿物占据很大的比例，剩余其他组分可能为有用组分的残留和经过采选之后留下的产物，根据其物相组成和化学成分的不同，对其进行科学技术路线设计，使其能够实现最大利用价值。

然后，根据其基本性质，设计综合利用科学路线，实现矿产共伴生资源经济化利用，提高其自身经济属性，为矿山企业提高经济效益。大部分矿产共伴生资源中含有多种非金属矿物，例如石英、长石及各类黏土等，这些都是较有价值的非金属资源，可以用来制备陶瓷材料、多孔材料、混凝土材料等。一些金属矿产共伴生组分中含有可以回收的有价金属元素，也可以通过设计回收方案对其中金属元素进行回收，提高选矿回收率，处理之后的矿产共伴生资源还可以进行采空区回填、矿山复垦或用来修复矿山生态环境。

本章小结

矿产共伴生资源作为二次资源已受到中国各级政府和生产企业的高度重视。矿产共伴生资源综合利用将是 21 世纪矿产资源综合利用范围最广、潜力最大的研究领域。因此，从国内矿产共伴生资源的实际情况出发，对其进行可利用属性评价，实现资源开发和节约并举，提高我国矿产资源利用率，有着十分重要的经济效益和社会意义。

矿产共伴生资源具有双重性，既具有一定的危害性，同时还具有资源性。我们要认真研究，科学利用其资源性，采取切实可行的科学方法，降低、避免其危害性。不同矿产的共伴生资源具有不同的特征，所能够进行综合利用的途径和手段也不同，本章介绍了铁矿、锰矿、铜矿、金矿等主要金属矿产的工业类型划分及其共伴生资源特征，简要介绍了其综合利用现状，并提出了矿产共伴生组分的可利用属性评价体系。

矿产共伴生资源可利用属性评价体系包含三个部分内容：评价原则、评价标准和评价方法。矿产共伴生资源综合利用需要考虑多个方面，建立体系能够帮助我们科学、经济地进行综合利用，解决我国矿产共伴生资源大量堆积问题，建设良好的生态环境，为我国矿业创造切实可行的经济效益。

思考题

(1) 矿产共伴生资源类型有几种划分？

(2) 铁矿共伴生资源有什么特征，可以分为几种类型？

(3) 请简述矿产共伴生资源可利用属性评价方法。

参考文献

[1] “黑色金属矿产资源强国战略研究”专题组. 我国黑色金属资源发展形势研判 [J]. 中国工程科学, 2019, 21 (1): 97-103.

[2] 张佶. 矿产资源综合利用 [M]. 北京: 冶金工业出版社, 2013.

[3] 丁全利, 闫卫东.《中国矿产资源报告 (2020)》发布 [J]. 黑龙江自然资源, 2020 (10): 14.

[4] 于学峰. 我国黄金矿山尾矿资源的综合利用 [M]. 北京：地质出版社，2013.
[5] 张锦瑞. 金属矿山尾矿资源化 [M]. 北京：冶金工业出版社，2014.
[6] 陈甲斌. 中国铁矿资源未来供需态势与国外供矿前景 [J]. 矿产保护与利用，2005 (2)：5-8.
[7] 赵一鸣. 中国铁矿资源现状、保证程度和对策 [J]. 地质论评，2004，50 (4)：396，417.
[8] 赵宏军，陈秀法，何学洲，等. 全球铁矿床主要成因类型特征与重要分布区带研究 [J]. 中国地质，2018，45 (5)：890-919.
[9] 阴江宁，肖克炎，娄德波. 中国铁矿预测模型与资源潜力分析 [J]. 地学前缘，2018，25 (3)：107-117.
[10] 叶胜. BIF 型铁矿床全球分布规律与勘探方法 [J]. 矿产勘查，2021，12 (11)：2278-2284.
[11] 黄天勇. 尾矿综合利用技术 [M]. 北京：中国建材工业出版社，2021.
[12] 吴荣庆. 国外锰矿资源及主要资源国投资环境 [J]. 中国金属通报，2010 (2)：36-39.
[13] 程湘. 锰矿主要类型、分布特点及开发现状 [J]. 中国地质，2021，48 (1)：102-119.
[14] 孙发明，李建. 中国锰矿资源现状及锰矿勘查设想 [J]. 建材与装饰，2017，22 (468)：207-208.
[15] 朱志刚. 中国锰矿资源开发利用现状 [J]. 中国锰业，2016 (2)：1-3.
[16] 丛源，董庆吉，肖亮炎，等. 中国锰矿资源特征及潜力预测 [J]. 地学前缘，2018，25 (3)：118-137.
[17]《矿产资源工业要求手册》编委会. 矿产资源工业要求手册 [M]. 北京：地质出版社，2010.
[18] 崔宁，陈建平，向杰. 中国铜矿预测模型与资源潜力 [J]. 地学前缘，2018，25 (3)：13-30.
[19] 应立娟，陈毓川，王登红，等. 中国铜矿成矿规律概要 [J]. 地质学报，2014 (12)：2216-2226.
[20] 刘玄，范宏瑞，胡芳芳，等. 沉积岩型层状铜矿床研究进展 [C]//中国科学院地质与地球物理研究所 2015 年度（第 15 届）学术论文汇编——固体矿产资源研究室，2016.
[21] 王成. 铜矿成因地质类型特征及找矿技术分析 [J]. 世界有色金属，2021 (22)：73-74.
[22] 赵新科，郭雯. 南沙沟铅锌尾矿综合利用试验研究 [J]. 矿产保护与利用，2010 (1)：52-54.
[23] 吕子虎，黄金矿床的分类及其综合利用技术现状 [J]. 矿产保护与利用，2018 (4)：135-141.
[24] 王成辉. 中国金矿资源特征及成矿规律概要 [J]. 地质学报，2014，88 (12)：2315-2325.
[25] 倪曦，白海铃. 中国金矿资源特征及成矿规律概要 [J]. 世界有色金属，2021 (19)：60-61.
[26] DZ/T 0205—2002 岩金矿地质勘查规范 [S].
[27] 孙莉，肖克炎，娄德波. 中国铝土矿资源潜力预测评价 [J]. 地学前缘，2018，25 (3)：82-94.
[28] 张海坤. 铝土矿分布特点、主要类型与勘查开发现状 [J]. 中国地质，2021，48 (1)：68-81.
[29] 石磊. 赤泥的综合利用及其环保功能 [J]. 中国资源综合利用，2007 (9)：14-16.
[30] 刘万超，杨家宽，肖波. 拜耳法赤泥中铁的提取及残渣制备建材 [J]. 中国有色金属学报，2008，18 (1)：187-192.
[31] 南相莉，张廷安，刘燕，等. 我国赤泥综合利用分析 [J]. 过程工程学报，2010 (S1)：264-270.
[32] 段旭琴，宋猛，薛亚洲，等. 基于指标联合赋权的煤炭资源综合利用评价方法的研究与应用 [J]. 选煤技术，2014 (6)：69-73.
[33] 固体废物污染环境防治法. 中华人民共和国固体废物污染环境防治法 [J]. 四川环境，2005 (B03)：19-27.
[34] 郭敏. 矿山尾矿资源综合利用标准需求分析 [J]. 矿产保护与利用，2015 (5)：46-50.
[35] 陈丛林. 我国矿产资源综合利用监督管理技术标准体系现状 [J]. 矿产综合利用，2021 (6)：117-122.
[36] 国家发展改革委. 关于“十四五”大宗固体废弃物综合利用的指导意见 [J]. 2021 (4)：1-3.
[37] 工信部. 工业绿色发展规划（2016—2020 年）[J]. 有色冶金节能，2016，32 (5)：1-7.

3 矿产共伴生资源利用原理

本章课件

本章提要

本章重点介绍矿物物相转变的基本原理、物相重构的技术方法，为后续深刻理解各项矿产共伴生资源利用技术奠定理论基础。

矿产共伴生资源利用，其本质是在对矿物的性质进行深入研究的基础上，综合应用地质学、矿物学、材料学、物理和化学等多个学科的科学原理和现代技术方法，将一种或多种矿物资源转变成为可利用材料（或原料）的过程。矿产共伴生资源因所形成的地质过程漫长，不仅成分多样，且多物相共存，要将其转化成为新型材料，涉及多种复杂的矿物相变机理。

3.1 相和相变

“相”是人们对水的固态、液态以及气态之间变化的认识而产生的一个概念，是物质中具有相同化学成分或晶体结构的部分，在某一方面与其他部分有明显区别。

“相变”是物质在其外界约束条件（温度或压力）作连续变化并达到临界状态时，内部粒子的排列方式、结构状态发生变化，从而使得物质的物理化学性质有所改变的过程[1]。一般说来，任何一种物质在不同的温度、压力以及外场（如引力场、电场、磁场等）影响下将呈现不同的物态。在一定条件下，物质的各种物态可以相互转化。有时，一种物质在某种温度、压力下可能有几种不同状态同时存在，如石墨与金刚石之间的转变。

相变主要体现在几个方面：(1) 从一种结构转变为另一种结构。狭义上来讲是指物态或晶型的转变，例如，气相凝结成液相或固相、液相凝固为固相，或在固相中不同晶体结构之间的转变；广义上讲，结构变化还包括分子取向或电子态的改变，如分子取向有序的液晶相变、电子扩展态到局域态的变化导致金属-非金属转变、电子自旋有序导致磁性转变等。(2) 化学成分的不连续变化，这种变化大多是指封闭体系内部相间成分分布的改变，如固溶体的脱溶分解或溶液的结晶析出。(3) 固溶体有序化程度的变化，如无序固溶体向有序固溶体的转变过程。(4) 某种物理性质的跃变，如金属-非金属转变、顺磁体-铁磁体转变、顺电体-铁电体转变、正常导体-超导体转变等，反映了某一种长程序的出现或消失。这些变化可以单独地出现，也可以两种或三种变化兼有。

研究相变机理，可以在一定的技术和方法的指导下，设计和优化实验流程和方法，通过人为干预，控制相变反应进行的方向、速率等，制备新型材料或使材料达到更优异的性能，从而达到扩大用途和提高价值的目的。

3.2 矿物相变

矿物是地质作用形成的单质或者化合物，它们具有相对固定的化学成分、晶体结构和物理性质，在一定的物理化学条件下稳定，是组成岩石和矿石的基本单元。“矿物相变”是指当环境条件改变时，原有矿物的质点发生重新排列、组合或晶格畸变，形成新的稳定的矿物相的过程[2]。

矿物相变不仅可以使一种矿物晶体结构转变为在一定压力和温度条件下更稳定的另一种矿物晶体结构[3]，也可以使一种矿物组合转变为另一种更稳定的矿物组合[4]。例如，受热液流体物化特征控制，斑岩型矿床形成了围绕矿化中心向外延伸的“钟罩”状的蚀变分带，核部的钾硅酸盐化蚀变带及中部围绕其分布的黄铁绢英岩化带，再到外围的青磐岩化带和顶部的泥化带[5,6]（图 3-1）。在高温接触变质作用过程中，角闪岩相转变为麻粒岩相，物相组合由以角闪石为主转变为以辉石、石英和长石为主[7]。

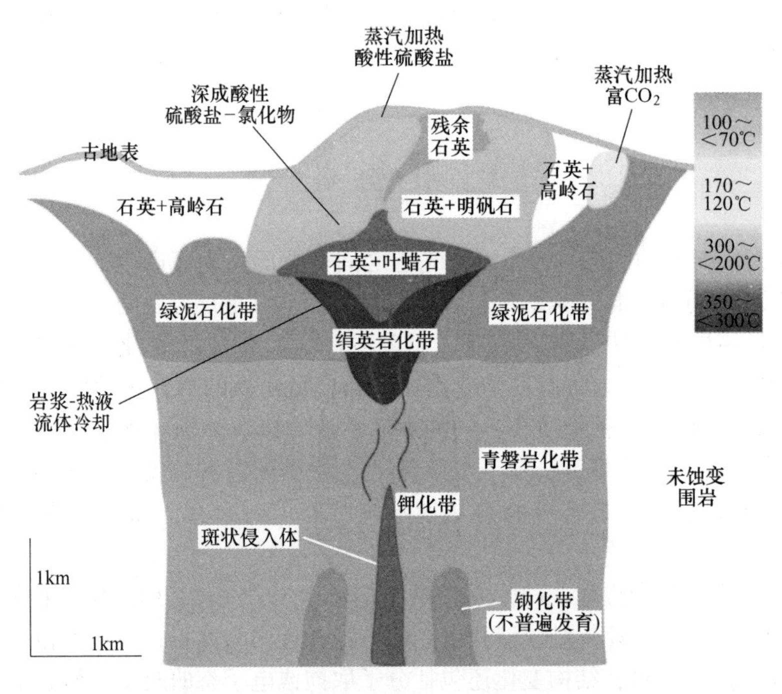

图 3-1　斑岩铜体系示意图，显示伴生矿床类型
（据陈华勇[6]，Jeffrey W. Hedenquist et al.[8] Sillitoe，2010[9] 修改）

矿物相变过程的发生遍及微观到宏观世界，包含广泛的物理化学过程。矿物相变受多种因素制约，如温度、压力、氧逸度、盐度等。研究地质中矿物相变类型和相变机理，分析矿物相变的主要特征与引发相变的主要因素之间的关系，可以反演成岩成矿过程，有助于建立矿物标型，优化采选工艺，还能向自然学习一套矿物材料制备方法。

在矿物相变研究中，重点关注三个问题：(1) 相变产生的原因，重点解决相变过程中的热力学条件；(2) 相变过程和规律，主要关注相变进行的方向和速率，从扩散、位错等方面对相变过程和相变机理进行解释；(3) 限定矿物相变过程中节点温度、压力等因素。

3.3　热力学和相图

3.3.1　热力学

热力学通过相平衡研究多相体系中相的变化规律，获得矿物和其他材料在各种压力和温度条件下的稳定性，从而确定体系的平衡性质以及达到平衡的必要条件。

化学势 (μ) 可以看作是一种物质发生反应的固有趋势。当反应物的化学势大于生成物时，系统内的化学反应就会发生。当一个相由不止一种组分组成时，就需要考虑吉布斯能，也就是 G，它是各组分的化学势乘以该相中各组分的摩尔数的总和。因此，吉布斯能，或简单地说自由能，可以表示为[10]：

$$G = \sum \mu_i n_i \tag{3-1}$$

式中，μ_i 和 n_i 为组分 i 的化学势和摩尔数。对于单组分体系中的纯相，$G=\mu$。当单个物相不是纯的，而是固溶体时，必须考虑固溶体级数中每个端元所作的自由能贡献来计算 G。在一个二元系统中，如果固溶体的其中一个组分为 X 摩尔分数，那么另一个组分一定是 $1-X$ 摩尔分数。反应物和生成物的总自由能在化学平衡时相等。一般地，只有在反应物能量大于生成物能量时，一个反应才能发生。需要注意的是，固溶体的自由能总是比简单地混合两个端元组分得到的值要低。如，橄榄石固溶体的自由能低于两个端元的机械混合物自由能，这使得固溶体稳定 (图 3-2)。

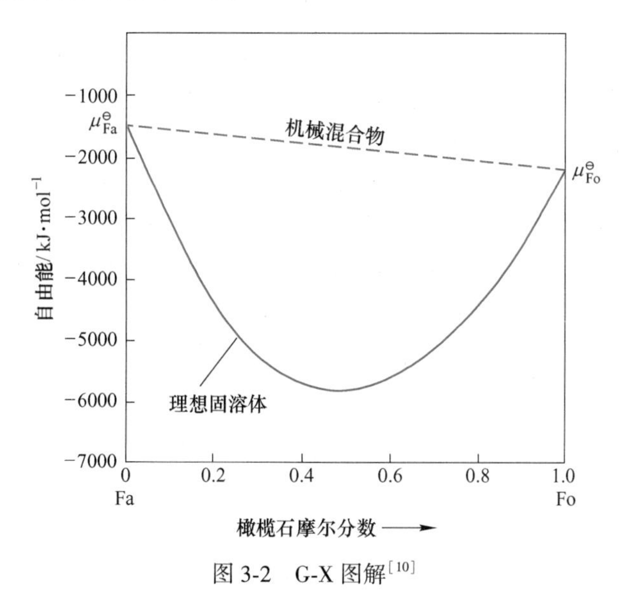

图 3-2　G-X 图解[10]

3.3.2　相图

相图也称相态图或相平衡状态图，是描述相在压力-温度-成分空间中的稳定性的一种图解方法。可用于理解简化的矿物系统中熔融和结晶的条件[10]，说明岩石的结晶或反应过程。同时，达到了平衡态的矿物组合往往也能反映结晶过程中物理化学条件的变化。因此，相图分析是一种非常有用的研究手段[11]。

3.3.2.1 一元相图

当研究对象只有一种纯物质时，使用一元相图。如 SiO_2 系统中的七个相（α-石英、β-石英、鳞石英、方石英、柯石英、斯石英和熔体相），分布于不同的温度和压力区间（图 3-3）[12]。

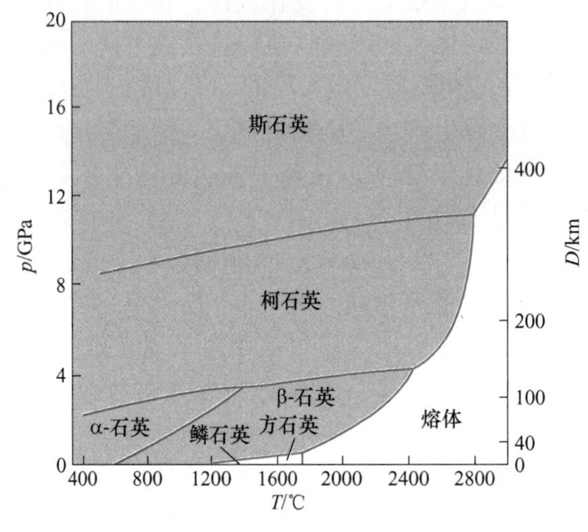

图 3-3 SiO_2 一元相图[13]

（图中阴影表示晶体稳定的区域）

Al_2SiO_5 系统也是一元系统[10]。Al_2SiO_5 的三个相——蓝晶石、硅线石和红柱石具有相同的化学成分但具有不同的原子结构，是多晶型物。根据相规则，在任何单组分系统中的三个相最多可以共存于一个点，这个点称为不变点（图 3-4 中的 I 点）。当单组分系统中有两相共存时，这两相只能沿一条两相都稳定的线出现，这条线被称为单变量线。因为只有沿一条线才能同时改变 P 和 T（但不是相互独立的）并且仍然存在两个相。在图 3-4 中，三个单变量线是蓝晶石 = 硅线石、红柱石 = 硅线石和蓝晶石 = 红柱石。

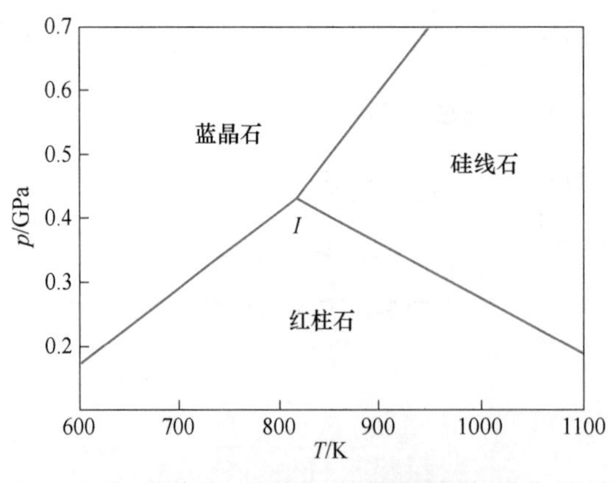

图 3-4 Al_2SiO_5 一元相图[14]

（I 为不变点或三相共结点）

3.3.2.2 二元相图

当体系中存在两个独立组分时使用二元系相图。二元系相图判读方便，在分析熔体结晶过程、矿物共生组合、岩石结构及成因方面有重要意义[12]。

在二元体系中，随着温度的下降，不同成分的初始熔体在某个点开始结晶出晶体，所有的这些点连接起来构成“液相线”。随着温度进一步下降，熔体全部凝固，把各种成分的最后一滴熔体固结为晶体的温度点连接起来则构成“固相线”。液相线和固相线的交点，是两个矿物同时结晶的位置，称为“共结点”。反过来，若由固体升温熔化，该点又可称为“低共熔点”，即两矿物可同时熔化的最低温度点。当一定成分的熔体降温达到液相线开始结晶出晶体后，熔体成分点会沿着液相线移向共结点。此时，在温度保持不变的情况下，另一种晶体同时结晶，直到熔体耗尽。

A 斜长石 Ab-An 二元系

斜长石 Ab-An 二元系是一个典型的完全互溶固溶体二元系（图 3-5）。该体系由一个向上凸的液相线和向下凹的固相线组成。常压下钙长石（An）的熔点为 1553℃，钠长石（Ab）的熔点为 1118℃。该体系的新有固溶体的熔点均处于两个端元组分的熔点之间。液相线以上的区域 Ab 和 An 均为液态；固相线以下区域二者均为固态；液、固相线之间为固、液共存区。在该区内，给定温度、熔体组分或晶体组分中的任意一个变量，就可确定其他两个变量。在任何一个给定的温度下，晶体和熔体的比例都可依据熔体的组成以及杠杆平衡原理来确定[15]。

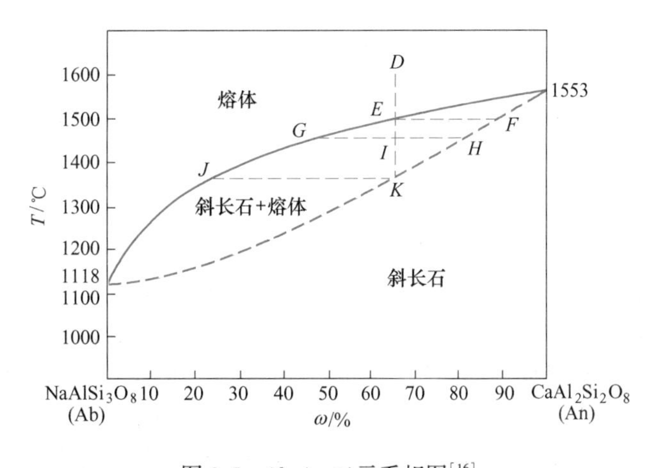

图 3-5 Ab-An 二元系相图[16]

分离结晶的过程要复杂些。初始成分为 *D* 的熔体在温度下降到 *I* 时，由于结晶出的富 An 斜长石与熔体分离，剩余的相对富 Ab 的熔体不能与其发生反应，只能作为新的“原始”熔体开始进入结晶过程。如果析出的斜长石晶体不断移离，晶-液平衡就一直无法建立，即分离结晶作用是完全的话，则温度可以一直下降直到纯钠长石的熔点 1118℃处，此时熔体的成分变为纯的 Ab 成分，并最终析出纯钠长石而结束整个结晶过程[15]。

若冷却速度较快，则分离结晶作用不完全。先晶出的富 An 的斜长石完全移离，却也来不及被剩余熔体完全反应掉，这样，后析出的斜长石晶体就会依次包在先析出的斜长石晶体的外围，构成斜长石的环带结构。总体上，全部环带的平均成分仍与原始熔体的成分一致[15]。

B 透辉石-钙长石二元体系

透辉石-钙长石的 Di-An 二元体系相图（图 3-6）[12]，可用来理解熔体中斜长石与辉石结晶的简单模型。在一段温度范围内，钙长石持续不断地结晶。随着温度的不断下降，晶出的钙长石量不断增加，而剩余的熔体成分不断朝富透辉石组分的方向演化。当熔体组分演化到 E 点（共结点）时，透辉石与钙长石同时晶出。此时体系由钙长石、熔体的两相共生转变为钙长石晶体、透辉石晶体与熔体的三相共生。因此，这种成分的玄武岩会由高温的钙长石斑晶与细小的含有辉石的基质组成。而如果岩浆更富含透辉石组分的话，玄武岩则可能会由辉石斑晶与含有钙长石的细小基质组成。

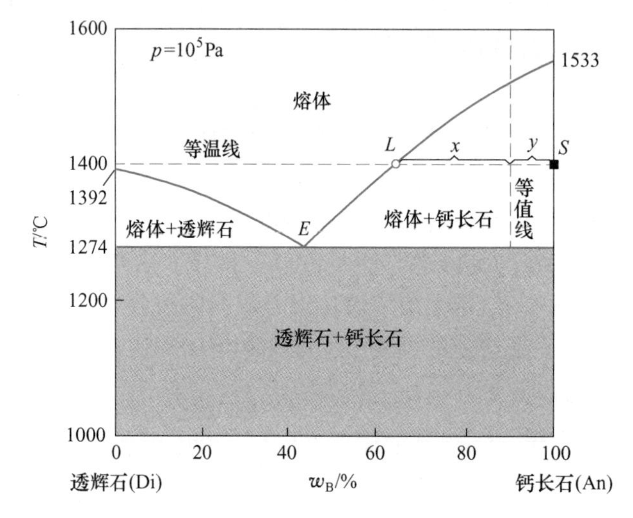

图 3-6 一个标准大气压下透辉石-钙长石的 Di-An 二元体系相图[17]

C 镁橄榄石-石英二元系相图

该二元系（图 3-7）的熔融过程可分为一致熔融与不一致熔融两种情况[12]。一致熔融是指一种固体熔融后形成一种同成分的液相。不一致熔融则是指某结晶相在温度升高时并不直接熔出成分一致的熔体，而是转变为另一种固相和熔体。结晶过程则恰好相反，随着温度的降低，熔体与一种早期结晶相反应生成一种新的具有不一致熔融性质的晶体。在岩浆冷却过程中，若温度下降得足够快，即在熔体与早期结晶的矿物反应完成之前总体系就已经凝固，这种反应关系就可以被保存下来，可以观察到反应生成的新矿物以反应边的形式环围在早期结晶的矿物相之外[12]。

当图 3-7（a）中成分为 X 的熔体冷却到温度 T_1 时，纯镁橄榄石开始结晶。随着进一步的冷却，镁橄榄石逐渐析出，使熔体变得更加富 SiO_2，直至体系温度下降到 T_2 到达近结点（或转熔点），此时成分为 L_2 的熔体与纯镁橄榄石平衡共存。近结点是固体与熔体间的反应点。在更高温下矿物与熔体可以共存，但在较低温下要发生反应。因此，继续冷却将导致镁橄榄石与富 SiO_2 熔体发生反应，生成顽火辉石。直至全部熔体耗尽，系统转变为镁橄榄石和顽火辉石共生。如果熔体较顽火辉石略微富 SiO_2，如图 3-7（b）中成分为 Y 的熔体，冷却到温度 T_4 时镁橄榄石开始晶出。随着温度的逐渐下降，镁橄榄石不断析出，剩余熔体变得越来越富 SiO_2，直至体系到达温度 T_5。在温度为 T_5 时，与成分为 X 的熔体

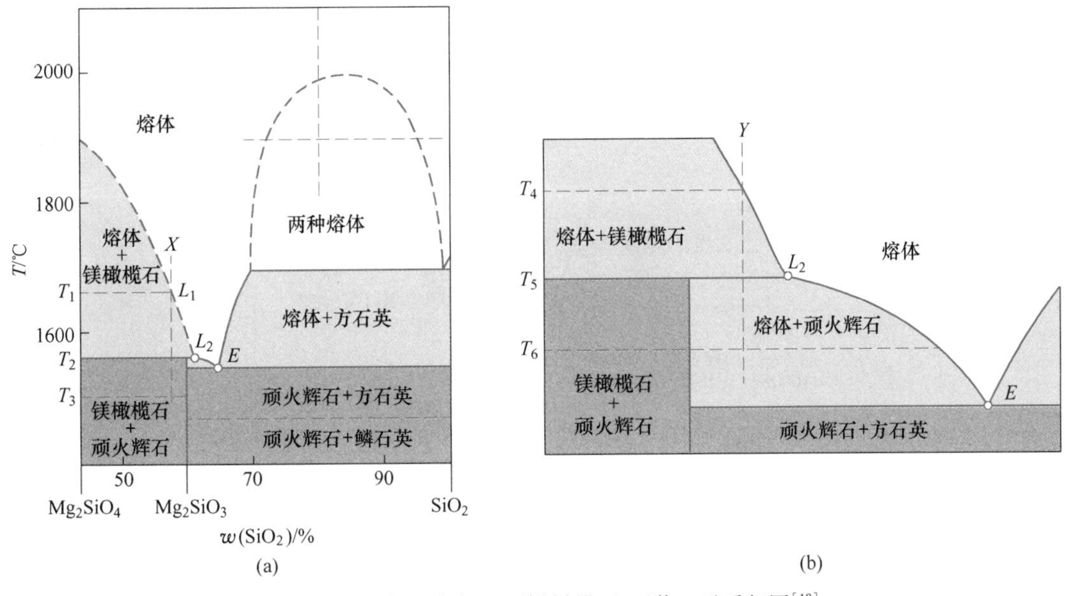

图 3-7 一个标准大气压下镁橄榄石-石英二元系相图[18]

演化的情况相同，镁橄榄石与富 SiO_2 熔体 L_2 反应形成顽火辉石，如果体系温度能在 T_5 保持足够的时间，所有的镁橄榄石都将反应殆尽。在 T_5 的稍下方开始，大量顽火辉石从熔体中结晶，体系进入顽火辉石和熔体共存区。最后温度达到 T_6时，体系由顽火辉石和共结点成分的熔体组成。此时 SiO_2 矿物开始晶出。进一步降温则导致剩余熔体彻底结晶成顽火辉石和 SiO_2 矿物。最终的固相体系是约 98%的顽火辉石和 2%的 SiO_2 矿物[12]。

值得注意的是，镁橄榄石先结晶，但不出现于最终矿物中，如果冷却不是在近于平衡的条件下缓慢进行，而是快速进行，以致橄榄石没有足够时间与熔体彻底反应，那么部分反应将在橄榄石颗粒的边部形成顽火辉石环边[12]。

D 白榴石+SiO_2 体系

钾长石作为该体系的不一致熔融化合物，在（1150±20）℃时可由早期结晶出的白榴石和剩余熔体中的 SiO_2 反应生成[15]。这里的钾长石在相图所示的物理条件下为透长石，它与磷石英在常压下的共结点温度为 990℃，而水压的升高会使得共结点温度降低[15]。

从体系中可以看出（图 3-8）[15]：（1）在平衡结晶作用条件下，当初始熔体成分介于钾长石和白榴石之间时，早期结晶出的白榴石在近结点与熔体反应形成钾长石。在熔体耗尽后，还有白榴石残留，最终结晶产物为白榴石和钾长石。（2）当初始熔体的组成处于钾长石与近结点之间时，晶出白榴石较少。温度下降到近结点时，白榴石与熔体反应形成钾长石。在白榴石耗尽后，剩余的熔体优先晶出磷石英，最终产物是钾长石和少量磷石英。（3）当初始熔体成分在近结点和共结点之间，此时共结点处的成分相当于 73%Or+27%SiO_2。随着温度的下降，钾长石先结晶，然后到共结点时石英与钾长石共结。（4）在分离结晶作用情况下，由于晶出的白榴石不断析离，剩余的熔体逐渐富 SiO_2；最后可达到共结点，结晶出钾长石和石英。在这种情况下，便可形成白榴石斑晶与基质石英共生的矿物组合，也可形成从贫 SiO_2 岩石到富 SiO_2 岩石的一套岩石组合。

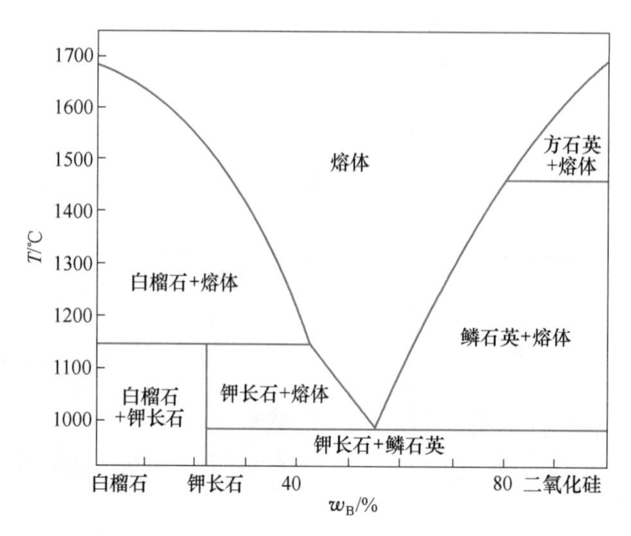

图 3-8　一个标准大气压下白榴石-石英相图[19]

3.3.2.3　三元系统

自然界中真实的熔体体系十分复杂，往往不是简单的一元或二元体系，而是多组分或多体系的结合。其中，透辉石(Di)-镁橄榄石(Fo)-钠长石(Ab)-钙长石(An)四元系很接近天然基性岩浆的成分；钠长石(Ab)-钾长石(Or)-二氧化硅(SiO_2)-水(H_2O) 四元系接近花岗岩体系。每个四元系又包含四个三元系。这里以天然基性岩浆体系中 Di-Ab-An 三元系为例。

Di-Ab-An 三元系模型如图 3-9 所示，它包含了前述 Ab-An 完全固溶体系以及 Di-An 和 Di-Ab 两个二元共结体系，是一个典型的具固溶体的三元系[15]。该三元系相图上有两个液相面：透辉石液相面和斜长石液相面，分别对应于投影区的左上和右下部分（图 3-9）。两液相面以一条曲线相交，称为该三元系的同结线。同结线的两个端点分别是 Di-An 和 Di-Ab 两个二元共结系的共结点，对应温度分别为 1274℃ 和 1085℃[15]。

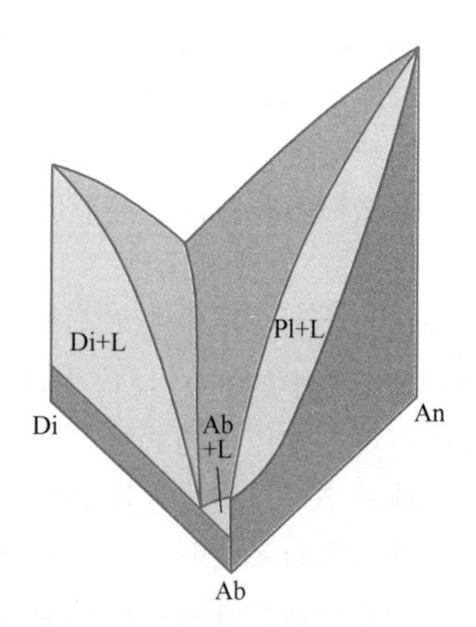

图 3-9　Di-Ab-An 三元系相图[20]

Di—透辉石；Pl—斜长石；An—钙长石；Ab—钠长石；L—熔体

由于存在着 Ab-An 连续固溶体，初始熔体成分在该体系内部时，最终结晶产物只会是斜长石固溶体和透辉石两种固相。结晶过程中熔体成分的变化受固溶体晶-液平衡的控制[15]。如熔体成分在投影图上透辉石液相面上的 *A* 点时（图 3-10），当降低到液相面上对应的温度时，透辉石优先晶出，剩余熔体的成分在平面投影图上沿着 Di-*A* 的连接线背离 Di 变化，直到同结线上的 *C* 点。此时，斜长石与透辉石同时晶出，形成的斜长石成分对应于 *D* 点。接下来，剩余熔体成分沿着同结线朝温度降低的方向演化，晶出的斜长石在平衡结晶条件下与剩余熔体不断反应，斜长石的成分也不断变化。达到 F 点时，斜长石的成分为 E。当熔体成分到达 G 点，斜长石成分相应调整到 B 点，此时剩余熔体完全耗尽。在非平衡结晶条件下，结晶过程的最后一滴熔体以及最后产生的斜长石的成分都将靠近纯钠长石的位置[15]。

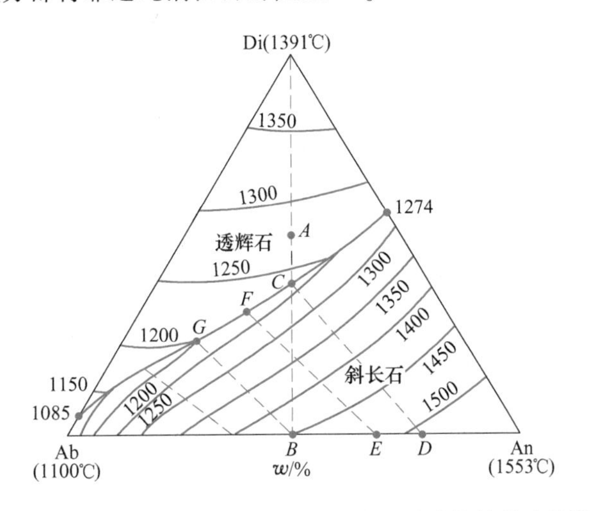

图 3-10 处在透辉石液相面上的成分为 A 的熔体结晶过程[15]

（在斜长石和透辉石初晶期内的曲线为等温线，数字表示的是温度（℃））

Di—透辉石；An—钙长石；Ab—钠长石

如初始熔体成分位于斜长石的液相面上（图 3-11），连接 Di、O，并延长到 Ab-An 边上的 O_1 点。过 O_1 点作垂线与 Ab-An 液相线交于 O_2，该点晶出的斜长石成分为 O_3（即 Ab-An 边上的 O_4），连接组分点 O 与底边上的 O_4。温度继续下降到 T_1 时，晶出的斜长石成分为 X_3（即 Ab-An 上的 X_4），剩余熔体成分为 X_2（即 Ab-An 边上的 X_1）。在三角形内连接 Di 与 X_1、O 与 X_4，并延长 X_4O 与 $\mathrm{Di}X_1$ 相交于 X，此时，晶体/液体 = XO/OX_4。当温度继续下降到 T_2 时，晶出的斜长石成分为 Y_3（即 Ab-An 边上的 Y_4），与其平衡的剩余熔体成分为 Y_2（即 Ab-An 上的 Y_1）。同上，连接 Y_4 与 O、Di 与 Y_1，二线交于 Y 点，此时晶体/液体 = YO/OY_4。这样，OXY 便构成了平衡结晶时斜长石熔体成分变化的弧形曲线。当 Y 点恰好在同结线上时，为该弧形曲线的终点。在该点上，透辉石开始与斜长石同时结晶。当体系温度下降到 T_3，晶出的斜长石成分为 Z_3，相当于初始熔体 O 的斜长石成分。熔体耗尽前最后一滴熔体的成分为 Z_2（即 Ab-An 边上的 Z_1），Di 与 Z_1 的连线交于 Z，这也是该三元系平衡结晶过程中同源液体成分演化线的末端，该演化线的轨迹在

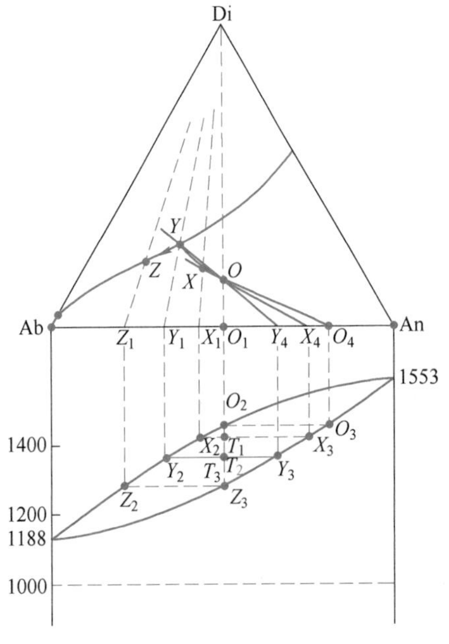

图 3-11 透辉石(Di)-钠长石(Ab)-钙长石(An)三元系内斜长石与透辉石结晶时熔体成分变化轨迹[16]

图 3-11 中以箭头表示。如果该初始熔体成分经历的是非平衡结晶作用时，与初始成分在透辉石液相面上一样，结晶作用结束的位置也会更接近 Ab[15]。

从以上分析可以看出，由于初始熔体成分点的位置不同，离开共结线的距离不同，产生的辉石的量以及斜长石的成分和量也不同，这样便会形成不同的岩石类型[15]。

3.4 相变类型

相在不同的学科发展中有其自身特有的定义，因而相变也根据不同的研究重点而有所不同。但主要还是从热力学、形核-长大、键的断裂和原子扩散特征进行划分。

从热力学角度，矿物相变可分为一级相变和二级相变两种类型（图 3-12）。其中，一级相变是指当由相 1 转变为相 2 时，有吉布斯自由能 $G_1=G_2$，化学势 $\mu_1=\mu_2$，但化学势的一阶偏导数不相等的相变。在一级相变中，不同晶态所发生的相变过程可以用突变的方式把晶格重新建立起来，并伴随有矿物体积和熵的变化，如金属的固态相变。二级相变是指由相 1 转变为相 2 时，有 $G_1=G_2$，$\mu_1=\mu_2$，且化学势的一阶偏导数也相等，但化学势的二阶偏导数不相等。第二级相变是在外部条件变化时，构成矿物晶体的晶胞产生相对畸变，使晶格的对称性发生改变。这类相变还可能是由于晶体有序程度的变化而引起的。例如高压下硅酸盐矿物结构的变化，从结晶学角度来看是由原来的较低级的晶系（斜方晶系、单斜晶系）变为中、高级晶系（三方晶系、等轴晶系）。

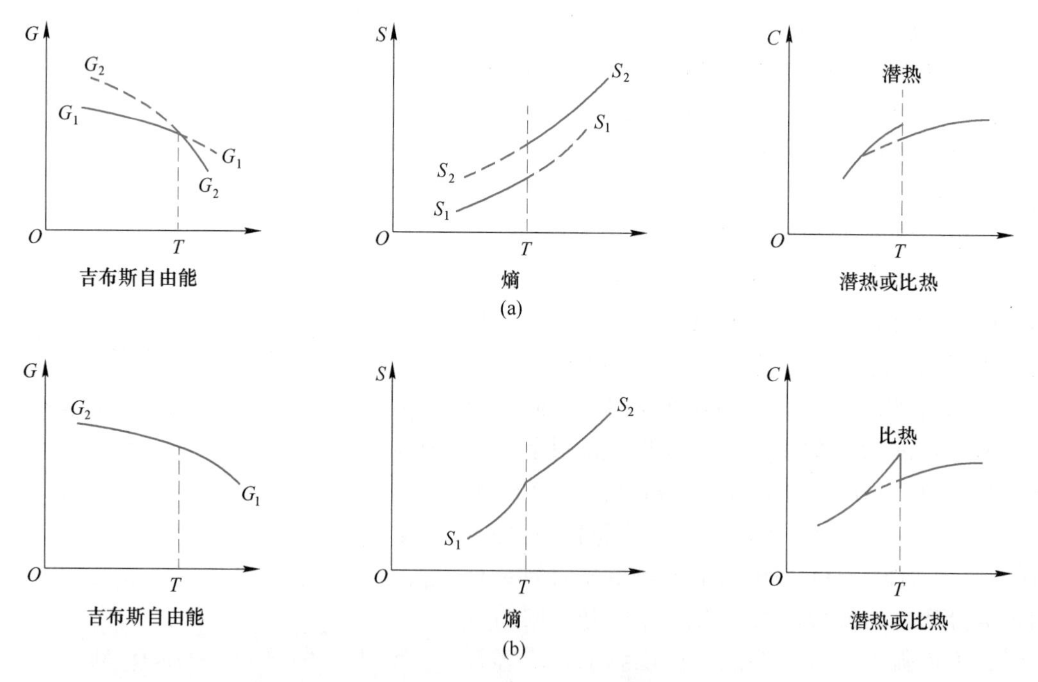

图 3-12 一级相变和二级相变中几个物理量的变化[21]

（a）一级相变；（b）二级相变

多数相变属于形核-长大型相变[1]。这类相变开始时，先形成新相核心，即结晶中心，或晶核。晶核是指从母相中初始析出或借助于外来物的诱导而产生，达到某个临界尺寸而转入成长阶段的结晶相微粒[22]。根据热力学原理，在母相没有达到过饱和或者过冷却的时候，每单位体系母相的自由能一定小于相应的结晶相自由能，这个时候，因为没有驱动力存在，不能发生结晶作用；反之，发生结晶作用。但是，结晶相的析出会使得体系相数增加，在相之间产生界面，相界面表面具有表面自由能，因而结晶相的出现又会导致体系的总自由能增高。晶核大小与体系自由能之间的关系如图 3-13 所示。

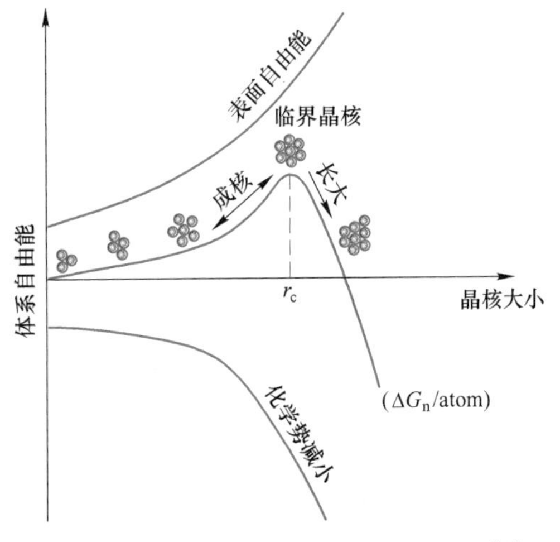

图 3-13 晶体形核与体系自由能的变化[23]

两相界面的表面自由能与结晶相和母相总体积自由能的差值之和为体系总自由能 ΔG。假设结晶相微粒的半径为 r，ΔG 是 r 的函数[22]。r_c 为临界晶核，但是在 r_c 之前，晶粒长大使体系自由能增加，说明在这个阶段，结晶相微粒需要吸收能量才能生长，当超过 r_c 的时候，结晶相微粒的增长会使体系自由能降低，因此微粒成长为晶核，并逐渐长大为晶体。晶体长大受过饱和度和过冷度的影响，主要呈层生长、螺旋生长和黏附型生长三种形式（图 3-14）[22]。

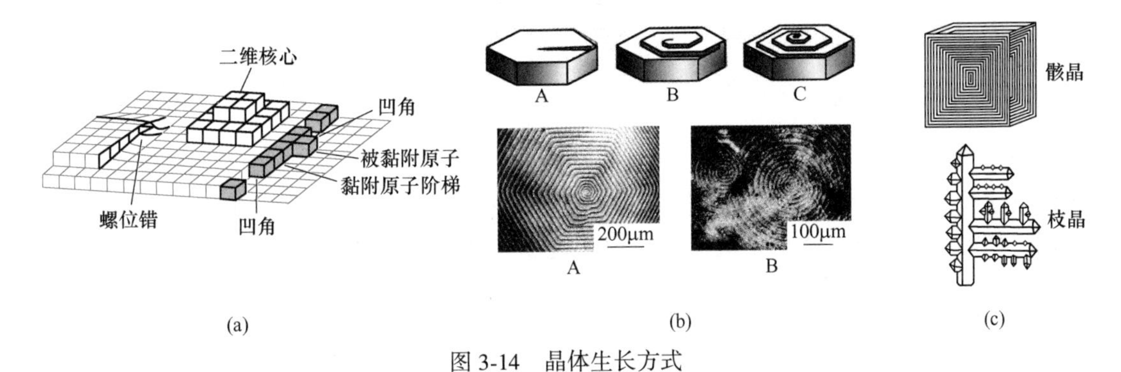

图 3-14 晶体生长方式

（a）层生长[23]；（b）螺旋生长[22]；（c）黏附型生长[22]

对于陶瓷等共价键和离子键型材料，固态相变的另一重要分类判据是相变过程中的原子的结合键是否破坏。母相的结合键被拆开后重新组合成新相的过程，称为重构型相变；原子的结合键不被拆开，仅键角、键长发生变化而生成新相的过程，则称为位移型相变。由于重构型相变涉及化学键的破坏和重组以及较大的结构变化，伴随着较大的热效应，因此为一级相变。位移型相变前后原子近邻拓扑关系不变，新相与母相间保持共格且存在明确的位向关系；原子位移小，无原子扩散过程，转变速率快；位移型相变过程仅涉及晶格畸变或某类原子的微小位移，相变阻力以应变能阻力为主（图 3-15）。陶瓷材料中占主导地位的共价键和离子键中，电子处于低能构型，使材料不太容易与环境相互作用。陶瓷材料的固有惰性使其在许多应用中具有优越性。因此，通过主要化学键来区分材料是很有用的[24]。

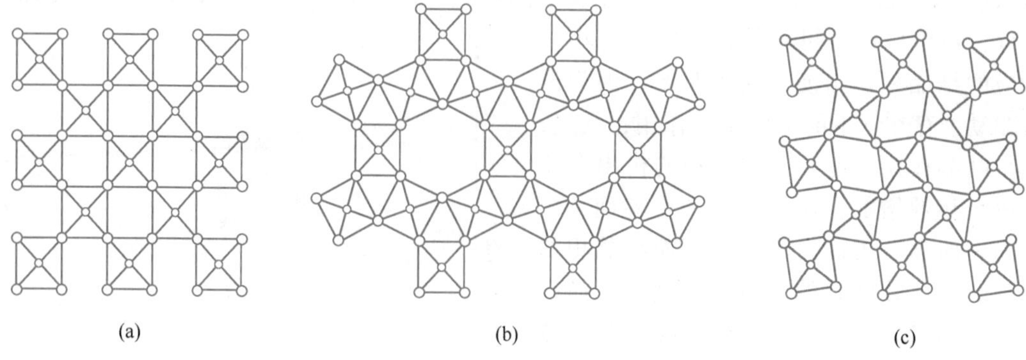

图 3-15　重构型与位移型相变结构变化示意图[25]
（a）高温相；（b）重构型相变；（c）位移型相变

以相变的原子迁移特征或相变是否依赖扩散为依据，可以将相变分为借助于热激活过程的固态扩散型相变和非热学的无扩散型相变。扩散型相变过程的进行需要依靠长程扩散（体扩散）或短程扩散（界面扩散）来输运物质，其速度受长程扩散或界面反应控制；无扩散相变的进行则不依赖原子扩散（原子移动距离总是小于原子间距）。

在矿物材料制备过程中，温度对矿物稳定状态的影响最为显著。根据矿物稳定状态，可将矿物相变分为固-固相变和固-熔体相变两种类型，而在低温相变过程中，固液界面反应是广泛存在的，且受溶液性质影响。因此，本书按照是否含水和温度界限，将相变类型划分为固液界面反应和固相反应两种类型分别进行讨论。

3.4.1　固-液界面反应

固-液界面反应，如矿物与水之间的作用，是中低温以下较为常见的一个反应。固-液界面反应涉及多个阶段的化学反应、形态变化和成分变化，在许多技术应用中起着基础性作用，如陶瓷坯体和釉面的常温制备阶段、混凝土的制备。从不同反应阶段划分，固-液界面反应主要通过溶解沉淀、质子转移两种方式进行。

3.4.1.1　*矿物的溶解沉淀*

矿物的溶解包括了表面扩散过程，分为多个阶段。在溶解初期，晶体台阶保持了大量不同的活性位点（图 3-16（a））。随着反应进行，晶体台阶面积减小，晶体表面成为了主要的反应区域（图 3-16（b））。总的溶解速率随着晶体台阶被消耗而达到最大值，但最终会随着总质量降低而衰减。同时，溶解出的原子或分子在体系内浓度逐渐上升会使在扩散转移中花费的时间增加，这导致溶解过程的效率大大降低，因为原子需要更多的时间在相邻的位点之间迁移（图 3-16（c））[26]。

当体系中溶解速率小于沉淀速率时，矿物相开始沉淀，从而发生一系列变化（原岩中体积和孔的变化、溶液中离子浓度变化、溶解-沉淀反应速率改变等）[27,28]。石英，作为地表较为稳定的矿物，在高 pH 值和富 Mg 的环境中，以分钟为时间尺度发生纳米颗粒的溶解，并在石英表面形成了一层纳米级的凝胶状无定形二氧化硅层[29]。这表明石英的溶解与次生相的形成之间存在耦合关系，这种耦合反应为镁硅相的形成提供了一种适合作为新型环保水泥的途径[29]。在酸性热液环境中，酸性较强（pH = 1）时，角闪石表面发生强烈

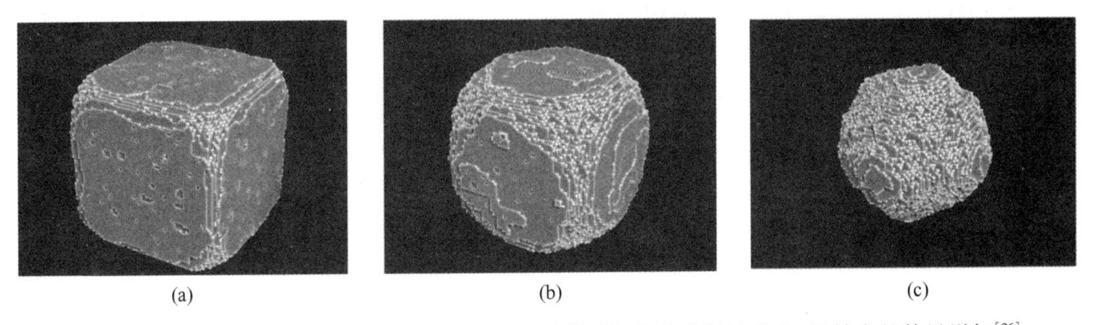

图 3-16 一个溶解粒子表面的模型演化，显示随着时间的推移活性位点/扭结点的数量增加[26]

溶蚀，在酸性中等（pH = 3、6）环境中，不同温度范围内，大量层状矿物绿泥石、水绿皂石形成（图 3-17）[30]，这为制备纯净黏土矿物材料提供思路[31]。

彩色原图

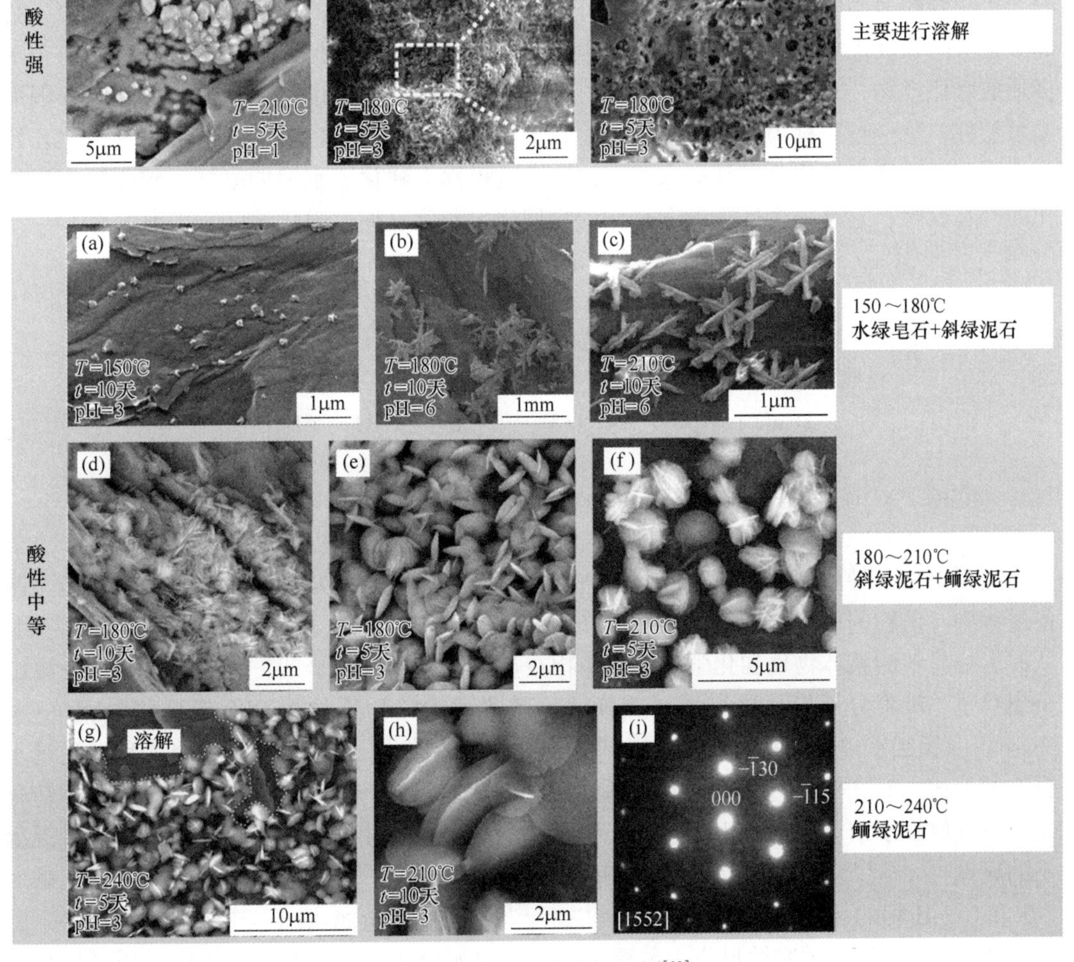

图 3-17 角闪石的溶解蚀变[32]

矿物相的沉淀，会使得固体体积增加、扰动应力场、诱导压裂。反应致裂是天然和人造材料中常见的现象，如岩石和水泥中盐的增长是造成人工结构严重恶化和弱化的一个主要问题。Frieder Klein 等[33]利用 Micro-CT 扫描和热重测量，发现岩石体积随着时间和反应程度系统地增加，在蛇纹岩化 10~18 个月后，蚀变岩域的体积增加了 44%（±8%）。但诱导压裂可能是一个正反馈回路，因为随着裂缝的形成，更多的水可以渗入孔隙空间，提高反应动力学[34]。水解可能会加速结构损伤，并导致层间力学性能的减弱。不过，反应产生的应力可能会克服颗粒界面上的分离压力，将困在那里的水膜排出，从而显著降低反应速率[35]。

3.4.1.2 质子转移

质子给体 A 的质子转到受体 B 间的反应，称为质子转移反应，如 $HA+B^- \rightarrow HB+A^-$，也称酸碱反应。质子转移的反应机理有两类：（1）质子直接转移，大致有三步：酸碱碰撞络合物的形成，质子通过水合结构与碱结合，水合结构的破裂；（2）有氢氧根离子参与的反应，这类反应的特点是快速，属扩散控制，一般用弛豫技术及核磁共振技术研究其反应动力学行为及规律。

一些矿物在低温阶段可实现质子转移反应，如在水泥加水拌合后成为可塑性水泥浆时，水泥颗粒表面的矿物开始在水中溶解并与水发生水化反应的过程。在水化过程中，游离水被吸附在孔隙中或存在于毛细管道中，为无水颗粒的水化保留可用的水分，而结合水会形成水化产物，只有通过热分解才能消除。随着水化反应的进行，水泥浆体逐渐变稠失去可塑性，这一过程称为水泥的凝结。随着水泥水化的进一步进行，凝结了的水泥浆开始产生强度并逐渐发展成为坚硬的水泥石，这一过程称为硬化。水泥的凝结、硬化是水泥水化的外在反映，它是一个连续的、复杂的物理化学变化过程，用化学反应式表示为[36]：

$$\underset{\text{硅酸三钙}}{3CaO \cdot SiO_2} + nH_2O = \underset{\text{水化硅酸钙}}{xCaO \cdot SiO_2 \cdot yH_2O} + \underset{\text{氢氧化钙}}{(3-x)Ca(OH)_2}$$

$$\underset{\text{硅酸二钙}}{2CaO \cdot SiO_2} + mH_2O = \underset{\text{水化硅酸钙}}{xCaO \cdot SiO_2 \cdot yH_2O} + \underset{\text{氢氧化钙}}{(2-x)Ca(OH)_2}$$

$$\underset{\text{铝酸三钙}}{2CaO \cdot Al_2O_3} + 6H_2O \longrightarrow \underset{\text{水化铝酸三钙}}{3CaO \cdot Al_2O_3 \cdot 6H_2O}$$

$$\underset{\text{铁铝酸四钙}}{4CaO \cdot Al_2O_3 \cdot Fe_2O_3} + 7H_2O \longrightarrow \underset{\text{水化铝酸三钙}}{3CaO \cdot Al_2O_3 \cdot 6H_2O} + \underset{\text{水化铁酸一钙}}{CaO \cdot Fe_2O_3 \cdot H_2O}$$

混凝土是一种由各种性质的成分（水泥、骨料、水等）组成的复杂材料，在混凝土制备过程中，矿物的用量、矿物组成和分布对水灰比、相对湿度和反应动力学有显著影响，从而影响材料的整体物理和化学性能。矿物在与水环境接触的早期，矿物表面会部分浸出金属离子，吸附分子与其进行质子交换，导致表面 OH 物质的形成钙铝硅酸盐相（CS-phase）→钙铝水硅酸盐相（CSH-phase）。同时，水化作用会导致各种硅酸钙和铝酸钙水合物的形成，而在化学过程中，元素通过溶解/沉淀等转变反应重新分配。这种质子转移是一方面触发了水泥向混凝土的转化（一种硅酸盐-水合钙相），但另一方面也影响着混凝土的腐蚀[37]。混凝土建筑的结构失效有许多可能的原因，但水与构成混凝土结构基础的 C-S 和 C-S-H 相的相互作用是最大的问题之一[38]。其中，金属-质子交换反应（MPER）是 C-S 和 C-S-H 相的各种腐蚀反应中最重要的[39]。如硅灰石上的 MPER，水中的质子取代了结构中的钙，使得晶体的形状被改变，导致它们的非晶化[38]。

层状硅酸盐矿物也具有复杂的水化过程，如在酸性环境中，经过长时间的溶解，黑云母的（001）表面或边缘位置会沉积一层非晶态的含硅涂层，长时间的反应会使得黑云母段从表面的剥离。而黑云母层间则发生 Na^+-K^+离子交换，使黑云母（001）表面发生膨胀开裂，最终形成含 Na 的水化黑云母[40]。白云母（图 3-18）[41]也具有类似的特征，在白云母和表面主要是硅氧四面体与双氢氧化物桥接产生 1nm 的硅酸盐层，而层状硅酸盐内部则主要通过阳离子交换反应来扩大层间空间[42]。

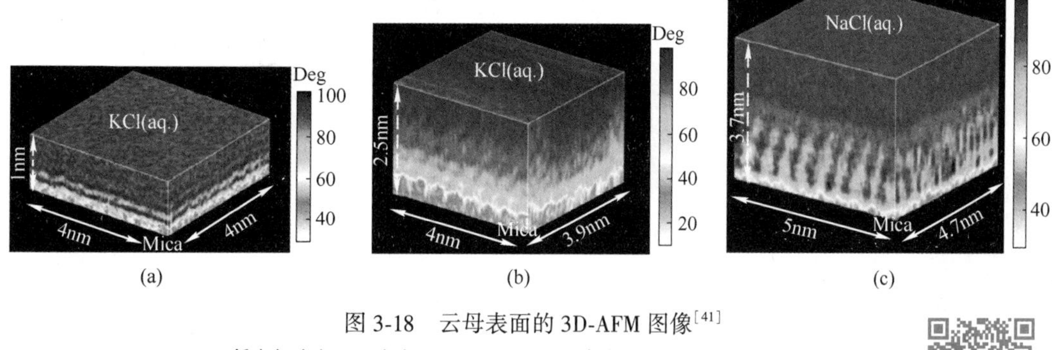

图 3-18　云母表面的 3D-AFM 图像[41]

（a）低摩尔浓度 KCl 溶液(0.2mol/L)；（b）高摩尔浓度 KCl 溶液(约 4mol/L)；（c）高摩尔浓度 NaCl 溶液(约 4mol/L)

彩色原图

3.4.2　固相反应

在矿物相变过程中，温度和压力是相变产生的主要原因。但在与材料学相关的矿物相变中，大多是以温度作为主要诱发因素。在升温过程中，矿物会经历脱水（随温度升高，表面吸附水散失→结晶水散失→结构水散失）、氧化、软化、熔融、重结晶等几个重要阶段。通过热分析（如 TG-DSC）能获得矿物相变过程的温度节点和能量参数。

3.4.2.1　固相反应过程

固相反应一般包括扩散、生成新化合物、化合物晶体长大和结构缺陷消除等阶段[43]：(1) 在加热初始阶段，固体内部的质点的活动能力不断提升；一般情况下，熔点低的晶体中的离子（或原子）在较低温度下就有很大活性。(2) 在一定温度下，质点在接触表面某些有利的地方，形成吸附中心，开始互相反应形成“吸附型”化合物。(3) 进一步升高温度，质点的扩散加强，使局部进一步反应形成化学计量产物，但尚未形成正常的晶格结构。(4) 反应产物层逐渐增厚，在一定程度上对质点的扩散起着阻碍作用，此阶段催化能力和吸附能力有所降低。之后，离子或原子由一个点阵扩散到另一个点阵，伴随着颗粒表面进一步疏松与活化。(5) 达到一定温度，在 X 射线谱上可以清晰地见到反应产物特征衍射线条，说明晶核已成长为晶核颗粒。(6) 随温度升高，反应产物的衍射线强度逐渐增强。晶体中缺陷也随着温度继续升高而消除，并逐渐形成正常的矿物晶格结构。

固态相变过程中析出的新相因晶体学的关系经常呈现薄片状（称为魏氏体片）。这种片状相的尖端曲率半径很小，所以必须考虑它的尖端界面毛细管效应。在所有的情况下，针状相的伸长速度要快于片状相的伸长速度，这是由于尖端的扩散效果对针状相长大更为有利。在较低的过饱和度下，针状相伸长可以快一个数量级。从这一点考虑，在凝固相变的过程中针状相比片状相更容易形成，但在固态相变中却不一定如此。在固态相变中还要考虑到体积应变能、扩散系数和晶体学的各向异性等因素，可能出现片状、针状以及其他各种不同形状的新相。

在中高温环境中，矿物经过多个过程发生相变。如角闪石相变为辉石。大量研究表明，辉石是角闪石高温相变中最常见的产物。其中，最为典型的是在角闪岩-麻粒岩相条件下，不同程度的变质作用会形成含次生辉石岩、角闪岩和辉长岩的反应边或脉[44]。Li 等[45]通过系统的加热实验，揭示了镁角闪石相变为普通辉石的机理为：镁角闪石中^{A}Na 和^{A}K 的优先迁移和^{T}Al 的减少使得两个四面体之间的距离缩短；在约 900℃时，Ca-O 的一部分电子转移到 Ca-O-Si 中；在 1050～1100℃时，四面体和八面体之间的 O—Si—O 键断裂，使 M_4 中的 Ca 进入 A 位空腔，与 T_1-T_1 中的 Si 键合，从而形成普通辉石（图 3-19）[45]。

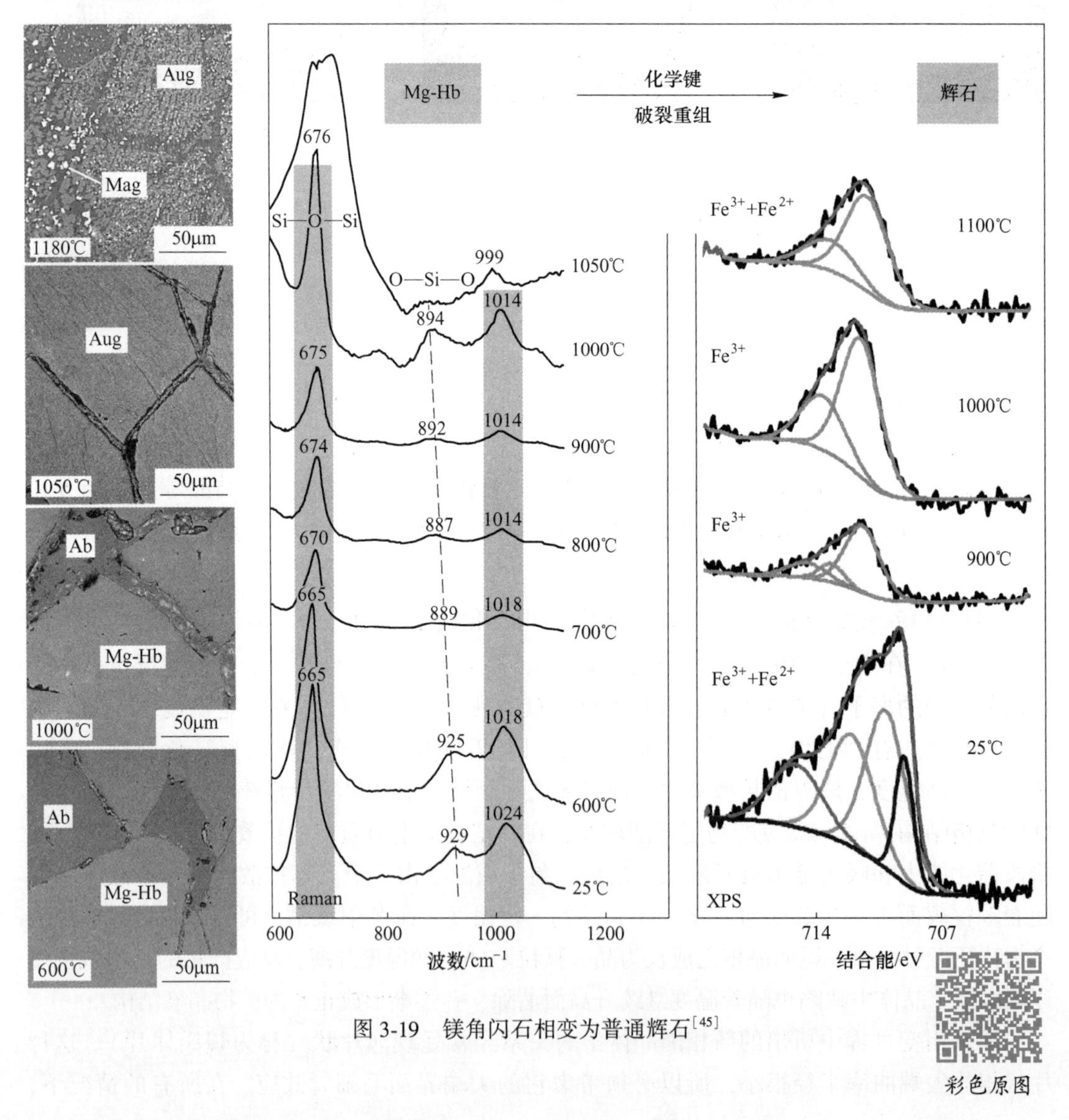

图 3-19　镁角闪石相变为普通辉石[45]

彩色原图

3.4.2.2 失水、氧化

失水是矿物相变过程中的一个重要过程。在大约 60~110℃ ，矿物表面的吸附水、层间水会随着温度升高迅速逸出。对于一些含结晶水的矿物，如石膏，在 500~600℃左右脱水，矿物的晶体结构遭受破坏、改造而形成新的矿物，说明相变已经发生。而对于一些含结构水的矿物，如绿泥石、蛇纹石、云母、针铁矿、角闪石等，结构水存在于氢氧化物和层状结构硅酸盐等矿物中，与其他离子联结得较为牢固，大约在低于 1000℃的温度作用下结构遭受破坏而逸出。

矿物失水对材料研发具有重要意义[46]：矿物中的水在 400℃以下逸出时，基本上对矿物的结构无明显影响，主要是提高矿物的吸水性能，也提高某些矿物的离子吸附能力；更高温度，特别是急热造成矿物（如珍珠岩、蛭石）中的水快速汽化，导致体积膨胀、密度减小，赋予好的保温、隔热、吸音等功能；某些矿物含有一些挥发分组分，如二氧化碳和氧等，在高温下会从矿物中脱除出去，引起矿物的结构和成分发生变化，转变为新的材料。

在陶瓷材料中，黏土矿物的失水也会伴随着体积的变化。从室温开始加热时，黏土会发生膨胀。达到 100℃以后，当吸附水开始排出时，体积出现一个小的收缩。在 250℃左右收缩终止，其后继续膨胀至晶体开始分解，而转为再收缩。由于各种不同矿物类型的黏土其结构水排出的温度不同，其开始收缩的温度也不同。高岭石在 500~600℃开始收缩，绢云母和叶蜡石则要到 800~900℃时才开始收缩。这是由于具有二层结构的高岭石，其结构水排出较易，结构水刚排出时，体积急剧膨胀，随即转入收缩过程。而绢云母等三层结构的矿物，当其结构水开始排出时，晶格结构会发生很大的变化，所以有较大的膨胀，几乎要到所有的水分排出后才开始收缩，因此其开始收缩温度较高。黏土矿物结构水排出后的体积收缩，可以一直进行到结构水完全排出。

在含氧的加热环境中，氧化也是矿物相变过程中的重要过程。对于一些含铁的矿物，如绿泥石和含铁的角闪石，加热会使其氧化。其中，角闪石在大约 500℃已发生明显的氧化现象，且这样氧化失去的电子促进脱氢作用进行（图 3-20）。到大约 1000℃，角闪石氧化过程基本完成，结构水也完全散失。绿泥石分两次脱水，第一次脱水温度介于 400~700℃，第二次脱水温度介于 600~900℃。绿泥石在脱水过程伴随脱氢反应的进行。同时，在氧化环境中，氢与氧结合造成绿泥石的脱羟基过程。

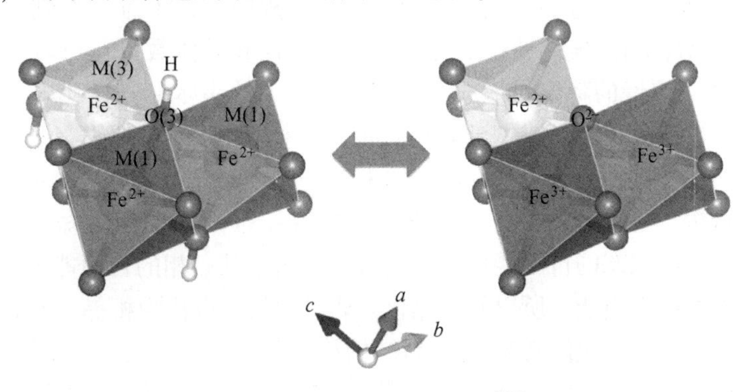

图 3-20 角闪石氧化模型[47]

煅烧是水泥生产中的主要技术环节。水泥生产的煅烧加工随温度变化主要分为五个主要阶段[48]：(1) 干燥，温度范围约为100~150℃，主要是原料中自由水的蒸发；(2) 预热段，温度范围约为200~750℃，主要是黏土矿物脱水，如高岭土的反应为：$Al_2O_3 \cdot 2SiO_2 \cdot 2H_2O \rightarrow Al_2O_3 + 2SiO_2 + 2H_2O\uparrow$；(3) 碳酸钙分解阶段，温度范围约为750~1100℃，这时石灰石按照 $2CaO + SiO_2 \rightarrow 2CaO \cdot SiO_2$ (C_2S) 生成。同时 $3CaO + Al_2O_3 \rightarrow 3CaO \cdot Al_2O_3$ (C_3A) 与 $4CaO \cdot Al_2O_3 \cdot Fe_2O_3$ 生成； (4) 烧成段，温度超过1100℃，1100~1200℃时 C_3A 与 C_4AF 大量生成，温度达到1400℃后 C_3A 与 C_4AF 开始转变为液相，进而液相中有反应 $CaO + C_2S \rightarrow C_3S$（固态）发生，使游离CaO减少；(5) 冷却段，$C_3S$ 是高温稳定相，温度降低后会有反应 $C_3S \rightarrow CaO + C_2S$ 发生，因此应使物料较快冷却，保留 C_3S 相，避免游离CaO生成。

3.4.2.3 熔融重结晶

在更高的温度下，固体逐渐熔融形成熔体的过程称为熔融重结晶。在矿物学中，每种矿物都有其不同的熔点。在含有多种矿物相的材料中，低熔点矿物优先熔融，然后是熔点第二低的矿物熔融，依次进行下去。在目标温度不足以达到熔点最高的矿物熔融所需的温度时，最终产品中会同时存在未熔融组分和熔融物冷凝形成的玻璃质和部分晶体。

在一些材料制备过程中，如陶瓷坯体，既需要一个稳定的骨架以保持艺术造型，又需要一定熔融组分使得内部黏结牢固，就需要根据各个矿物熔点不同设计合适的烧制程序。而釉的烧制过程中，要求矿物发生全部熔融。矿物熔融温度受多种因素影响，除了矿物自身成分和结构外，也与先熔融的矿物组分相关。一般地，富Na、K、Al、Mg、Fe组分的矿物会优先熔融，如长石、辉石，而Si含量越高的矿物具有相对高的熔点，如石英。

矿物熔融形成的熔体在降温过程中，根据鲍文反应系列依次结晶，完成包括孕育、形核、生长和熟化（粗化）四个阶段，形成新型矿物晶体。在时间顺序上，这四个阶段可能单独进行，完成一个阶段后再进入下一个阶段，也可能几个阶段彼此重叠，同时进行。

相变总体动力学是研究相变到一定程度时，转变总量与温度和时间的关系。对于包括形核和长大两个过程的扩散型相变，相变总体动力学是形核动力学和长大动力学两部分的综合效果。由于形核和长大都是温度的函数。它受到形核率、长大速度、形核位置的密度和分布、已形成新相之间的碰撞以及已形成新相之间的扩散场重叠等诸多因素影响（图3-21）。降温速率对冷凝过程中矿物晶体析出的数量和晶体的大小的影响是显著的。在快速冷却过程中，一般形成大量的玻璃；在急剧冷却过程中，几乎难以看到晶体析出。大量玄武岩熔融实验表明，通过玻璃质中晶体大小（CSD）和晶体数量，可以一定程度反映系统降温冷却的过程。缓慢的降温对形成数量多、粒径大的晶体十分有利[49]。

在相变过程中，有时也会形成纳米晶和非晶。纳米晶属于晶粒超细（通常小于100nm），晶界上的原子相对含量极高的晶体，这使得纳米晶表现出与普通多晶材料不同的性能。在接近共晶成分的合金中，也常形成非晶。非晶是一种亚稳态固体，只保留短程有序而长程无序的结构特征。虽然非晶状态的自由能可能会比共晶产物中某一相的自由能低，但总体上非晶自由能高于共晶产物的自由能，所以易于晶化。非晶的晶化也称为析晶，其特征介于凝固和固态相变之间。研究非晶晶化能够确定非晶结构稳定的条件，以便在使用时保持所需的性能；晶化速率远低于凝固过程，且易于通过降温终止晶化，方便进行凝固动力学的定量研究；通过晶化可以获得部分或完全结晶的微晶/纳米晶，从而获得新型材料。

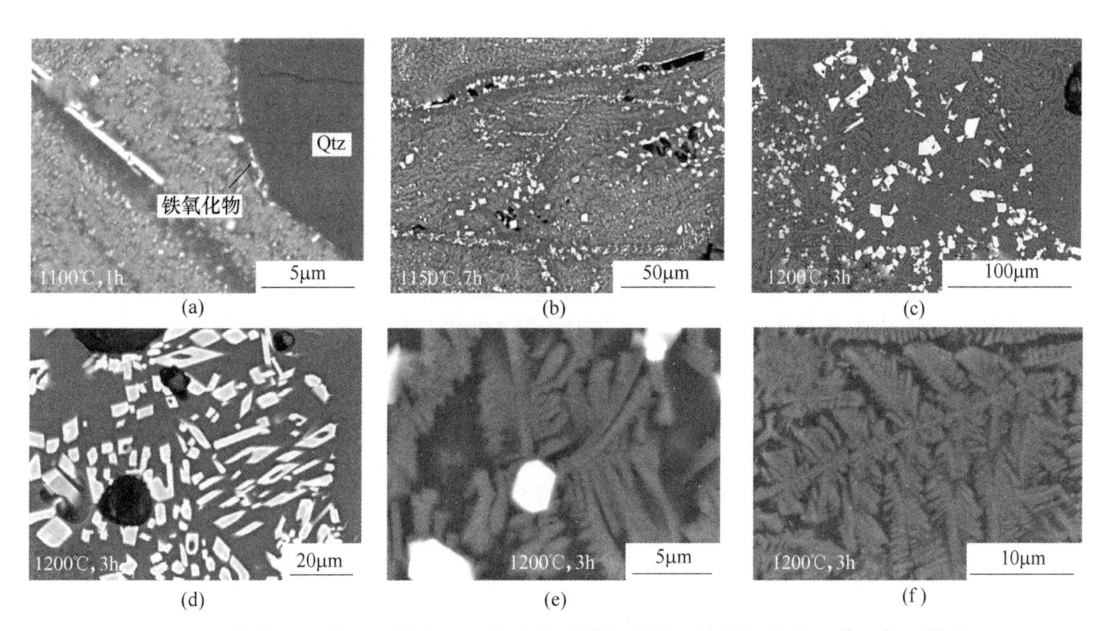

图 3-21 镁角闪石熔融重结晶过程中形成的铁氧化物、铁钛氧化物和普通辉石枝晶

(a)，(b) 铁氧化物的生长位置受矿物界面和裂隙位置控制；(c)，(d) 在合适的过冷度条件下，铁氧化物和铁钛氧化物长成自形、粒径较大的晶体；(e)，(f) 在高的过冷度下，普通辉石呈枝晶生长

3.5 物相重构的基本原理

固态相变的研究涉及热力学、动力学和晶体学。相变热力学可预测相变的方向和相变的产物；相变动力学可预测相变的过程；而相变晶体学可预测母相与相变产物之间的晶体学取向关系以及相变产物可能的形貌[50]。因此，固态相变的研究对于新材料成分和工艺的设计具有重要的理论指导意义。

材料性能取决于成分和显微结构。材料中原子排列方式的不同以及由此导致的微观组织的差异决定了材料的宏观物理性能不同。在矿物材料制备过程中，矿物原料的化学成分、矿物成分和粒度以及新生成的矿物相的类型都会导致产品的显微结构发生变化，如不同矿物颗粒间的接触关系、孔的大小和连通性、软硬矿物的含量比例等。

相变是改变材料性能的重要途径[50]。在对材料形成过程中经历哪些相变过程，这些相变过程都是在什么条件下发生的，这些矿物相变的机理和相变特征进行详细研究的基础上，通过加热（温度、速度、保温、时间）和冷却（速度）过程的控制，实现人工干预，从而达到预期的性能。

用于矿物材料制备的共伴生资源而言，其用途、用法、用量等技术开发要素，除受矿床学类型和颗粒分布形态影响外，起决定性作用的因素，应主要体现在如下几个方面[51]：(1) 矿物的化学成分、矿物成分和有害杂质含量等物质组成特点；(2) 化学键型、浆体结构、表面状态等物理化学特性；(3) 可磨性、可熔性、可溶性、可烧结性等工艺技术性能；(4) 强度、坚固性、化学稳定性等应用性能。所有这些因素，归根结底，将取决于矿物组成。在矿物材料研发过程中，主要通过物相重构获得目标体系，从而获得目标产品性能。要实现物相重构，主要从以下3个方面着手：化学组分重构、矿物成分重构、粒度重构等。

3.5.1 化学组分重构

自然界中每一种物质都有其独特的组成，物质中元素含量和种类，化合物形式以及赋存矿物等都会对材料的制备工艺和材料性能产生影响。在对参与不同体系相变的每个化学组分进行详细了解的基础上，通过理论计算和经验总结，不断逼近物质理想状态下化学组成的过程，称为化学成分重组。硅是地壳中除氧之外最常见的元素，与氧结合形成各种硅酸盐矿物。地壳中90%以上为硅酸盐矿物，储量巨大，且类型丰富。硅酸盐矿物的化学成分重构具有代表性。

在高温物相重构中，硅酸盐熔体受化学成分的影响而具有明显差异，从而影响结晶物质的性能。硅酸盐熔体具有由硅氧四面体络阴离子构成的三维空间网络结构，而 $[SiO_4]^{4-}$ 四面体是天然硅酸盐熔体的基本结构单元[52]。熔体中由 $[SiO_4]$ 相连的网络结构的完整程度，是决定黏度的最基本的因素[53]。若在化学组成中添加其他成分，如加入碱金属氧化物后，破坏了 $[SiO_4]$ 网络结构，则随着O/Si的摩尔比增加，黏度随之下降[53]。Al^{3+}在硅酸盐中能取代 $[SiO_4]^{4-}$ 进入网络结构，或者置换网络中的 Si^{4+}[53]。在硅酸盐体系中，Al_2O_3 与 SiO_2 的比值可以影响体系进行物相重构的温度范围，进而影响熔体的性质[53]。Al_2O_3 的含量增加将使熔体在高温下具有较高的黏度。碱金属氧化物由于键力小，在熔体中会解离为阳离子和 O^{2-} 阴离子，使熔体中 O^{2-} 的浓度增大，从而破坏了原来的硅氧比，使阴离子聚合体解聚[53]。

化学成分对材料的性能有重要影响，化学成分重构是优化制备工艺，改善材料性能的基本手段。如在陶瓷材料中，SiO_2 主要以“半安定方石英”“残余石英颗粒”、熔解在玻璃相中的“熔融石英”，以及在莫来石晶体和玻璃态物质中的结合状态存在，是瓷的主要成分，一般用量很高，直接影响瓷的强度及其他性能。但如果 SiO_2 含量超过75%接近80%，瓷器烧制后热稳定性变坏，易出现自形炸裂现象。Al_2O_3 主要从长石和高岭土引入，也是瓷的主要成分，一部分存在于莫来石晶体中，另一部分溶于熔体中以玻璃相存在，可以提高瓷的化学稳定性与热稳定性、物理化学性能和机械性能，以及白度。Al_2O_3 含量过多会提高瓷的烧成温度，若过少，则瓷坯易于熔融和变形。这就使得陶瓷原料各化学成分之间存在一定的比例关系。其中，SiO_2/Al_2O_3 比值被证实，在一定程度上能反应陶瓷烧结温度和产品性能（图3-22）。另外，K_2O 与 Na_2O 主要以长石引入，它们也是瓷的主要成分，起到助熔的作用，在玻璃相中提高透明度。一般瓷中 K_2O 和 Na_2O 这两种成分的含量控制在5%以下为宜，否则会急剧降低瓷的烧成温度和热稳定性。碱土金属氧化物（CaO、MgO等）可以相对地提高瓷的热稳定性和机械强度，提高白度和透明度，改进瓷的色调，减弱铁、钛的不良着色影响。着色氧化物（Fe_2O_3 和 TiO_2），瓷中含量很少，但是有害影响却很大，可使瓷被着色呈不好的色泽，影响其外观品质。

化学成分重组并不是简单的化学成分的叠加，需要考虑在相变过程中复杂的中间相的形成和稳定区间。如硅酸盐水泥的成分的大致范围（质量分数）是62%~67%的CaO、20%~24%的 SiO_2、4%~7%的 Al_2O_3 和2.5%~6%的 Fe_2O_3。但硅酸盐水泥成品中这些氧化物并不单独存在，而是以30~60μm细小结晶体的形似组合成多种矿物的集合

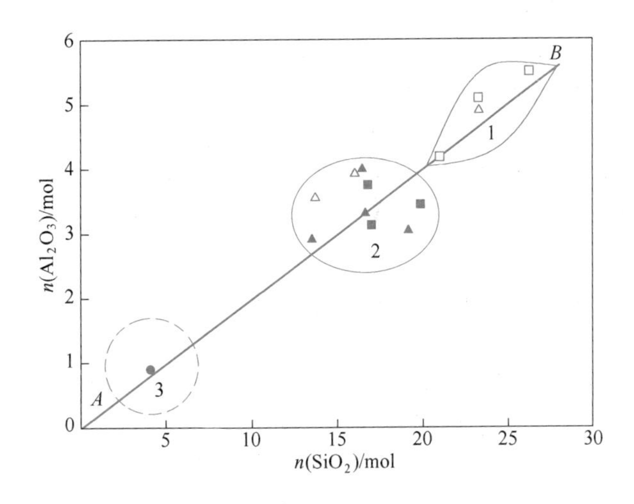

图 3-22 $n(SiO_2)/n(Al_2O_3)$ 关系图[54]

体。其中有 $3CaO \cdot SiO_2$（C_3S）、$2CaO \cdot SiO_2$（C_2S）、$3CaO \cdot Al_2O_3$（C_3A）和 $4CaO \cdot Al_2O_3 \cdot Fe_2O_3$（$C_4AF$），大致成分范围（质量分数）为 60%~87%的 C_3S、15%~37%的 C_2S、7%~15%的 C_3A 和 10%~18%的 C_4AF。CaO 是硅酸盐水泥的主要成分，用以保证水泥强度。但 CaO 若处于游离状态，则会在水泥硬化之后才与水缓慢反应并发生膨胀，这会增加水泥的内应力而降低强度，因此应该尽量使 CaO 进入 C_3S 或 C_2S。SiO_2 也是硅酸盐水泥的主要成分，用以生成 C_3S 和 C_2S，其含量应与 CaO 适当配合，以保证水泥强度的实现。SiO_2 含量的提高有利于水泥的抗腐蚀性能，但在施工过程中会降低水泥硬化和强度提高的速度。Al_2O_3 和 Fe_2O_3 主要生成 C_3A 和 C_4AF。Al_2O_3 有利于提高水泥的硬化速度，但会降低其抗腐蚀的能力。Fe_2O_3 则不利于提高水泥硬化速度，但有利于提高其抗硫酸腐蚀的能力。这两种氧化物的含量过多会推进煅烧生产时液相的生成，不利于煅烧加工。制造硅酸盐水泥的主要原料成分主要为 $CaCO_3$ 的天然石灰石和含有 SiO_2、Al_2O_3、Fe_2O_3 等组分的黏土。中国天然黏土原料中铝含量较高，而铁含量较低，因此配料时还需要加入铁质原料以及硅质原料，以矫正成分。在了解了各个组成所起的作用后，可进行更好的工艺流程设计。

3.5.2 矿物成分重构

矿物是自然产出且内部质点（原子、离子）排列有序的均匀固体。因为晶体结构和成分的差异，各种矿物具有显著的物性特征。同时，在材料制备过程中，矿物与溶液之间，矿物与矿物之间发生多种相变反应，改变原有矿物的性质或形成新的矿物。矿物成分重构是在对参与不同体系相变的每个化学组分、矿物成分进行详细了解的基础上，通过理论计算和经验总结，获得物相转变的基本原理，从而改变原料组成，使产物中矿物成分不断逼近物质理想状态下矿物组成的过程。

比如，熔融重结晶是物相重构的一种重要方式。在地质学和结晶学中，熔融重结晶指已经存在的矿物在高温环境中局部或全部熔融形成熔体，这些熔体在降温过程中，根据饱文反应系列和熔体成分依次结晶，形成新矿物的过程。新生矿物的类型、粒径、性能等决定了材料的性能。这就可以在确定目标产物性能要求的前提下，倒推实现目标产物的物相组成，倒推实现这些物相组成需要的工艺，从而获得原材料的矿物组成，进而科学指导原料配备和材料制备工艺，节约能源和时间，从而实现最大效能。

硅酸盐是常见的矿物，不仅存在于地球的土壤和沉积物中，也存在于星际空间。硅酸盐矿物因其通用性和吸收能力，在许多技术领域得到了广泛的研究。本书以陶瓷材料为例进行讨论。

陶瓷制备过程中矿物成分重构需要同时考虑熔融前和熔融后重结晶物相形成两个方面。首先，在熔融之前，主要考虑材料的可塑性和稳定性。如石英是作为瘠性原料使用的，在烧成前可对泥料的可塑性起调节作用，能降低坯体的干燥收缩，缩短干燥时间并防止坯体变形；在烧成时，石英的加热膨胀可部分抵消坯体收缩的影响。其次，在高温熔融过程中，需要考虑矿物的熔点和在熔体中所起的作用。如石英能部分熔融成液相，增加熔体的黏度，而未熔解的石英颗粒，则构成坯体的骨架，可防止坯体发生软化变形等缺陷。长石，具有较低的熔化温度、较宽的熔融范围、较高的熔融液相黏度和良好的熔解其他物质的能力；长石熔体填充于各结晶颗粒之间，有助于坯体致密和减少空隙。同时，也需要考虑矿物在升温过程中失水、脱气的过程，如透闪石常作为釉面砖的主要原料使用，适用于快速烧成，但因晶体结构中含有少量结晶水，因此可能不适应一次低温快烧；方解石能和坯料中的黏土及石英在较低温度下起反应，缩短烧成时间，在制造石灰质釉陶器时，方解石的用量可达10%~20%，制作软质瓷器时为1%~3%。方解石在釉料中是一个重要原料，但如果在釉料中配合不当，则易出现乳浊（析晶）现象，单独做熔剂时，在煤窑或油窑中易引起阴黄、吸烟。另外，需要对熔融重结晶体系进行系统考察，相图可以帮助我们很好地理清各物相之间的关系，推测物相出现所需的条件。例如，通过石英、角闪石和少量赤铁矿构建透辉石-钙长石体系，在 Di-An 二元体系相图中（图 3-6）[12]，透辉石和钙长石以一定顺序结晶析出。在细陶瓷坯体中加入少量滑石，可加速莫来石晶体的形成。当然，这个过程也与环境因素密切相关，如长石熔体经快速冷凝形成大量玻璃基质，可增加透明度，在相对缓慢的环境中，可结晶形成新的长石相和部分石英，有助于瓷坯的力学强度和电气性质的提高。

由此可见，在制备以硅酸盐为主的陶瓷材料中，必须根据各个矿物的特征和所起的作用，进行矿物成分重构，合理调配产品制备所需的原料，合理设计烧成工艺，才能制备出美观、性能优异的陶瓷产品。

3.5.3 粒度重构

3.5.3.1 粒度重构原理

在粉体材料的制备过程中，调整颗粒级配（即不同粒度组成的散状物料中各级粒度所占的数量百分数），实现颗粒的最紧密堆积，从而使得材料密实，能获得更稳定的性能。如：将充分分散的超细颗粒（硅灰）填充到水泥颗粒堆积体系的孔隙中，能够有效地置换出混凝土里的空气和水、优化孔分布，从而提高其密实度，获得具有更高强度和更优异耐久性的水泥基材料（图 3-23）[55]。研究人员发现对于水泥基材料而言，其密实度越高，孔隙率越低，性能越好。

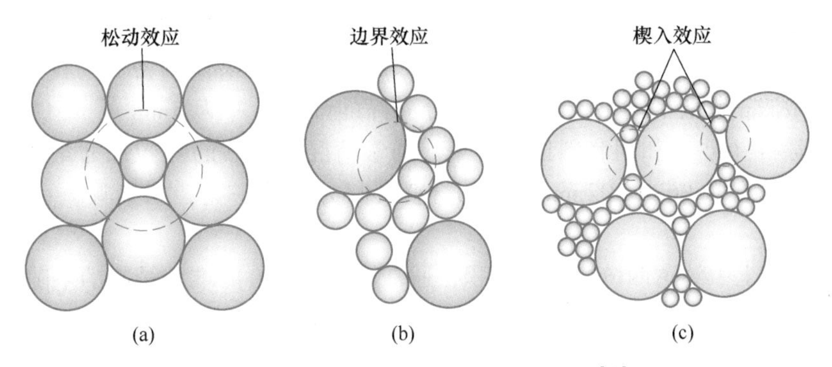

图 3-23　混凝土中颗粒存在的主要作用[55]
（a）松动效应；（b）边界效应；（c）楔入效应

研究人员经过多年的努力，建立了多种颗粒堆积模型。相比于数学领域中仅考虑简单的球体堆积，水泥基材料的原材料组分的颗粒形状复杂、颗粒之间又存在多种相互作用，获得紧密堆积结构更加困难。1907 年，Fuller 和 Thompson 最早研究骨料的连续颗粒级配，他们发现当混凝土内骨料颗粒的整体粒径满足 Fuller 模型时孔隙率最小。在此基础上，Talbot 和 Richart[56] 以及 Andreasen[57,58] 进一步修正 Fuller 模型，提出了修正的安德森模型（MAAM）：

$$P(D_i) = \frac{D_i^q - D_{min}^q}{D_{max}^q - D_{min}^q} \tag{3-2}$$

式中，$P(D_i)$ 为小于 D_i 的颗粒累积分数，%；D_i 为颗粒的粒径；D_{max} 为颗粒的最大粒径；D_{min} 为颗粒的最小粒径；q 为分配系数。

不同类型的混凝土设计采用不同的 q 值，q 值决定了配合比中粗骨料与细骨料之间的比例。

根据最小二乘法（LSM）的优化算法，调整混合物中每一种材料的比例，直到达到所组成的混合物与目标曲线之间的最佳配合为止。公式如下：

$$RSS = \sum_{i=1}^{n} [P_{mix}(D_i^{i+1}) - P_{tar}(D_i^{i+1})]^2 \tag{3-3}$$

式中，P_{mix} 为原材料间混合的配比；P_{tar} 为根据模型计算出的理想配比。

当由自定义的颗粒尺寸的残差平方和，即目标曲线和拟合曲线之间的偏差值是最小时，表示水泥基材料堆积密实度最大。MAAM 是当前应用最广泛的配合比设计方法，其基本步骤是：首先，选择原材料，确定选用的胶凝材料的种类以及细骨料的粒径，并且确定各组分的掺量范围，给定模型计算的边界值；然后，通过 MAAM 计算出各原材料组分的体积比，换算成各材料中原材料的含量；最后，根据经验初步确定水、减水剂掺量后根据材料性能进一步优化。

3.5.3.2　混凝土粒度重构

在混凝土制备过程中，细颗粒水泥和粗颗粒骨料之间粒度重构优化是提高性能的关键。

制备混凝土的骨料通常具有不同的颗粒尺寸，最大粒径一般在 10~50mm 之间，20mm

较为普遍。骨料粒径分布被称为级配。低等级的混凝土通常选用全系列尺寸的骨料，从最大到最小，这样的骨料被称为全级配或未过筛骨料。如果要制备更为优质的混凝土，较为普遍的做法是将骨料至少分为两级，分界筛的筛孔尺寸为 5mm 或 ASTM 的 4 号筛，这样就将细骨料（砂）和粗骨料区分开来。通常情况下，砂的颗粒尺寸最小为 0.07mm 或者更小。颗粒在 0.06~0.02mm 之间的材料可归为粉砂一类，如果颗粒更小就可称为黏土。

骨料在混凝土中约占四分之三的体积，通常情况下，松散堆积骨料的空隙率越大，拌和物的需水量越大。对于连续级配骨料，级配与总比表面积就会减少，需水量降低。不过，在使用比表面积估算需水量和和易性时存在一个缺陷，小颗粒［<150μm（ASTM 的 100 号筛）］通常起润滑作用，不需要像粗骨料那样润湿。另外，因为水泥水化初始于颗粒表面，所以水泥颗粒越细，水化反应速度越快，水化放热越快，凝结硬化速度越快，早期强度越高。但水泥颗粒过细，粉磨过程能耗高、成本高，而且过细的水泥硬化过程收缩率大，易引起开裂[59]。

其次，出于经济考虑，骨料所占相对体积通常会比较大，因为骨料比水泥浆体更便宜。但是，如果基于最大密度的考虑，骨料所占体积达到最大化，即使骨料颗粒之间的空隙最小化，新拌混凝土的和易性也很可能变差。提高水泥浆体的含量，使水泥浆体填充砂颗粒之间的空隙，水泥砂浆填充粗骨料之间的空隙，就会使混凝土和易性变好，这都源于细颗粒的润滑作用。但是，小颗粒越容易填充到大颗粒之间的空隙中，小颗粒就越容易产生孔洞，干硬后就越容易导致离析。实际情况下，为了使混凝土满足要求，就应防止粗骨料空隙中的砂浆里出现太多孔洞。另外，为了使混凝土达到良好的和易性，拌合物中的细颗粒（<125μm）含量必须达到表 3-1 规定的要求。表中所示的细颗粒包含骨料、水泥和其他填料颗粒，甚至引入气体的一般体积也可以这算成细颗粒，并纳入细颗粒的体积中。

表 3-1　混凝土拌合物中骨料粒径和细颗粒所占体积标准

骨料最大粒径/mm	细颗粒在混凝土中所占的绝对体积
8	0.165
16	0.140
32	0.125
63	0.110

提高骨料最大粒径，可以降低拌合物的用水量，但是，降低用水量往往会导致弱黏结和不均质区域的出现，从而使强度降低，对混凝土会产生不利影响。但在小于 40mm 范围内，降低混凝土用水量的有利影响占了主导。例如，对于水泥含量为 170kg/m³ 的贫混凝土，骨料最大粒径为 150mm 较为合适；而对于结构混凝土，出于截面尺寸和钢筋间距的考虑，骨料的最大粒径一般小于 25mm。

3.5.3.3　陶瓷坯料的粒度重构

在陶瓷材料制备中，颗粒组成是指黏土中含有不同大小颗粒的质量分数。在颗粒分析中，其细颗粒部分主要是黏土矿物的颗粒，而粗颗粒部分中大部分是杂质矿物颗粒，所以黏土原料的分级处理时，往往可以通过淘洗等手段，富集细颗粒部分，从而得到较纯的黏土。颗粒大小的不同，在工艺性质上也表现出很大的不同，由于细颗粒的比表面积大，其表面能也大，因此当黏土中细颗粒越多时，其可塑性越强，干燥收缩大，干后强度越高，并且在烧成时也易于烧结，烧后的气孔率越小，有利于成品的力学强度、白度和半透明度的提高。此外，黏土的颗粒形状和结晶程度也会影响其工艺性质，片状结构比纤维杆状结构的颗粒堆积致密、塑性大、强度高，结晶程度差的颗粒可塑性也不大。

3.6 重构计算

在对材料理想物质的化学组成、矿物组成和粒度组成需要有清晰理解的基础上，进行重构计算，可以获得材料制备所需的原料配比、制备工艺等。陶瓷材料的制备原料需求范围广、化学成分复杂、粒级配比要求严格，且烧制温度涉及常温到熔融的很宽的区间，受人为可操控性强。本书主要以陶瓷的重构计算为例来进行说明。

将开采的陶瓷原料用科学的方法按化学组成、颗粒组成分成若干个等级，使每个等级原料的化学组成、原料组成在一个规定的范围内波动，这就是原料的标准化、系统化。

在设计坯料配方时，应利用科学的理论及计算作为指导，采用科学的试验方法，借鉴他人成功的经验与失败的教训，参照国内外成熟的配料范围来进行。总体上遵循以下原则：(1) 化学组成要满足陶瓷制品的性能要求。应对原料的化学组成作充分分析和性能比较，找出各原料的性能特色，视其是否具备或接近制品所需的性能。(2) 所用原料的性能和配比要满足生产工艺及制品的最终性能要求。应考虑原料的纯度、成型性能、烧成性能、烧后的色泽及透明性、强度和热稳定性，有时在坯料的化学组成上做一定的改动，以满足制品的性能要求。(3) 要充分考虑企业的规划和生产条件。不能因配方的使用而大规模地改变现有的生产工艺和投入大量的资金来购买设备和技术改造。(4) 要考虑经济上的合理性。对原料要就地取材、量材使用、宁近勿远、物尽其用。

在了解各个组分在陶瓷中的作用以及所需要设计的坯、陶、瓷或釉的成分体系的基础上，可在开始试验前进行配料的计算。

3.6.1 化学组成与实验式

实验式表示法是以坯料中各种氧化物的物质的量之比来表示的，也称为坯式。若已知坯料的化学物质的量，即可计算成为实验式。具体方法如下（表 3-2）[60]：

(1) 第 1 栏是化学分析的氧化物质量百分数，其总和为 100%。若坯料中的化学物质的量包含灼减量成分，首先应将其换算成不含灼减量的化学物质的量（第 2 栏）。

(2) 第 3 栏是以各氧化物的质量分数分别除以其摩尔质量，得到各氧化物的物质的量，即各种氧化物在 100g 原料中的物质的量。

(3) 第 4 栏是以碱性氧化物或中性氧化物物质的量总和，分别除各氧化物的物质的量，即得到一套以碱性氧化物或中性氧化物物质的量为 1 的各氧化物的物质的量的系数。

(4) 第 5 栏是将上述各氧化物的物质的量值按 RO · R_2O_3 · R_2O 的顺序排列为化学式，即可得到所要求的实验式。

若已知坯料的实验式，也可通过下列步骤计算得到坯料的化学组成：

(1) 用实验式中各氧化物的物质的量分别乘以该氧化物的摩尔质量，得到各氧化物的质量。

（2）算出各氧化物质量的总和。

（3）分别用各氧化物的质量除以各氧化物质量的总和，可获得各氧化物所占质量的分数。

表 3-2 坯料实验式计算示例 （%）

项 目	第1栏	第2栏	第3栏	第4栏	第5栏
氧化物	质量分数	去灼减量	物质的量	系数	实验式
SiO_2	63.37	67.09	1.12	4.23	
Al_2O_3	24.87	26.33	0.28	0.96	
Fe_2O_3	0.81	0.86	0.01	0.02	
CaO	1.15	1.22	0.02	0.08	
MgO	0.32	0.34	0.01	0.03	0.0872K、O
K_2O	2.05	2.17	0.02	0.09	
Na_2O	1.89	2.00	0.03	0.12	
灼减	5.54				
合计	100	100			

3.6.2 配料量与实验式

在已知配料量时，可由坯料的实际配料量计算实验式。具体步骤如下：

（1）首先要知道所使用的各种原料的化学组成，即各种原料所含每种氧化物的质量分数，并把各种原料的化学组成换算成不含灼减量的化学组成。

（2）把每种原料的配料量（质量）乘以各氧化物的质量分数，即可得到各种氧化物质的量。

（3）将各种原料中共同氧化物的质量加在一起，得到坯料中各氧化物的总质量。

（4）以各氧化物的摩尔质量分别去除它的质量，得到各氧化物的物质的量。

（5）以中性氧化物的物质的量去除各氧化物的物质的量，即得到一系列以中性氧化物（R_2O_3）系数为1的一套各氧化物的系数。

（6）按规定的顺序排列各种氧化物，即可得到所要求的实验式。

由坯料的实验式计算其配料量时，首先必须知道原料的化学组成，其计算方法如下：

（1）将原料的化学组成计算成为示性矿物组成所要求的形式，即计算出各种原料的矿物组成。

（2）将坯料的实验式计算成黏土、长石及石英矿物的百分组成。在计算中，要把坯料实验式中的K_2O、Na_2O、CaO、MgO都粗略地归并为K_2O。

（3）用满足法来计算坯料的配料量，分别以黏土原料和长石原料满足实验式中所需要的各种矿物的数量，最后再用石英原料来满足实验式中实验矿物所需要的数量。

3.6.3 示性矿物与配料量

当已知坯料的矿物组成及原料的化学组成时，须先将原料的化学组成换算成原料的矿物组成，然后再进行配料计算。若已知坯料及原料的矿物组成，则可直接计算其配方。配方的计算，首先以黏土原料中的黏土矿物部分来满足坯料中所需要的矿物成分，然后将随黏土原料带入的长石矿物和石英矿物部分分别从所需求的百分数中减去，再分别以长石原料和石英原料来满足所需求的长石矿物和石英矿物。

当陶瓷产品的化学组成和采用的原料的化学组成均为已知，且采用的原料的化学组成比较纯净，采用上述两种方法计算虽可行，但有时遇到所用原料比较复杂时仍会不够准确。因为上述方法的计算中或以 CaO、MgO、Na_2O 统作为 K_2O 并入计算，或采用黏土、长石、石英原料的示性矿物组成作为计算基础，使计算产生较大的偏差。若以原料的化学组成的质量分数直接计算，则可以得到较准确的计算结果。

在计算过程中，可根据原料性质和成型的要求，参照生产的经验先确定一两种原料的用量，再按满足坯料化学组成的要求逐个计算每种原料的用量。在计算过程中要明确每种氧化物主要由哪种原料来提供。

以长石质瓷的示性矿物组成与实际配方为例：

示性矿物组成是指在能够成瓷的前提下，理论上的石英、长石、高岭土三种矿物的配合比例。这三种矿物在一定的比例配合下，于一定的温度范围内通过一系列的“物理-化学”作用，得到许多不同类型的瓷。

图 3-24 给出了主要瓷坯类型的组成范围和温度概况。图中所指的硬质瓷是一种类型的瓷，一方面它们的组成中高岭土含量较多，长石及其他助熔剂物质含量较少，成瓷温度较高，一般在 1350~1450℃之间或更高一些。另一方面，由于组成中的高岭土较多，加上烧成温度较高，因而莫来石含量也多，瓷及釉面的硬度也较其他的瓷高一些，所以称之为硬质瓷。软质瓷则与其相反，配方中的熔剂原料较多，烧成温度也较硬质瓷低，瓷质较软。

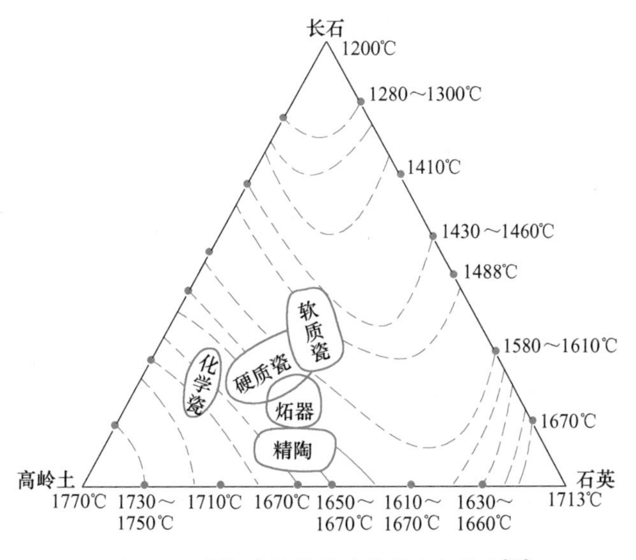

图 3-24　陶瓷成瓷范围及其耐火度分布[60]

我国瓷器的示性矿物组成范围一般为长石 20%~30%，石英 25%~35%，黏土物质 40%~50%，烧成温度在 1250~1350℃，有些南方的瓷厂可达到 1400℃左右。各种瓷器的示性矿物组成范围如图 3-25 所示。凡处于虚线圆圈区域内的组成均可成瓷，且范围较宽，针对不同类型的瓷坯，一般又分别集中在某一较小范围内。

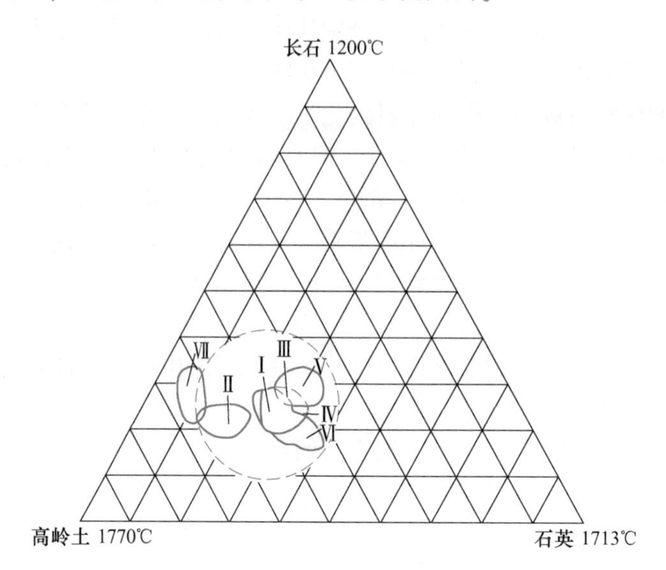

图 3-25 陶瓷的组成范围[60]

Ⅰ—餐茶具瓷；Ⅱ—耐热瓷；Ⅲ—艺术瓷；Ⅳ—半透明度的瓷；Ⅴ—软质瓷；Ⅵ—电瓷；Ⅶ—化学瓷

实际配方是在示性矿物组成的基础上，考虑具体原料与生产工艺条件等因素而制订的生产料方，应使用高岭土或烧后呈白色的其他黏土。为了考虑其成型性能，在使用高岭土的同时，必须使用一定数量的强可塑性的黏土。长石与石英的用量主要是根据瓷的性能而决定，其次应考虑到成型和干燥性能所要求的减黏作用。

瓷坯中的长石主要采用钾长石，它的特点是高温黏度大，而且随温度的变化其黏度变化速度慢，熔融范围宽，有利于瓷的形成，而且能保证在成瓷温度下提供足够的玻璃相，使坯体得以良好烧结，防止产品变形。钠长石的缺点是高温黏度小，流动性大，因而产品易于变形，烧成中不易控制，成瓷后的产品音韵沉哑；优点是利于晶体的发育生长，控制适当，会得到较好的效果。

由于自然界纯的钾长石较少，多数是钾钠长石的固溶体，因而实用的长石多少含有一定比例的钠长石，一般要求长石中纯钠长石的含量在30%以下。从化学成分上看，长石中的钾钠比应在3∶1以上。

工艺过程中，石英在低温下主要起减黏作用，降低坯体的收缩，利于干燥，防止变形。在高温下则参与成瓷反应，熔解在长石玻璃中，提高黏度，一部分残存下来，一部分转化成为方石英，构成骨架，提高强度。

除三种主要成分外，为了调整和改善瓷的性能，还可加入少量补充成分，如滑石、废瓷粉、磷酸盐物料等。

3.6.4 坯料性能的计算

经计算得到的坯料配方，在试验之前还应进行坯料性能的计算，从而能更好地指导试验，并在试验中及时对坯料组成作出合理的调整，确保坯料配方在工艺性能上可行、在制品性能上可靠。对坯料性能的探讨与计算，可采取的手段与措施较多，下面简单介绍几种常用的性能计算方法。

3.6.4.1 酸度系数的计算

酸度系数（$C \cdot A$）是指坯料配方以实验式表示时的酸性氧化物物质的量和碱性氧化物、中性氧化物物质的量总和的比值，又称酸度或酸值。工艺上常按下式计算：

$$C \cdot A = RO_2/(R_2O + RO + 3R_2O_3)$$

酸度系数越大，通常表明坯体烧成时易于软化，容易产生变形，烧成温度较低，制品的透明性提高，但脆性也将增加，热稳定性降低。酸度系数接近1，表明其在煅烧时更加稳定。

3.6.4.2 烧成温度的计算

坯料的烧成温度可以在实验室中测定，也可以在窑炉中试烧时测定，现介绍烧成温度的两种经验计算方法。

第一种经验计算方法是：

$$T_{烧} = (360 + Al_2O_3 - RO)/0.288 \tag{3-4}$$

式中，$T_{烧}$为坯体烧成温度的计算值，℃；Al_2O_3 为坯料化学组成中 Al_2O_3 与 SiO_2 总量为100%时 Al_2O_3 的质量分数；RO 为坯料化学组成中 Al_2O_3 与 SiO_2 总量为100%时所有熔剂氧化物的质量分数。

第二种经验计算方法是：

$$T_{烧} = (0.8 \sim 0.9)T_{耐} \tag{3-5}$$

$$T_{耐} = 5.5A + 1534 - (8.3F + 2\sum M)(30/A) \tag{3-6}$$

式中，$T_{烧}$为坯料烧成温度的计算值，℃；$T_{耐}$为坯料耐火度的计算值，℃；A 为无灼减量的坯料化学组成中 Al_2O_3 的质量分数；F 为无灼减量的坯料化学组成中 Fe_2O_3 的质量分数；$\sum M$ 为无灼减量的坯料化学组成中所有熔剂的质量分数。

本 章 小 结

相是物质不同的存在状态，在外界环境改变时，物质的状态随之改变的过程称为相变过程。在矿物材料制备过程中，温度是影响其发生相变的主要因素，在低温主要在固液界面处发生水化作用，在中低温发生固-固相变，在中高温过程中主要为固-液相变。了解各个化学成分和矿物成分在材料成型中的作用和危害，可根据需要进行人为调整，获得高性能的材料。根据物相重构的基本原理，借助当今计算机等先进手段，可对材料的最佳配比进行计算，对材料的性能进行预估。

思 考 题

(1) 现在已知一坯料的实验式如下，请计算其化学组成。

$$\left.\begin{array}{l}0.1986K_2O\\0.1093Na_2O\\0.4173CaO\\0.2686MgO\\0.0062MnO\end{array}\right\}\left.\begin{array}{l}0.9440Al_2O_3\\0.1518Fe_2O_3\end{array}\right\}\begin{array}{l}4.0968SiO_2\\0.0628TiO_2\end{array}$$

(2) 请计算该坯料的烧成温度，并预测其稳定性。

参考文献

[1] 徐祖耀. 材料相变 [M]. 北京：高等教育出版社，2013.

[2] 顾从越. ××油藏 CO_2驱超声波测试实验研究 [D]. 成都：西南石油大学，2016.

[3] 胡锦锋. 地幔 660km 间断面和 “D” 间断面的精细结构研究 [D]. 杭州：浙江大学，2019.

[4] Aranovich L Y, Makhluf A R, Manning C E, et al. Dehydration melting and the relationship between granites and granulites [J]. Precambrian Research, 2014, 253: 26-37.

[5] David J, Lowell J. Lateral and vertical alteration-mineralization zoning in porphyry ore deposits [J]. Economic Greology, 1970, 63: 373-408.

[6] 陈华勇，吴超. 俯冲带斑岩铜矿系统成矿机理与主要挑战 [J]. 中国科学：地球科学，2020, 50 (7): 865-886.

[7] Foley S F, Buhre S, Jacob D E. Evolution of the Archaean crust by delamination and shallow subduction [J]. Nature, 2003, 421 (6920): 249-252.

[8] Hedenquist J W, Arribas A. Exploration implications of multiple formation environments of advanced argillic minerals [J]. Economic Geology, 2022, 117 (3): 609-643.

[9] Sillitoe R H. Porphyry copper systems [J]. Economic Geology, 2010, 105 (1): 3-41.

[10] Sen G. Petrology-Principles and Practice [M]. Verlag Berlin Heidelberg: Springer, 2014.

[11] 国家自然科学基金委员会，中国科学院. 未来 10 年中国学科发展战略——材料学 [M]. 北京：科学出版社，2012.

[12] 桑隆康，马昌前. 岩石学 [M]. 北京：地质出版社，2012.

[13] Blatt H, Tracy R J. Petrology: Igneous, Sedimentary, and Metamorphic [M]. 2nd ed. New York: Freeman, 1996.

[14] Sen G. Petrology—Principles and Practice [M]. Berlin: Springer, 2014.

[15] 徐夕生，邱检生. 火成岩岩石学 [M]. 北京：科学出版社，2010.

[16] Bowen N L. The melting phenomena of the plagioclase feldspars [J]. American Journal of Science, 1913, 35 (210): 577-599.

[17] Yoder H S. Generation of Basaltic Magma [M]. Washington, DC: The National Academies Press, 1976.

[18] Bowen N L, Anderson O. The binary system $MgO-SiO_2$ [J]. American Journal of Science, 1914, 37: 487-500.

[19] Schairer J F, Bowen N L. The system leucite-anorthite-silica [J]. Geol Soc Finland Bull, 1947, 20: 67-87.

[20] Bowen N L. The crystallization of haplobasaltic, haplodioritic, and related magmas [J]. American Journal of Science, 1915, 40 (236): 161-185.

[21] 潘金生. 材料科学基础 [M]. 北京：清华大学出版社，1998.

[22] 罗谷风. 结晶学导论 [M]. 2 版. 北京：地质出版社，2010.

[23] Teng H H. How ions and molecules organize to form crystals [J]. Elements, 2013, 9 (3): 189-194.

[24] Kinnunen P, Ismailov A, Solismaa S, et al. Recycling mine tailings in chemically bonded ceramics—A review [J]. Journal of Cleaner Production, 2018, 174: 634-649.

[25] 徐祖耀，江伯鸿. 形状记忆材料 [M]. 上海：上海交通大学出版社，2000.

[26] Luttge A, Arvidson R S, Fischer C. A stochastic treatment of crystal dissolution kinetics [J]. Elements, 2013, 9 (3): 183-188.

[27] Putnis A. Mineral replacement reactions: from macroscopic observations to microscopic mechanisms [J]. Mineralogical Magazine, 2002, 66 (5): 689-708.

[28] Altree-Williams A, Pring A, Ngothai Y, et al. Textural and compositional complexities resulting from coupled dissolution-reprecipitation reactions in geomaterials [J]. Earth-Science Reviews, 2015, 150: 628-651.

[29] de Ruiter L, Putnis C V, Hövelmann J, et al. Direct observations of the coupling between quartz dissolution and Mg-silicate formation [J]. ACS Earth and Space Chemistry, 2019, 3 (4): 617-625.

[30] Li Y L, Huang F, Gao W Y, et al. Experimental study of dissolution-alteration of amphibole in a hydrothermal environment [J]. Acta Geologica Sinica (English Edition), 2019, 93 (6): 1933-1946.

[31] 黄菲，黎永丽，张志彬，等. 一种水热条件下制备皂石晶体的方法 [P]. CN108946749A, 2021.

[32] Li Yongli, Huang Fei, Gao Wenyuan, et al. Experimental study of dissolution-alteration of amphibole in a hydrothermal environment [J]. Acta Geologica Sinica (English Edition), 2019, 93 (6): 1933-1946.

[33] Klein F, Le Roux V. Quantifying the volume increase and chemical exchange during serpentinization [J]. Geology, 2020, 48 (6): 552-556.

[34] Renard F. Reaction-induced fracturing: When chemistry breaks rocks [J]. Journal of Geophysical Research-Solid Earth, 2021, 126 (2): 1-5.

[35] Zheng X J, Cordonnier B, Zhu W L, et al. Effects of confinement on reaction-induced fracturing during hydration of periclase [J]. Geochemistry Geophysics Geosystems, 2018, 19 (8): 2661-2672.

[36] 张巨松. 混凝土原材料 [M]. 哈尔滨：哈尔滨工业大学出版社，2019.

[37] Gaboreau S, Prêt D, Montouillout V, et al. Quantitative mineralogical mapping of hydrated low pH concrete [J]. Cement and Concrete Composites, 2017, 83: 360-373.

[38] Thissen P. Exchange reactions at mineral interfaces [J]. J Langmuir: The ACS Journal of Surfaces, 2020, 36: 10293-10306.

[39] Thissen P. Exchange reactions at mineral interfaces [J]. Langmuir, 2020, 36 (35): 10293-10306.

[40] Liu C J, Ma H W, Gao Y. Hydrothermal reaction of K-feldspar powder in NaOH-$CaOH_2$ mixed medium [J]. Asia-Pacific Journal of Chemical Engineering, 2019, 14 (1): 2280.

[41] Martin-Jimenez D, Chacon E, Tarazona P, et al. Atomically resolved three-dimensional structures of electrolyte aqueous solutions near a solid surface [J]. Nature Communications, 2016, 7 (1): 12164.

[42] Sugiura M, Sueyoshi M, Seike R, et al. Hydrated silicate layer formation on mica-type crystals [J]. Langmuir, 2020, 36 (18): 4933-4941.

[43] 白志民. 硅酸盐物理化学 [M]. 北京：化学工业出版社，2017.

[44] Grant T B, Harlov D E. The influence of NaCl-H_2O fluids on reactions between olivine and plagioclase: An experimental study at 0. 8GPa and 800—900℃ [J]. Lithos, 2018, 323: 78-90.

[45] Li Y L, Huang F, Gao W Y, et al. Raman spectroscopy and XPS study of the thermal decomposition of Mg-hornblende into augite [J]. Journal of Raman Spectroscopy, 2022, 53 (4): 820-831.

[46] 余志伟. 矿物材料与工程 [M]. 长沙：中南大学出版社，2012.

[47] Della V G, Mihailova B, Susta U, et al. The dynamics of Fe oxidation in riebeckite: A model for amphiboles [J]. American Mineralogist, 2018, 103 (7): 1103-1111.

[48] 刘国权. 材料科学与工程基础. 下册 [M]. 北京：高等教育出版社，2015.

[49] Vetere F, Iezzi G, Behrens H, et al. Glass forming ability and crystallisation behaviour of sub-alkaline

silicate melts [J]. Earth-Science Reviews, 2015, 150: 25-44.
[50] 郭正洪. 固态相变动力学及晶体学 [M]. 上海: 上海交通大学出版社, 2019.
[51] 于学峰. 我国黄金矿山尾矿资源的综合利用 [M]. 北京: 地质出版社, 2013.
[52] 陈骏. 地球化学 [M]. 北京: 科学出版社, 2004.
[53] 池至铣. 陶瓷釉色料及装饰 [M]. 北京: 中国建材工业出版社, 2015.
[54] Liu R, Huang F, Du R X, et al. Recycling and utilisation of industrial solid waste: An explorative study on gold deposit tailings of ductile shear zone type in China [J]. Waste Management & Research, 2015, 33 (6): 570-577.
[55] 王鑫鹏. 基于最紧密堆积理论的生态型超高性能混凝土设计和评价 [D]. 武汉: 武汉理工大学, 2018.
[56] Talbot A N, Richart F E. The strength of concrete, its relation to the cement aggregates and water [J]. Illinois Univ Eng Exp Sta Bulletin, 1923.
[57] Andreasen A J K-Z. Ueber die Gültigkeit des Stokes'schen Gesetzes für nicht kugelförmige Teilchen [J]. 1929, 48: 175-179.
[58] Andreasen A J K-Z. Ueber die Beziehung zwischen Kornabstufung und Zwischenraum in Produkten aus losen Körnern (mit einigen Experim enten) [J]. 1930, 50 (3): 217-228.
[59] A·M·内维尔, J·J·布鲁克斯. 混凝土技术 [M]. 北京: 中国建筑工业出版社, 2014.
[60] 马铁成. 陶瓷工艺学 [M]. 2 版. 北京: 中国轻工业出版社, 2011.

4 矿产共伴生资源制备胶凝材料

本章课件

本章提要

本章主要介绍利用金属矿共伴生资源制备混凝土辅助胶凝材料、烧制硅酸盐水泥熟料、碱激发尾砂胶凝材料的原理和方法。

胶凝材料是指在物理、化学作用下，能从浆体变成坚固的石状体，并能胶结其他物料，制成一定机械强度的复合固体的物质。混凝土是建筑领域最为常见的建筑材料，由胶凝材料、骨料（石子和砂子）和水按一定比例配制而成。近年来建筑市场的巨大需求推动了砂石市场的快速发展，然而持续过度地开采导致天然砂石资源逐渐减少，成本走高，利润低。同时，为了维护自然景观，保护生态平衡，我国已经大规模禁止石英砂开采。这些导致了近些年天然砂石供给量无法满足市场需求。鉴于此，国内外科研院所及企业开展了利用尾砂替代天然砂的理论和应用研究。

目前主要使用铁尾矿来替代天然河砂，因为相较于其他尾砂，铁尾砂硬度较高，其粒径更接近部分天然河砂和机制砂，可以作为骨料掺入混凝土中。有研究表明，利用粒径小于 1mm 的铁尾砂替代天然河砂作为细骨料可以制备出 28 天强度达到约 40MPa 的混凝土。基于对骨料级配的优化，铁尾砂和机制砂复合使用作骨料不但可以满足混凝土对材料的要求，而且稳定性要优于铁尾砂与天然河砂复合，更利于对混凝土质量的把控。马钢姑山铁矿、上海梅山铁矿、江苏吉山铁矿、首钢大石河铁矿等一些矿山，结合自身选矿工艺、当地资源情况将尾砂外销，用于替代天然砂生产混凝土等建筑材料，取得了一定的经济效益。例如马钢姑山铁矿把 4~12mm 粗尾砂外销，用于民用和工业建筑用混凝土及井巷支护混凝土的骨料，把小于 0.5mm 细尾砂用来代替黄沙。

然而，需要注意的是，尾砂细骨料具有颗粒棱角分明、形状不规则、含有不少针片状颗粒以及吸水率较大等特征。采用尾砂细骨料配制的混凝土拌合物黏聚性与保水性不如天然砂混凝土，容易造成混凝土拌合物坍落度经时损失过大等问题。同时，尾砂中可能残留一些选矿药剂和絮凝剂，这些化学物质可能会对混凝土性能造成一定影响。此外，有些尾砂中还可能含有硫化矿物（如磁铁矿、黄铁矿等），容易与氧气和水反应生成硫酸根离子，进而影响水泥的水化和最终的水化产物，因此在使用前需要开展详细的性能测试和评估。

4.1 尾砂制备混凝土辅助胶凝材料

4.1.1 混凝土的组成

混凝土是一种人造材料，由于其原材料来源丰富、造价低廉、性能可以按照需要调整、塑型方便、力学性能优异、耐久性良好及维护费用较低等不可取代的优点，已成为目前世界上最主要的土木工程材料，在建筑、道路、桥梁、隧道及铁路等基础建设中用量巨大，是国家经济和社会发展的基础原材料。

传统的混凝土由胶凝材料、粗骨料、细骨料和水四种基本材料组成，其中胶凝材料为水泥的混凝土称为水泥混凝土，水泥混凝土是土木工程中应用最广泛的混凝土，其中的水泥以通用硅酸盐水泥为主。随着材料科学的发展，以及实际工程对混凝土越来越高的要求，混凝土中相继出现了第五组分和第六组分。第五组分通常为化学产品，因此称为化学外加剂，第六组分通常为矿物材料，因此称为矿物外加剂，两者均用于改善混凝土性能。矿物外加剂以内掺为主，取代一部分水泥，辅助水泥发挥胶凝作用，因此矿物外加剂又被称为混凝土辅助胶凝材料。

4.1.2　混凝土辅助胶凝材料

水泥是混凝土主要胶凝材料，随着建设规模的不断增加，水泥产量逐步提高，2019 年中国水泥产量达到 23.3 亿吨，占全球水泥总产量的 57%，已连续 20 多年居世界首位[1]，预计 2050 年全球水泥总产量将在 36.9 亿～50 亿吨，相当于 2010 年全球水泥产量的 2.5 倍[2]。

水泥工业具有高能耗和高排放的特征，生产水泥需要消耗大量的电力和煤炭；水泥生产会造成 CO_2 的排放，每生产 1t 水泥约有 1t 的 CO_2 排出，水泥工业 CO_2 排放量约占全球 CO_2 总排放量的 7%[3]，CO_2 的大量排放，会导致温室效应，引起气候变暖；同时还有 SO_2 的排放，SO_2 的排放会导致酸雨和硫酸雾等灾害性天气，对生态环境和人体健康造成严重的威胁[4]。由此可见，水泥工业在一定程度上出现了不可持续性，低碳环保已成为水泥产业的重要课题，基于水泥混凝土材料体系的特点，减少水泥用量有利于水泥工业的节能减排。

随着工业生产的发展，工业固体废弃物的堆存量逐年增加，堆存这些废弃物会占用土地，污染环境，因此，工业固体废弃物的资源化，对于工农业发展及人类的生存环境都有着直接的影响。工程实践证明，粉煤灰、矿渣及硅粉等工业废渣类材料均可以作为混凝土辅助胶凝材料，取代一部分水泥制备混凝土。这些材料在混凝土中的应用，不仅消纳了大量工业废渣，提高了固废的资源化力度，同时也降低了混凝土中水泥的用量，并改善了混凝土的性能。

混凝土辅助胶凝材料的作用机理主要体现在以下三个方面：

（1）活性效应。辅助胶凝材料的活性主要来源于其中的活性成分对石灰的吸收，其主要活性成分是无定形的 SiO_2，此外还会有一定数量的活性 Al_2O_3。活性 SiO_2 和活性 Al_2O_3 与水泥熟料矿物 C_3S 和 C_2S 的水化产物 $Ca(OH)_2$ 发生反应，即二次水化反应，生成水化硅酸钙等水化产物。二次水化反应消耗了混凝土界面过渡区一部分定向排列的薄弱的 $Ca(OH)_2$ 晶体，改善水泥石与骨料之间的界面，提高混凝土强度。

（2）填充效应。辅助胶凝材料均为粉体材料，其颗粒粒径较水泥颗粒粒径小，可以进一步填充水泥颗粒之间的空隙，即微集料效应；同时，能够填充水泥石和界面过渡区的孔隙，使混凝土基体更加密实，减小孔隙率，改善孔结构，从而提高硬化混凝土的性能。

（3）形态效应。一些颗粒成球状且表面光滑的辅助胶凝材料，如粉煤灰，在混凝土拌和物中具有滚珠的作用，减少混凝土拌和物内部颗粒之间的摩擦阻力，从而提高拌和物的流动性；同时，微细颗粒均匀分布在水泥颗粒之间，阻止水泥颗粒凝聚，也可以改善混凝土拌和物的流动性。

4.1.3 硅质铁尾砂粉辅助胶凝材料的制备原理

铁尾砂化学成分主要有硅、铝、钙、镁的氧化物和少量钾、钠、铁、硫的氧化物，与许多建筑材料的成分十分相近，这就为其在建筑材料领域的广泛应用提供了前提条件。铁尾砂的矿物成分主要是结构稳定的脉石矿物，如石英、长石、辉石、石榴子石及角闪石等，几乎没有活性。

硅质铁尾砂是存在量较大的铁尾砂之一，其主要化学成分是 SiO_2，同时含有少量的 Al_2O_3，主要矿物成分是石英，就其成分而言，具备作为混凝土辅助胶凝材料的条件，但是这种尾砂常温条件下是惰性的，不具备辅助胶凝材料所要求具有的潜在水硬性或火山灰性，同时原状尾砂也不满足辅助胶凝材料的粒度要求。无机材料化学反应活性的高低主要取决于其结构的稳定性，一般而言，微观结构缺陷多、晶体的晶格畸变多或组分呈无定形状态的材料，其化学反应活性高，因此当硅质铁尾砂的主要矿物结晶不完全，并存在一定无定形物质时，其活性会有较大增加。

机械力化学作用可以通过改变物质的形态及结构而使其活化，机械力通常是粉碎和细磨过程中的冲击和研磨作用力。固体颗粒在机械力的作用下，不仅颗粒的尺寸逐渐变小、比表面积不断增大，其内部结构、物理化学性质及化学反应性也会相应地产生变化，即出现晶体物质的晶格缺陷、晶格畸变及结晶度降低，甚至使其变为无定型物质，从而导致固体物质形态变化，化学活性提高，降低和其他物质的反应条件，甚至诱发新的化学反应，使在普通条件下不能发生的反应也能够发生，也就是说，固体物质因受到机械力作用（如研磨、冲击、压力等）而被激活（或称为活化）。

研究表明[5-7]，可以应用机械力化学活化的方法激发硅质铁尾砂的活性，使其具备混凝土辅助胶凝材料的火山灰性，在一定的碱性条件下参与水化反应，同时，通过机械力作用，硅质铁尾砂的颗粒粒度满足混凝土辅助胶凝材料的要求。

4.1.4 硅质铁尾砂粉辅助胶凝材料的应用研究

4.1.4.1 硅质铁尾砂的机械力化学活化

尾砂取自辽宁省某尾矿库。尾砂颗粒形貌如图 4-1 所示，化学成分见表 4-1，物相分析如图 4-2 所示，粒径分布如图 4-3 所示。由图 4-1 可见，该尾砂颗粒表面光滑、形状不规则，多棱角，呈碎石状；化学分析表明，尾砂主要化学成分为 SiO_2，平均质量分数高达 75.23%，该尾砂属于硅质铁尾砂；物相分析表明，尾砂主要矿物成分为石英，其次是赤铁矿等矿物；尾砂颗粒中位粒径 D_{50} 为 124.727μm，比表面积为 138m²/kg；

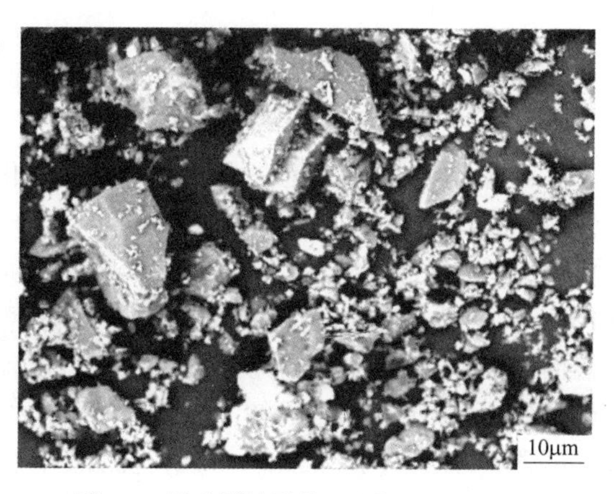

图 4-1 尾砂颗粒形貌（SEM，1000×）

尾砂颗粒粒径分布在几十微米至几百微米之间。

表 4-1 尾砂主要化学成分 (%)

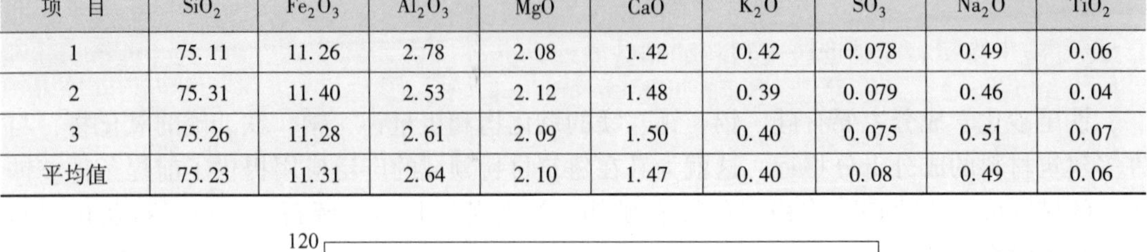

项 目	SiO_2	Fe_2O_3	Al_2O_3	MgO	CaO	K_2O	SO_3	Na_2O	TiO_2
1	75.11	11.26	2.78	2.08	1.42	0.42	0.078	0.49	0.06
2	75.31	11.40	2.53	2.12	1.48	0.39	0.079	0.46	0.04
3	75.26	11.28	2.61	2.09	1.50	0.40	0.075	0.51	0.07
平均值	75.23	11.31	2.64	2.10	1.47	0.40	0.08	0.49	0.06

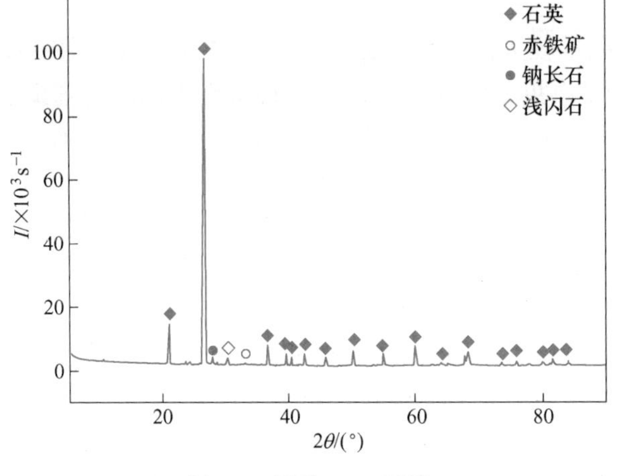

图 4-2 尾砂 XRD 图谱

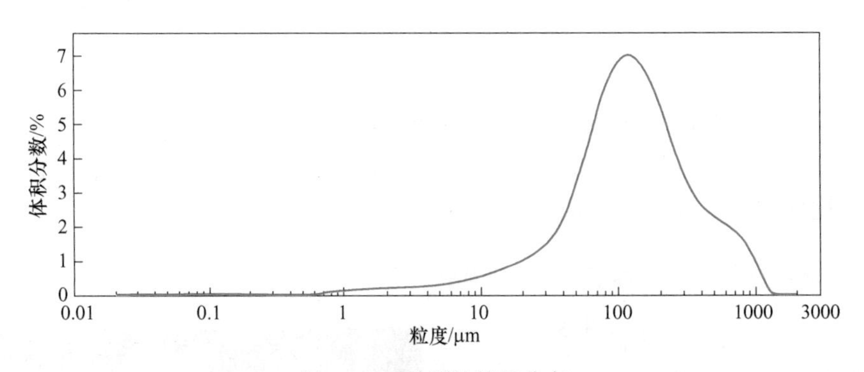

图 4-3 尾砂颗粒粒径分布

对选取的硅质铁尾砂进行机械力化学活化（粉磨），随着时间的延长，尾砂颗粒的中位粒径逐渐减小，而比表面积逐渐增大。粉磨 3.5h，尾砂颗粒中位粒径 D_{50}为 9.429μm，比表面积为 2030m^2/kg，粒径分布如图 4-4 所示。比较图 4-4 与图 4-3 可知，粉磨后尾砂 10μm 以下粒径颗粒所占比例明显增多。粉磨至 4.0h，尾砂颗粒中位粒径出现增加，而比表面积有所下降，这是尾砂颗粒粉磨到一定程度，由于微细颗粒表面能增加而发生颗粒团聚现象所致。由图 4-5 可知，粉磨后，尾砂的主要成分 SiO_2 的衍射峰强度有所下降，下降程度随着粉磨时间的延长而增大，说明随着机械粉磨的进行，SiO_2 的结晶程度逐渐下降。

活性试验表明，该尾砂经过机械力化学活化后，具有潜在的水硬性，水泥胶砂（铁尾砂粉取代水泥30%）28天抗压强度比为88.9%，火山灰性试验合格。未经机械力化学活化时，水泥胶砂（尾砂取代水泥30%）28天抗压强度比为60.1%，火山灰性试验不合格。由此可见，经过机械力化学活化，尾砂的活性大大提高。

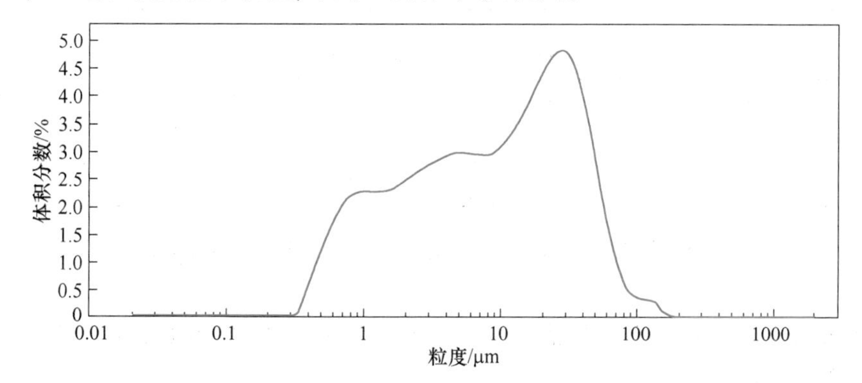

图4-4 尾砂颗粒粒径分布（粉磨时间3.5h）

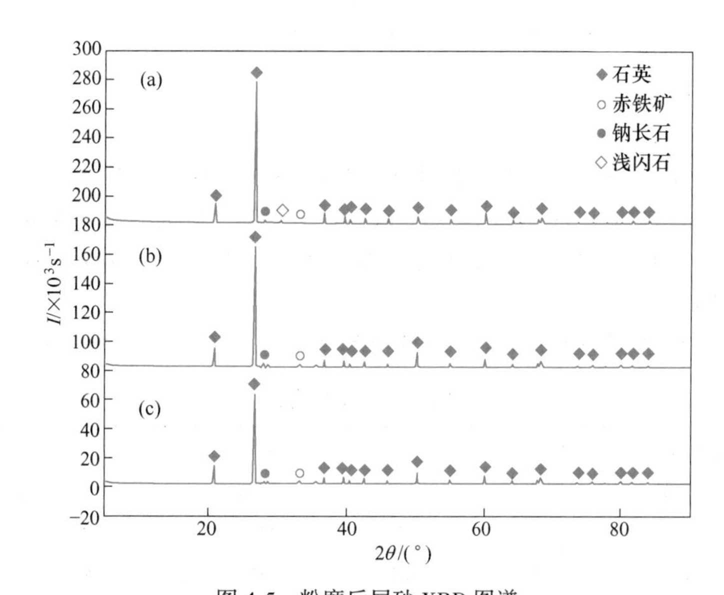

图4-5 粉磨后尾砂XRD图谱

（a）未粉磨；（b）粉磨时间3.5h；（c）粉磨时间4h

基于该尾砂的主要化学成分及矿物成分，以及经过机械力化学活化后的颗粒粒度分布及其活性，可以将其作为辅助胶凝材料部分取代水泥制备混凝土。

4.1.4.2 混凝土抗压强度

A 试验原材料

（1）水泥：大连华能小野田水泥有限公司生产的华日42.5强度等级普通硅酸盐水泥，其熟料矿物组成、主要化学成分及主要技术指标见表4-2~表4-4。

表4-2 水泥熟料矿物组成

熟料矿物成分	C_3S	C_2S	C_3A	C_4AF
含量/%	52	22.4	8	10

表 4-3　水泥化学成分

化学成分	SiO_2	Al_2O_3	Fe_2O_3	CaO	MgO	SO_3	烧失量
含量/%	21.36	5.1	3.34	63.76	3.01	0.91	1.69

表 4-4　水泥主要技术指标

凝结时间/min		安定性	抗压强度/MPa		抗折强度/MPa	
初凝时间	终凝时间		3d	28d	3d	28d
140	195	合格	27.6	50.1	5.8	8.5

（2）粗骨料：取自沈阳健晖混凝土搅拌站，碎石，密度 2930kg/m³，粒径 5～20mm，连续级配。

（3）细骨料：取自沈阳健晖混凝土搅拌站，河砂，密度 2630kg/m³，细度模数为 2.71，属于 2 区中砂。

（4）机械力化学活化硅质铁尾砂粉：性能见 4.1.4.1 节。

（5）减水剂：聚羧酸型萘系高效减水剂，辽宁科隆精细化工股份有限公司生产。

（6）水：饮用水。

B　混凝土配合比

设计两种混凝土，一种为不掺减水剂的（C-0，TC-1，TC-2，TC-3，TC-4），另一种为掺减水剂的（C′-0，TC′-1，TC′-2，TC′-3，TC′-4），其中，硅质铁尾砂粉取代水泥量分别为 0（C-0，C′-0），10%（TC-1，TC′-1）、20%（TC-2，TC′-2）、30%（TC-3，TC′-3）和 40%（TC-4，TC′-4）。

基准混凝土设计强度等级为 C30，设计坍落度为 70～90mm，混凝土配合比见表 4-5。

表 4-5　混凝土配合比

编　号	水泥/kg·m⁻³	水/kg·m⁻³	砂/kg·m⁻³	石/kg·m⁻³	尾砂/kg·m⁻³	减水剂/kg·m⁻³
C-0	439.0	215	646	1100	0	0
TC-1	395.1	215	646	1100	43.9	0
TC-2	351.2	215	646	1100	87.8	0
TC-3	307.3	215	646	1100	131.7	0
TC-4	263.4	215	646	1100	175.6	0
C′-0	439.0	140	673	1147	0	1.3
TC′-1	395.1	140	673	1147	43.9	1.3
TC′-2	351.2	140	673	1147	87.8	1.3
TC′-3	307.3	140	673	1147	131.7	1.3
TC′-4	263.4	140	673	1147	175.6	1.3

C　混凝土抗压强度试验结果

混凝土抗压强度试验依据《普通混凝土力学性能试验方法标准》（GB/T 50081—2002）进行，每组 3 个试件（150mm×150mm×150mm），养护至 3 天、28 天及 90 天时取出试件测试抗压强度，取 3 个试件测试值的平均值。试验结果见表 4-6。

表 4-6 混凝土抗压强度 (MPa)

编号	龄期/d		
	3	28	90
C-0	25.50	44.06	48.80
TC-1	23.76	42.33	45.35
TC-2	20.42	38.87	40.54
TC-3	18.50	38.29	39.19
TC-4	15.10	32.34	35.36
C′-0	31.58	59.17	61.78
TC′-1	29.84	57.10	59.55
TC′-2	27.10	55.24	56.19
TC′-3	24.52	53.71	55.36
TC′-4	20.91	52.24	53.93

由表 4-6 可知，铁尾砂粉部分取代水泥的混凝土抗压强度发展趋势与基准混凝土抗压强度发展趋势一致，都是随着龄期的延长而增长；铁尾砂粉取代水泥量为 10%、20%、30%和 40%时，混凝土抗压强度均低于基准混凝土抗压强度，并随着铁尾砂粉取代水泥量的增加，混凝土抗压强度呈下降趋势。未掺减水剂时，铁尾砂粉取代水泥量为 10%、20%及 30%时，混凝土抗压强度满足设计强度等级要求；掺减水剂时，铁尾砂粉取代水泥量为 10%、20%、30%及 40%时，混凝土抗压强度均满足设计强度等级要求。

4.1.4.3 混凝土抗渗性

A 试验原材料及混凝土配合比

试验原材料同 4.1.4.2 节，混凝土配合比同表 4-5 中 C-0，TC-1，TC-2，TC-3，TC-4；基准混凝土设计强度等级为 C30，设计坍落度为 70~90mm。

B 混凝土抗渗性试验结果

试验依据《普通混凝土长期性能和耐久性能试验方法标准》(GB/T 50082—2009) 抗水渗透试验的渗水高度法进行。每组 6 个试件，试件为圆台形（上表面直径 175mm，下表面直径 185mm，高 150mm），水压在 24h 内恒定控制在（1.2±0.05）MPa。24h 后停止试验，将试件沿纵断面劈裂为两半，沿水痕测出等间距 10 个测点的渗水高度，以 10 个测点渗水高度平均值作为该试件渗水高度测定值。试验结果见表 4-7。

表 4-7 混凝土抗水渗透试验结果

编号	各试件渗水高度（每组 6 个试件）/mm						渗水高度平均值/mm	渗水高度比/%
	试件 1	试件 2	试件 3	试件 4	试件 5	试件 6		
C-0	149	148	150	148	150	150	149.2	99.5
TC-1	115	104	109	115	102	112	109.5	73.0
TC-2	100	94	99	103	88	95	96.5	64.3
TC-3	79	73	78	81	69	74	75.7	50.5
TC-4	87	81	83	79	80	81	81.8	54.5

在1.2MPa水压连续加压14h时，3个基准混凝土试件上部出现渗水现象（见表4-7 C-0中试件3、试件5及试件6），加压至24h时，其他3个试件接近渗透（见表4-7 C-0中试件1、试件2及试件4），基准混凝土渗水高度比高达99.5%；铁尾砂粉取代水泥10%、20%、30%及40%的混凝土，1.2MPa水压连续加压24h后，试件上部均未出现渗水现象（表4-7），其中渗水高度比最小值（TC-3）仅约为基准混凝土（C-0）渗水高度比的1/2。

4.1.4.4　混凝土抗冻性

A　试验原材料及混凝土配合比

基准混凝土设计强度等级为C30，设计坍落度为70~90mm，掺引气剂的混凝土设计冻融循环次数为300次。试验原材料同4.1.4.2节，混凝土配合比见表4-8。

表4-8　混凝土配合比

编号	水泥/kg·m^{-3}	水/kg·m^{-3}	砂/kg·m^{-3}	石/kg·m^{-3}	尾砂/kg·m^{-3}	引气剂/g·m^{-3}
C-0	439.0	215	646	1100	0	0
TC-1	395.1	215	646	1100	43.9	0
TC-2	351.2	215	646	1100	87.8	0
TC-3	307.3	215	646	1100	131.7	0
TC-4	263.4	215	646	1100	175.6	0
C′-0	439.0	215	646	1100	0	87.8
TC′-1	395.1	215	646	1100	43.9	87.8
TC′-2	351.2	215	646	1100	87.8	87.8
TC′-3	307.3	215	646	1100	131.7	87.8
TC′-4	263.4	215	646	1100	175.6	87.8

B　混凝土抗冻性试验结果

试验依据《普通混凝土长期性能和耐久性能试验方法标准》（GB/T 50082—2009）抗冻试验的快冻法进行。每组3个试件（100mm×100mm×400mm），每隔25次冻融循环测量试件的横向基频，检查试件外部损伤状况，称量试件质量；在此基础上，计算试件的动弹性模量及质量损失，取3个试件测试值的平均值。

以试件达到设计冻融循环次数或试件相对动弹性模量下降到60%，或试件质量损失达到5%作为停止试验的依据。试验结果见表4-9。

表4-9　混凝土冻融循环次数

编号	最高冻融循环次数/次	编号	冻融循环次数/次
C-0	50	C′-0	300
TC-1	50	TC′-1	300
TC-2	50	TC′-2	300
TC-3	75	TC′-3	300
TC-4	50	TC′-4	300

由表4-9可知，未掺引气剂的情况下，铁尾砂粉取代水泥量为10%、20%和40%时，混凝土最高冻融循环次数与基准混凝土最高冻融循环次数相同，均为50次；铁尾砂粉取代水泥量为30%时，混凝土最高冻融循环次数为75次；掺适量引气剂后，铁尾砂粉取代水泥量为10%、20%、30%和40%时，混凝土冻融循环次数与基准混凝土冻融循环次数均达到设计冻融循环次数300次。

4.1.4.5 混凝土抗碳化性

A 试验原材料及混凝土配合比

基准混凝土设计强度等级为C30，设计坍落度为70～90mm。试验原材料同4.1.4.2节，混凝土配合比同4.1.4.3节。

B 混凝土碳化性能试验结果

混凝土碳化性能试验依据《普通混凝土长期性能和耐久性能试验方法标准》（GB/T 50082—2009）碳化试验进行。每组3个试件，试件为棱柱体（100mm×100mm×400mm），碳化到3天、7天、14天和28天时，分别取出试件并破型。破型从试件的一端开始，破型后，在断面上喷上酚酞酒精溶液，每10mm一个测点，测出各点碳化深度，各测点碳化深度平均值即为本次碳化深度的测定值。试验结果见表4-10。

表4-10 混凝土碳化深度 （mm）

编 号	龄期/d			
	3	7	14	28
C-0	2.7	4.8	6.5	9.6
TC-1	2.9	4.9	7.3	9.9
TC-2	4.1	6.5	9.3	12.7
TC-3	4.7	7.2	10.7	15.2
TC-4	5.2	7.8	11.5	16.2

由表4-10可知，铁尾砂粉取代水泥10%、20%、30%和40%情况下，混凝土碳化深度随龄期的发展趋势与基准混凝土相同，都是随龄期的增加而增加；同时，混凝土各龄期的碳化深度均随铁尾砂粉取代水泥量的增加而增加。

4.1.4.6 混凝土抗硫酸盐腐蚀性能

A 试验原材料及混凝土配合比

基准混凝土设计强度等级为C30，设计坍落度为70～90mm。试验原材料同4.1.4.2节，混凝土配合比同4.1.4.3节。

B 混凝土抗硫酸盐腐蚀性能试验结果

100mm×100mm×100mm的混凝土立方体试件标准养护28天，然后将同一配合比的混凝土试件分成两组，分别浸泡在5%Na_2SO_4溶液中和水中。120天后取出试件，依据《普通混凝土力学性能试验方法标准》（GB/T 50081—2002）进行混凝土抗压强度试验并记录试验数据。参照《水泥抗硫酸盐侵蚀试验方法》（GB/T 749—2008），定义了混凝土抗蚀系数，抗蚀系数即为试体在侵蚀溶液中浸泡28天的抗压强度测试值与试体在水中养护同龄期的抗压强度测试值之比。试验结果见表4-11。

表 4-11 抗蚀系数

编 号	混凝土抗压强度（水中养护）/MPa	混凝土抗压强度（硫酸盐溶液中浸泡）/MPa	抗蚀系数
C-0	46.60	37.74	0.81
TC-1	45.10	36.08	0.80
TC-2	41.56	34.07	0.82
TC-3	40.81	33.87	0.83
TC-4	33.94	28.85	0.85

由表 4-11 可知，铁尾砂粉取代水泥 10%、20%、30%和 40%情况下，随着铁尾砂粉取代水泥量的增加，混凝土抗蚀系数不断增加，其中，只有铁尾砂粉取代水泥量为 10%时，混凝土抗蚀系数略低于基准混凝土抗蚀系数，其他取代量时，混凝土抗蚀系数均高于基准混凝土抗蚀系数。

4.1.4.7 试验结果分析

A $Ca(OH)_2$ 含量分析

水泥基硬化浆体试样在加热过程中，各种水化产物会在不同温度分解或失水，因此，可以通过测量特定温度阶段的质量损失，计算出对应物质的含量。

图 4-6 为水泥净浆和水泥-铁尾砂粉硬化浆体试样（28 天）TG-DTA 分析曲线。$Ca(OH)_2$ 分解失水的温度是 400～550℃，因此可基于 400～550℃ 出现的吸热峰及质量损失，计算出试样中的 $Ca(OH)_2$ 含量。水泥净浆、铁尾砂粉取代水泥 20%及铁尾砂粉取代水泥 30%的试样中 $Ca(OH)_2$ 含量分别为 21.367%、16.856%和 15.064%。

由此可知，铁尾砂粉取代水泥 20%和 30%时，硬化浆体试样中 $Ca(OH)_2$ 含量均低于水泥净浆试样中 $Ca(OH)_2$ 含量，而且铁尾砂粉取代水泥 30%的硬化浆体试样的 $Ca(OH)_2$ 含量低于铁尾砂粉取代水泥 20%的硬化浆体试样的 $Ca(OH)_2$ 含量。可以推知，这是经过机械力化学活化的硅质铁尾砂粉活性引起的二次水化反应所致，并且铁尾砂粉取代水泥量越大，二次水化反应消耗的 $Ca(OH)_2$ 越多。

B XRD 分析

图 4-7 是水泥-铁尾砂粉硬化浆体试样（铁尾砂粉取代水泥 30%）3 天、7 天、28 天和 90 天的 XRD 图谱。在图 4-7 中主要见到的是一些水泥水化产物及未水化的水泥熟料矿物 C_3S 和 C_2S。

$Ca(OH)_2$ 是水泥的主要水化产物之一，随着水泥水化反应的进行，$Ca(OH)_2$ 的数量应该逐渐增加，然而图 4-7 显示，从龄期 7 天到 90 天 $Ca(OH)_2$ 的衍射峰强度是下降的，说明 $Ca(OH)_2$ 在生成的同时在消耗，当消耗量大于生成量时，$Ca(OH)_2$ 总量降低，根据胶凝材料的基本理论可以推知，$Ca(OH)_2$ 消耗在水泥-铁尾砂粉复合胶凝材料的二次水化反应中，而且随着龄期的增加二次水化反应加强，这一结果也证明了机械力化学活化硅质铁尾砂粉的火山灰性。

C EDS 分析

在水泥净浆与水泥-铁尾砂粉净浆（铁尾砂粉取代水泥量为 30%）90 天龄期硬化浆体

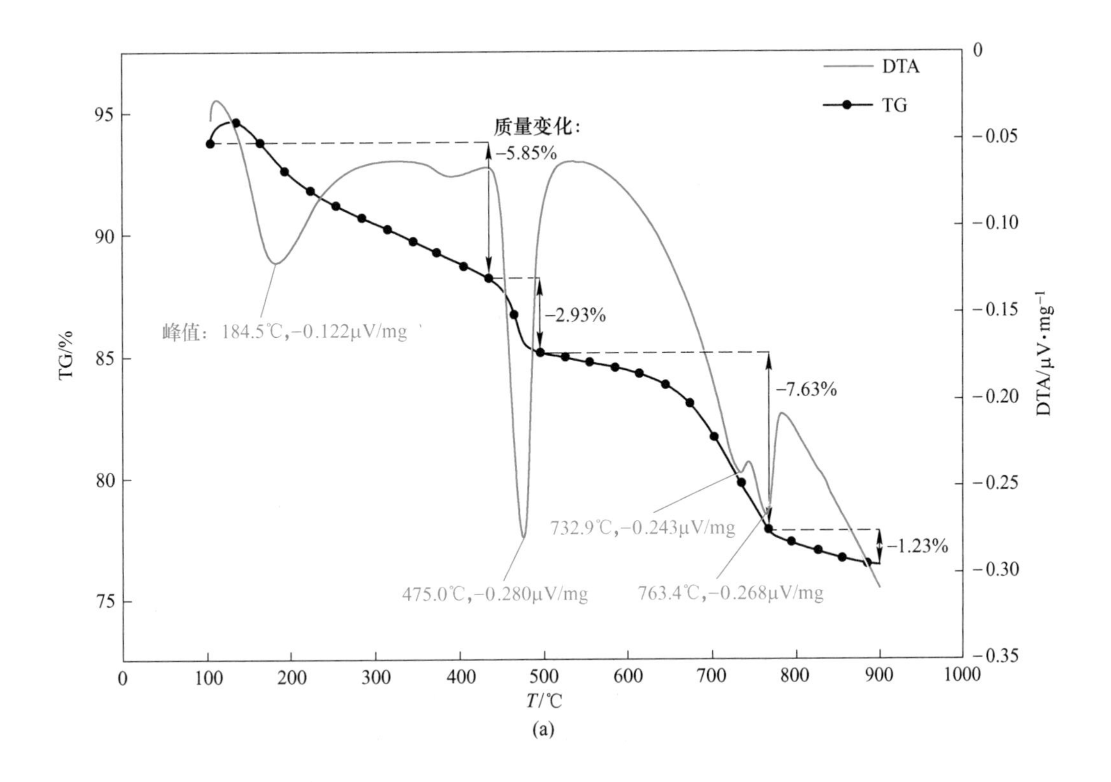
DTA
TG
质量变化:
−5.85%
−2.93%
−7.63%
−1.23%
峰值：184.5℃,−0.122μV/mg
732.9℃,−0.243μV/mg
475.0℃,−0.280μV/mg
763.4℃,−0.268μV/mg
TG/%
DTA/μV·mg⁻¹
T/℃
(a)

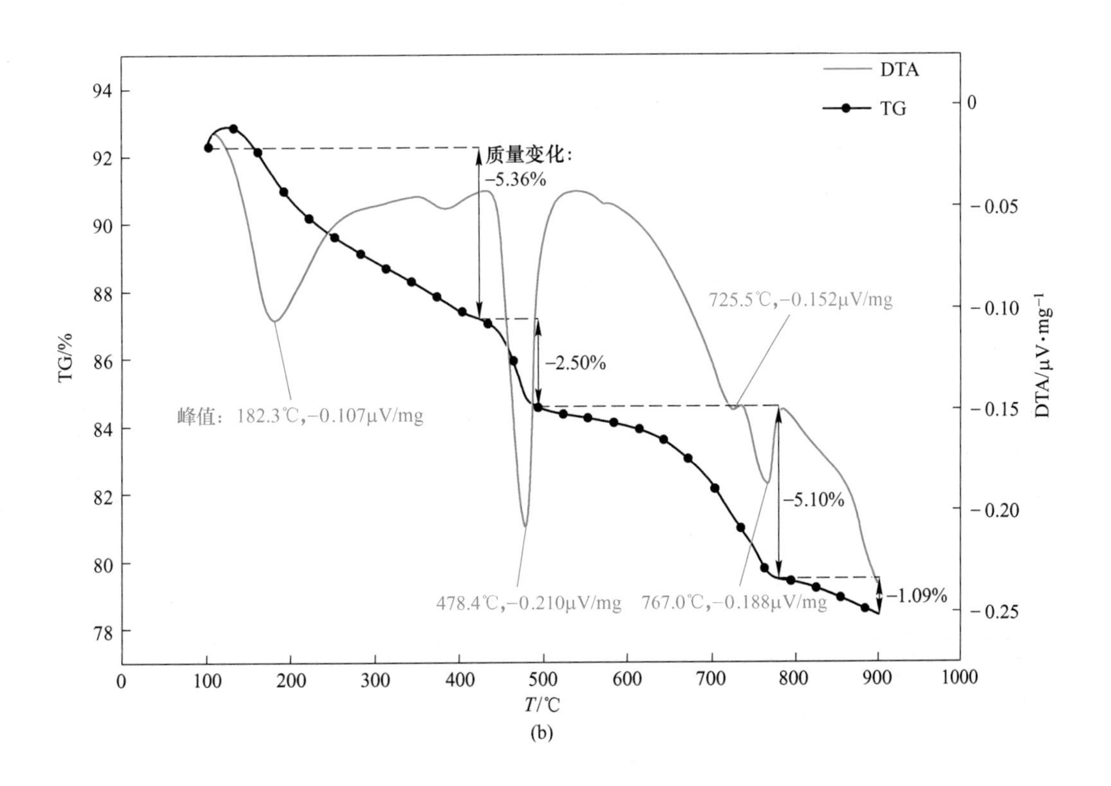
DTA
TG
质量变化:
−5.36%
−2.50%
−5.10%
−1.09%
725.5℃,−0.152μV/mg
峰值：182.3℃,−0.107μV/mg
478.4℃,−0.210μV/mg
767.0℃,−0.188μV/mg
TG/%
DTA/μV·mg⁻¹
T/℃
(b)

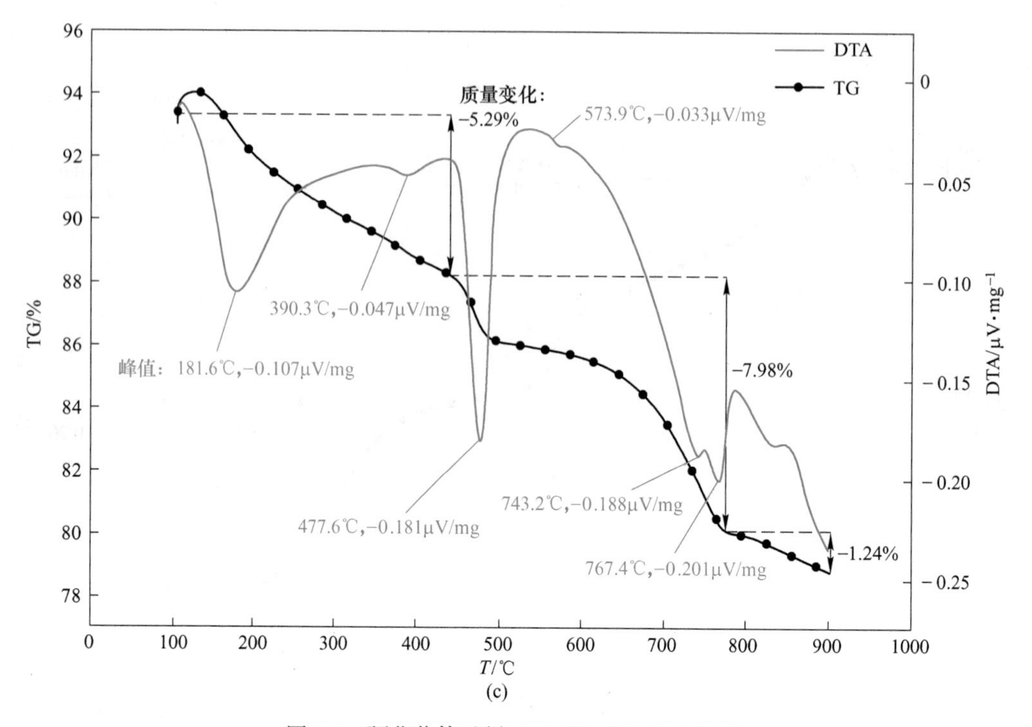

(c)

图 4-6　硬化浆体试样（28 天）TG-DTA 曲线

（a）水泥净浆；（b）铁尾砂粉取代水泥 20%；（c）铁尾砂粉取代水泥 30%

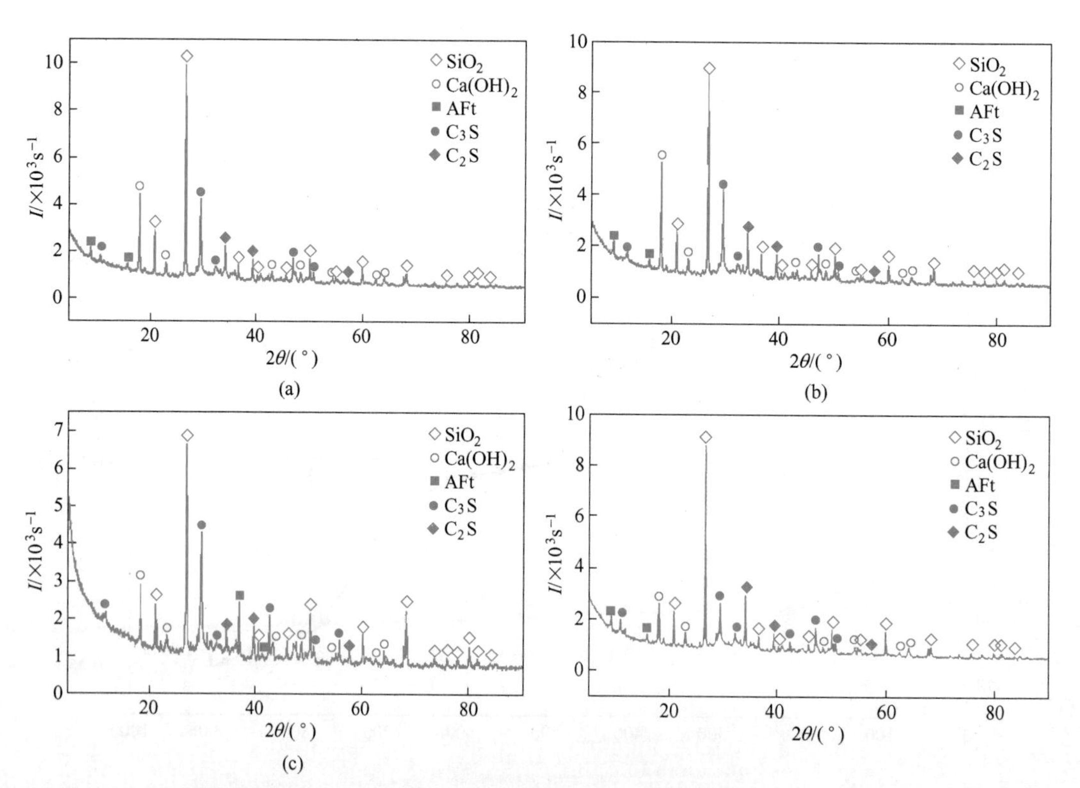

图 4-7　水泥-铁尾砂粉硬化浆体 XRD 图谱

（a）3 天；（b）7 天；（c）28 天；（d）90 天

的 SEM 上随机取点，对 C-S-H 进行 EDS 分析，分析结果表明（图 4-8），在水泥净浆试样及水泥-铁尾砂粉净浆试样中，Ca、Si、O、Al 等是其主要元素，这说明在这两组试样中，C-S-H、C-A-H、AFt 或 Afm 等均交错混合生长。同时可见，水泥-铁尾砂粉净浆试样的 Ca/Si 比水泥净浆试样的 Ca/Si 低，由文献［8］可推断，铁尾砂粉改变了 C-S-H 的组成，并引起了二次水化反应。

综上所述，从 $Ca(OH)_2$ 定性（XRD）及半定量分析（TG-DTA），以及水化产物的 SEM 和 EDS 分析等不同角度分别印证了水泥-铁尾砂粉复合胶凝材料浆体中二次水化反应的存在，即印证了经过机械力化学活化的硅质铁尾砂粉的化学活性效应。

作为辅助胶凝材料，铁尾砂粉潜在的活性使其在混凝土中与水泥的主要水化产物 $Ca(OH)_2$ 发生了二次水化反应，生成水化硅酸钙，使体系中由于水泥熟料的减少而带来的水化产物数量的减少得到一定的补偿，从而保证了混凝土一定的密实性；同时，经过机械力化学作用，铁尾砂颗粒粒径大幅度降低，铁尾砂粉的微细颗粒可以填充到未水化的水泥颗粒之间，以及填充在混凝土基体的孔隙中，改善了混凝土的微观结构，从而在一定程度上保证了混凝土的密实性。

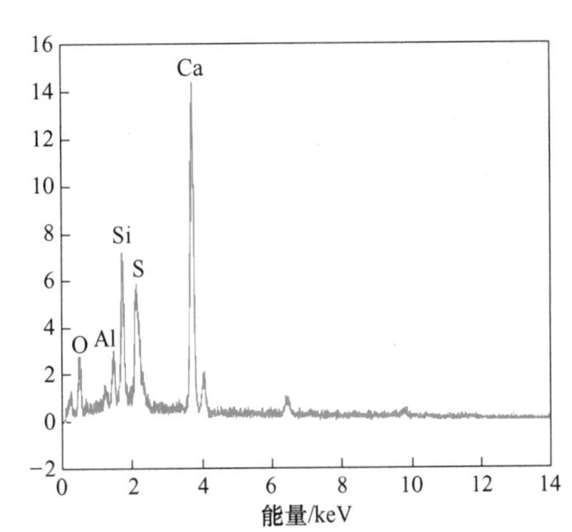

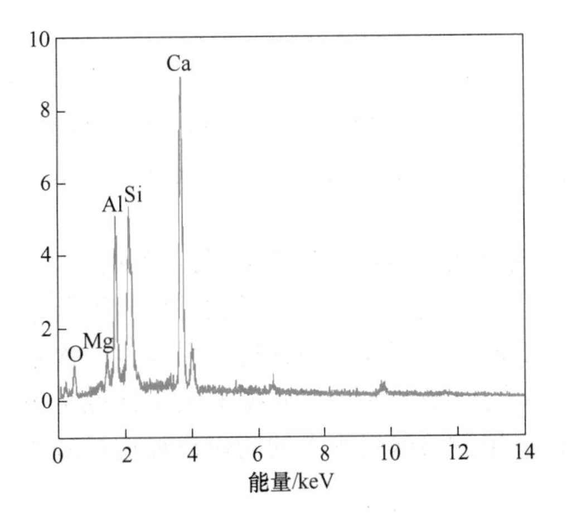

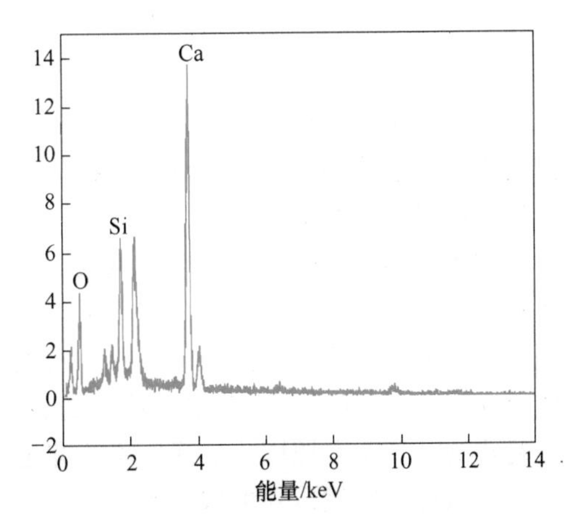

(a)

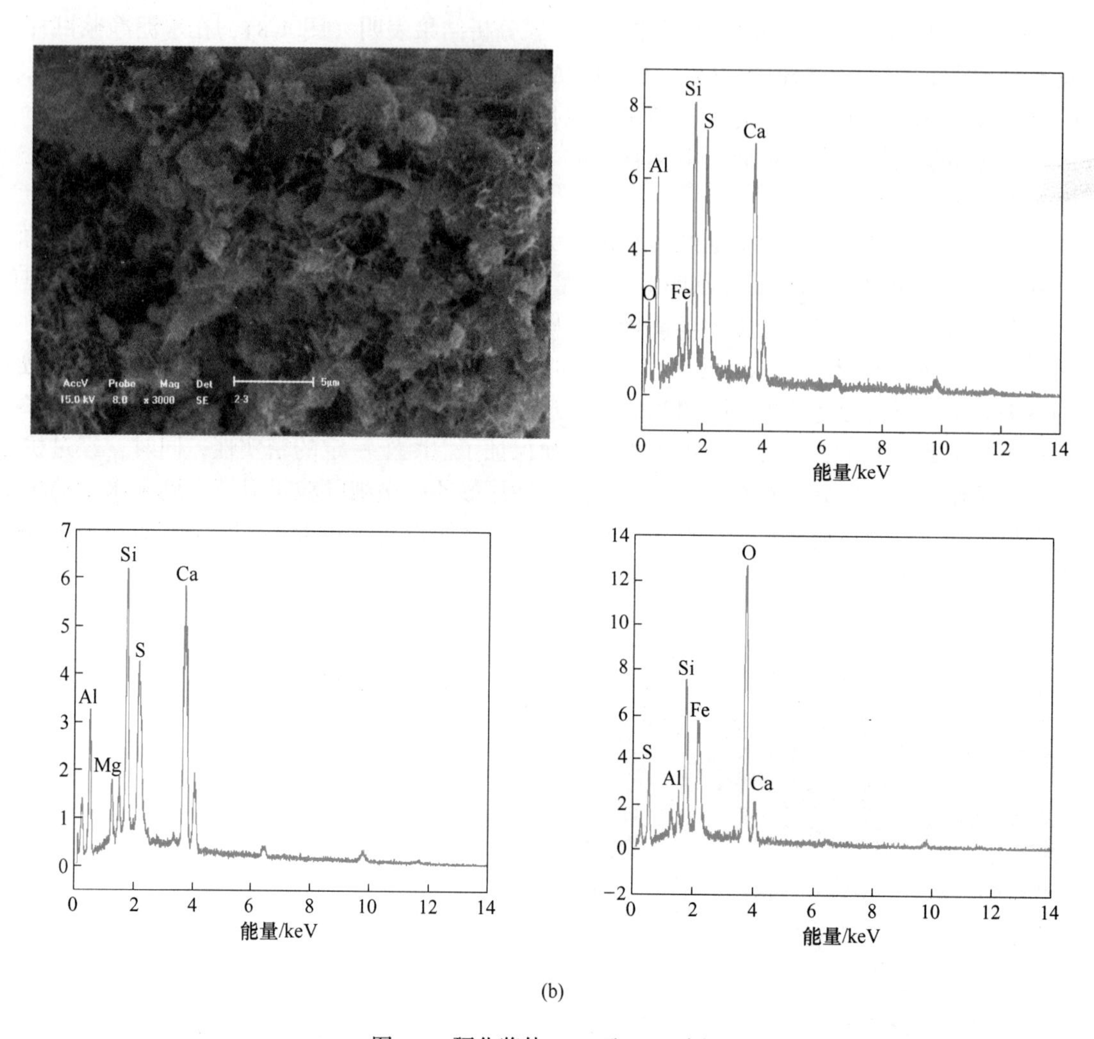

(b)

图 4-8 硬化浆体 SEM 及 EDS 分析

(a) 水泥净浆试样；(b) 水泥-铁尾砂粉浆体试样

D 混凝土抗压强度试验结果分析

混凝土抗压强度试验结果表明，铁尾砂粉取代水泥量为 10%、20%、30%和 40%时，混凝土抗压强度均低于基准混凝土抗压强度，并随着铁尾砂粉取代水泥量的增加，混凝土抗压强度呈下降趋势。

铁尾砂粉的活性终究低于水泥的活性，同时，随着铁尾砂粉取代水泥量的增加，水泥熟料的量相应减少，水泥水化产物随之减少，这是导致混凝土抗压强度随铁尾砂粉取代水泥量的增加呈下降趋势的原因之一；水泥水化产物的减少还意味着与铁尾砂粉发生二次水化反应的 $Ca(OH)_2$ 量的减少，这是随着铁尾砂粉取代水泥量的增加混凝土抗压强度呈下降趋势的又一重要原因。然而，本研究也表明，在铁尾砂粉取代水泥的同时掺加适量减水剂，可以提高铁尾砂粉的取代水泥量。

E 混凝土抗渗性及抗冻性试验结果分析

混凝土抗渗性试验结果表明，经过机械力化学活化的硅质铁尾砂粉取代水泥 10%、

20%、30%和40%时，混凝土抗渗性能均优于基准混凝土抗渗性能，而且铁尾砂粉取代水泥10%、20%和30%时，随着取代量的增加，混凝土抗渗性能呈上升趋势。

混凝土抗冻性试验结果表明，未掺引气剂时，经过机械力化学活化的硅质铁尾砂粉取代水泥10%、20%和40%的情况下，混凝土抗冻性能与基准混凝土抗冻性能相当；铁尾砂粉取代水泥30%时，混凝土抗冻性能优于基准混凝土抗冻性能。

铁尾砂粉的活性和填充性保证了混凝土很高的密实性，并且改善了混凝土基体的孔隙特征，减少了渗水通道；同时看到，在铁尾砂粉取代水泥量为30%时，铁尾砂粉的物理填充效应和化学活性效应叠加出最佳效应。

F　混凝土碳化性能试验结果分析

混凝土碳化试验结果表明，机械力化学活化的硅质铁尾砂粉取代水泥10%、20%、30%和40%的情况下，混凝土抗碳化能力低于基准混凝土的抗碳化能力，而且随着铁尾砂粉取代水泥量的增加，混凝土抗碳化能力呈下降趋势。

一方面，铁尾砂粉部分取代水泥后，混凝土中水泥熟料较基准混凝土中水泥熟料少，此时，水泥水化生成的$Ca(OH)_2$数量少，混凝土碱度较基准混凝土碱度低；同时，铁尾砂粉的火山灰性使铁尾砂粉与水泥水化生成的$Ca(OH)_2$发生二次水化反应，这将使混凝土碱度进一步降低，铁尾砂粉取代水泥量越多，混凝土碱度降低程度越大，碱度降低导致混凝土抗碳化能力下降。另一方面，铁尾砂粉的填充效应能够改善混凝土的匀质性和致密性，从而减少CO_2进入混凝土并减少其在混凝土中扩散，对混凝土抗碳化性能有利。当这两方面作用达到平衡时，混凝土抗碳化能力会与基准混凝土相当，而当任何一方面的作用强于或弱于另一方面时，混凝土抗碳化能力均会发生变化。试验结果显示，铁尾砂粉的活性效应强于其填充效应，因此，铁尾砂粉部分取代水泥后，混凝土抗碳化能力降低。

试验中，混凝土碳化深度最大值为16.2mm，《混凝土耐久性检验评定标准》（JGJ/T 193—2009）指出，在快速碳化试验中，碳化深度小于20mm的混凝土，其抗碳化性能可满足大气环境下50年的耐久性要求，因此尽管铁尾砂粉部分取代水泥后，混凝土抗碳化性能有所下降，但仍能满足实际工程要求。

G　混凝土抗硫酸盐腐蚀性能试验结果分析

混凝土抗硫酸盐腐蚀性能试验结果表明，机械力化学活化的硅质铁尾砂粉取代水泥10%、20%、30%和40%时，随着取代量的增加，混凝土抗硫酸盐腐蚀性能呈上升趋势，而且其抗硫酸盐腐蚀性能优于基准混凝土抗硫酸盐腐蚀性能或与基准混凝土抗硫酸盐腐蚀性能相当。

混凝土硫酸盐腐蚀是硫酸盐与水泥水化产物$Ca(OH)_2$反应生成$CaSO_4$，而$CaSO_4$与另一水泥水化产物水化铝酸钙反应生成钙矾石产生体积膨胀，或$CaSO_4$直接沉淀产生体积膨胀，而导致混凝土破坏。由此可见，$Ca(OH)_2$是混凝土中易被硫酸盐腐蚀的成分，而铁尾砂粉部分取代水泥后，其活性效应引起的二次水化反应使$Ca(OH)_2$数量减少，$Ca(OH)_2$数量的减少意味着混凝土中易被硫酸盐腐蚀的组分减少，进而减少了混凝土硫酸盐腐蚀的发生；同时，尾砂粉的填充效应改善混凝土基体孔隙结构，从而减少腐蚀溶液的侵入。

4.1.4.8　研究结论

将经过机械力化学活化的硅质铁尾砂粉作为辅助胶凝材料取代部分水泥制备混凝土，

并对混凝土的抗压强度、抗渗性、抗冻性、碳化性能及抗硫酸盐腐蚀性能进行了研究，主要结论如下：

（1）铁尾砂粉取代水泥为10%、20%、30%和40%的情况下，随着铁尾砂粉取代量增加，混凝土抗压强度呈下降趋势；取代量为10%、20%和30%时，混凝土抗压强度满足设计要求；铁尾砂粉取代水泥的同时掺入适量减水剂，取代量为10%、20%、30%及40%时，混凝土抗压强度均满足设计要求。

（2）铁尾砂粉取代水泥10%、20%、30%和40%的情况下，混凝土的抗渗性能优于基准混凝土抗渗性能；铁尾砂粉取代水泥10%、20%、30%的情况下，随着取代量的增加，混凝土抗渗性能呈上升趋势；取代量为40%时，混凝土抗渗性略有下降，但仍优于基准混凝土的抗渗性能。

（3）未掺引气剂时，铁尾砂粉取代水泥10%、20%和40%的情况下，混凝土的抗冻性能与基准混凝土抗冻性能相当；铁尾砂粉取代水泥30%时，混凝土抗冻性能优于基准混凝土抗冻性能。掺适量引气剂时，铁尾砂粉取代水泥10%、20%、30%和40%的情况下，混凝土抗冻性均达到设计要求。

（4）铁尾砂粉取代水泥10%、20%、30%和40%的情况下，混凝土抗碳化能力低于基准混凝土抗碳化能力，而且随着铁尾砂粉取代水泥量的增加，混凝土抗碳化能力呈下降趋势，但是混凝土最大碳化深度（16.2mm）小于20mm。

（5）铁尾砂粉取代水泥10%、20%、30%和40%的情况下，随着取代量的增加，混凝土抗硫酸盐腐蚀性能呈上升趋势，而且其抗硫酸盐腐蚀性能优于基准混凝土抗硫酸盐腐蚀性能或与基准混凝土抗硫酸盐腐蚀性能相当。

（6）基于本研究中的混凝土抗压强度和耐久性能，硅质铁尾砂粉对水泥的最佳取代量为30%。

4.2　利用尾砂烧制硅酸盐水泥熟料

4.2.1　原理与方法

生产硅酸盐水泥熟料所需原料包括主要原料、校正原料和外加剂。常用的主要原料是石灰石和黏土，石灰石是钙质原料，为熟料矿物提供所需的CaO，黏土是硅铝质原料，为熟料提供所需的SiO_2、Al_2O_3，以及少量Fe_2O_3。有时黏土和石灰石的化学成分并不是完全理想，往往需要添加校正料来调整生料的组分，常用的校正料包括硅质校正料（砂岩、硅藻土等）、铝质校正料（铝土矿、粉煤灰等）、铁质校正料（硫酸渣、低品位铁矿等）等。实际生产过程中，根据具体生产情况有时还需加入一些辅助材料，如矿化剂、助溶剂、晶种、助磨剂等。水泥粉磨中还要加入缓凝剂、混合材等。

硅酸盐水泥熟料的主要化学成分是SiO_2、CaO、Al_2O_3和Fe_2O_3，它们的含量通常在95%以上。除了上述4种氧化物外，还含有少量SO_3、TiO_2、MnO_3、Na_2O、K_2O等。而尾砂是一种复合矿物原料，除含少量金属组分外，其主要矿物成分为脉石矿物，如石英、辉石、长石、石榴子石、角闪岩及其蚀变矿物，黏土、云母类铝硅酸盐矿物，以及方解石、白云石等钙镁碳酸盐矿物；其氧化物组分主要有SiO_2、Al_2O_3、Fe_2O_3、CaO、MgO等，见

表4-12。通过以上分析可知，金属尾砂中的氧化物成分与水泥熟料中的氧化物成分接近，因此，利用金属尾砂制备水泥熟料具有一定的可行性。

表 4-12 我国几种典型矿床尾砂的化学性质

尾砂类型	化学成分/%											
	SiO_2	Al_2O_3	Fe_2O_3	TiO_2	MgO	CaO	Na_2O	K_2O	SO_3	P_2O_5	MnO	烧失量
鞍山式铁矿	73.27	4.07	11.60	0.16	4.22	3.04	0.41	0.95	0.25	0.19	0.14	2.18
岩浆型铁矿	37.17	10.35	19.16	7.94	8.50	11.11	1.60	0.10	0.56	0.03	0.23	2.74
火山型铁矿	34.86	7.42	29.51	0.64	3.68	8.51	2.15	0.37	12.46	4.58	0.13	5.52
矽卡岩型铁矿	33.07	4.67	12.22	0.16	7.39	23.04	1.44	1.40	1.88	0.09	0.08	13.47
矽卡岩型铁矿	35.66	5.06	16.55		6.79	23.95	0.65	0.47	7.18			6.54
矽卡岩型钼矿	47.51	8.04	8.57	0.55	4.71	19.71	0.55	2.10	1.55	0.10	0.65	6.46
矽卡岩型金矿	47.94	5.78	5.74	0.24	7.97	20.22	0.90	1.78		0.17	6.42	
斑岩型钼矿	65.29	12.13	5.98	0.84	2.34	3.35	0.60	4.62	1.10	0.28	0.17	2.83
斑岩型铜钼矿	72.21	11.19	1.86	0.38	1.14	2.33	2.14	4.65	2.07	0.11	0.03	2.34
斑岩型铜矿	61.99	17.89	4.48	0.74	1.71	1.48	0.13	4.88				5.94
岩浆型镍矿	36.79	3.64	13.83		26.91	4.30			1.65			11.30
细脉型钨锡矿	61.15	8.50	4.38	0.34	2.01	7.85	0.02	1.98	2.88	0.14	0.26	6.87
石英脉型稀土矿	81.13	8.79	1.73	0.12	0.01	0.12	0.21	3.62	0.16	0.02	0.02	
长石石英矿	85.86	6.40	0.80		0.34	1.38	1.01	2.26				
碱性岩型稀土矿	41.39	15.25	13.22	0.94	6.70	13.44	2.98					1.73

4.2.2 应用分类及其原则

不同矿山的尾砂性质存在一定差别，在用于水泥熟料生产时，必须根据不同的尾砂特性进行科学分类。尾砂一般可分为三类应用于水泥熟料生产：

（1）代黏土或代黏土和铁粉。很多尾砂的主要化学成分为 SiO_2 和 Al_2O_3，与黏土的化学成分相似，有可能用以代替或部分代替黏土来配制生料。有些尾砂同时还含有较高的 Fe_2O_3，可能在代替黏土的同时也代替或部分代替铁粉。

（2）作矿化剂。不少尾砂含有 Mn、Ti、Ni、Mo、Ba、Be、W 等多种微量元素，矿物成分中含有铁铝钙镁硅酸盐、硫化物、硫酸盐、萤石等，这些微量元素和矿物是水泥熟料煅烧过程的良好矿化剂。

（3）作混合材。一些尾砂 SiO_2 含量高，活性好，且尾砂本身粒度细、易磨，作为混合材使用能够降低水泥粉磨电耗。

有学者对国内 30 多个矿山尾砂进行了化学元素分析、差热分析、X 衍射分析、熔点分析等，根据分析结果对尾砂用于水泥生产原料进行了分类，提出的分类应用原则见表4-13。

表 4-13 尾砂用于水泥生产原料分类应用原则

尾砂用途 / 尾砂特性	代黏土			作矿化剂	作混合材
	配高钙石灰石	配中钙石灰石	配低钙石灰石		
	CaO>48%	CaO 42%~48%	CaO<42%		
损失					低
SiO_2	高	中（约 50%）	低（<40%）	低	高
Al_2O_3	高	低	低		高
Fe_2O_3	高	高	低		
Cao		高	高		
MgO					低
可燃硫				高	低
灰熔点		低	低	低	
循量元素（Ca、Zn、Pb、W 等）				高	

4.2.3 磁铁矿尾砂在水泥生产中应用

磁铁矿尾砂是磁铁矿石提炼铁精矿后排出的废渣，黑灰色，主要成分为 SiO_2、Al_2O_3、Fe_2O_3 等，水分 30%左右。绍兴市漓渚铁矿年排出磁铁矿尾砂 80 万吨左右。长期以来，排出的尾砂未能得到有效的利用，均存放于附近山上的尾砂库中。目前的尾砂库已堆积了数千万吨，如再没有有效的处理方式，原有的库区已无法存放。日渐扩大的尾砂库不仅占用土地，破坏环境，日渐增高的尾砂库大坝还将成为安全隐患。根据以上情况，研究人员开展了磁铁矿尾砂在水泥中的应用研究工作，重点对磁铁矿尾砂作为水泥混合材对水泥性能的影响进行研究，并在实际生产中进行应用。该项目的研发成功，彻底解决了磁铁矿尾砂的排放问题，也为绍兴市水泥行业开辟了一种新的混合材资源，具有显著的经济效益和社会效益。

4.2.3.1 实验室研究

A 磁铁矿尾砂物化性质

对尾砂进行了多次取样化学分析，结果表明该磁铁矿尾砂的主要化学成分为 SiO_2 和 CaO，两者之和超过 50%，MgO 的含量也较高，达到 10%以上，另外还含有一定量的 Al_2O_3、Fe_2O_3、SO_3 等成分（表 4-14）。

表 4-14 磁铁尾砂主要化学成分 （%）

日 期	损失	SiO_2	Al_2O_3	Fe_2O_3	Cao	MgO	K_2O	Na_2O	SO_3
2007 年 4 月	8.47	36.59	7.34	10.36	16.23	16.62	—	—	0.85
2008 年 5 月	8.90	36.34	6.06	11.89	16.37	15.12	—	—	0.15
2008 年 6 月	8.05	36.72	6.85	11.02	16.00	16.12	—	—	0.43
2008 年 8 月	8.32	36.47	7.49	10.58	16.48	16.02	—	—	0.54
2009 年 9 月	—	40.49	7.65	9.35	15.25	15.33	1.20	0.15	3.17

采用 X 射线荧光光谱分析进行微量元素分析，结果见表 4-15，证实尾砂中含有微量的 Zn、Mn、Cu、Ti、V 等元素。放射性核素限量分析结果表明尾砂的放射性符合要求（表 4-16），对水泥性能及环境无不良影响。

表 4-15 尾砂微量元素测定结果 (%)

材料	ZnO	MnO	V_2O_5	TiO_2	CuO
尾砂	0.530	0.784	0.0305	0.294	0.0247

表 4-16 尾砂放射性测定结果

项 目	标准要求	检测值
Ira	≤1.0	0.2
Ir	≤1.0	0.6

对尾砂矿物相进行分析，结果表明尾砂以云母为主要的矿物组成，还有少量的石英和钙长石。

B 易磨性试验

尾砂作为水泥的混合材料，掺入量将占到水泥的 10%左右。因此其易磨性的好坏将对水泥磨产量和水泥质量产生较大的影响。选择尾砂、石煤渣、矿渣、水泥熟料和水泥标准砂在 ϕ500mm×500mm 标准试验磨上做相对易磨性试验，0.08 方孔筛筛余结果见表 4-17。

表 4-17 易磨性试验结果 (%)

品种	5min	10min	15min	20min	25min	30min
标准砂	80.2	56.4	33.5	16.7	6.7	2.8
熟料	42.4	24.9	13.8	7.5	4.1	2.4
矿渣	66.8	52.7	33.4	19.8	4.9	2.3
尾砂	14.4	11.6	10.9	8.7	8.3	7.5
石煤渣	44.9	39.7	33.9	28.2	18.3	17.2

分析得知，这五种材料中，标准砂的细度随着粉磨时间的增加下降最快，而至 30 分钟时标准砂、熟料、矿渣的细度相近。尾砂的易磨性低于以上三者，随粉磨时间延长细度下降平缓。石煤渣的易磨性最差，因此，在水泥粉磨时用尾砂取代部分石煤渣作为水泥混合材，对改善水泥粉磨状况是有益的。

C 火山灰活性试验

尾砂的火山灰活性试验结果表明，各项检测项目实测值均符合《用于水泥中的火山灰质混合材料》标准中活性混合材料要求，见表 4-18。

表 4-18 火山灰活性测试结果

序 号	检测项目	标准要求	实测值
1	烧失量/%	≤10	2.00
2	三氧化硫/%	≤3	0.74
3	28 天抗压强度比/%	≤65	66
4	火山灰性试验	合格	合格

4.2.3.2 生产性试验

A 水泥配料方案的确定

结合实验室试验结果，兆山建材有限公司开展了利用磁铁矿尾砂为混合材生产复合水泥工业试验，确定了生产性试验的水泥配比为熟料 65%、石膏 5%、石煤渣 20%、尾砂 10%，其他质量控制指标为出磨水泥细度不超过 2.5%，SO_3 控制值为 2.5±0.2。并在生产过程中根据水泥磨的工况及时进行调整，确保生产的 32.5 复合硅酸盐水泥质量符合国家和内控标准。

B 试生产期间水泥质量

试生产水泥质量见表 4-19。试生产的 PC32.5 水泥 3 天强度高，28 天强度增进率适中，凝结时间等都可满足各类工业民用建筑的施工和质量要求，所生产的水泥质量使用后也得到了绍兴旭峰商品混凝土等用户的好评。

表 4-19 试生产 PC32.5 出厂检验结果

生产日期	强度等级	标准稠度	混合材		凝结时间/min		细度/%	MgO/%	Cl^-/%	SO_3/%	强度/MPa			
			石煤渣	尾砂	初凝	终凝					抗折		抗压	
											3d	28d	3d	28d
2009 年 3 月 2 日	32.5	26.00	20	10	175	237	1.9	1.9	0.008	2.55	4.6	7.8	23.3	42.5
2009 年 3 月 6 日	32.5	26.00	20	10	152	223	2.4	2.4	0.009	2.54	4.3	7.7	20.7	41.7
2009 年 3 月 8 日	32.5	26.00	20	10	178	240	2.0	2.0	0.009	2.53	4.5	7.9	22.9	42.1
2009 年 3 月 9 日	32.5	26.00	20	10	155	225	2.5	2.5	0.007	2.55	4.4	7.8	21.5	41.7
2009 年 3 月 11 日	32.5	26.00	20	10	178	243	2.0	2.0	0.008	2.52	4.3	7.7	21.5	41.6
2009 年 3 月 12 日	32.5	26.00	20	10	165	225	2.2	2.2	0.007	2.51	4.4	7.6	22.5	41.7

C 混凝土性能

除了水泥的物理力学性能为用户所关注外，作为混凝土的主要成分，水泥的施工性能、配制的混凝土强度也历来为用户所重视。为了评价掺加尾砂生产水泥的建筑性能，了解其配制的混凝土的和易性、物理力学强度，同时也为了使试验有一定的实际意义和针对性，根据绍兴旭峰混凝土搅拌站实际要求，进行了混凝土性能试验。

绍兴旭峰混凝土搅拌站利用掺尾砂水泥配制的混凝土为 C25 级，坍落度要求为 70~130mm 和 130~190mm，据此设计的混凝土配合比见表 4-20。

表 4-20 混凝土配合比

混凝土强度等级/MPa	水胶比/%	砂率/%	塌落度/cm	水泥/kg	砂/kg	石/kg	水/kg	粉煤灰/kg	外加剂/kg
C25 非泵	0.48	41	70~130	328	723	1040	179	44	5.95
C25 泵送	0.48	46	130~190	344	799	938	187	46	6.24

强度是混凝土最重要的力学性质，它与混凝土的刚性、抗渗性、抗风化及抗某些介质的侵蚀能力有着密切的关系，因此工程上通常用混凝土强度来评定混凝土的质量。根据以上混凝土配合比的试验结果进行混凝土立方体抗压强度试验，结果见表 4-21。

表 4-21 混凝土立方体抗压强度

砼强度等级	编号	抗压强度/MPa		
		3d	7d	28d
C25	非泵	—	26.9	36.2
C25	泵送	—	24.3	34.1

试验结果显示，虽然工程所用的混凝土坍落度要求较大，但经过合理的配比，采用较小的水胶比仍可以满足要求，这对提高混凝土的密实度是十分有利的，相应地也改善了混凝土的抗渗、抗冻、抗碳化等耐久性能。同时试验中可以观察到，在坍落度较大时，混凝土拌和物仍无泌水现象。

混凝土强度试验结果表明，虽然配比时采用 PC32.5 水泥，但混凝土仍有较高的抗压强度，超过混凝土设计标号的要求。因此，利用掺 10%尾砂生产的 PC32.5 水泥性能完全可以满足各类工业、民用建筑和钢筋混凝土结构工程配制混凝土的要求。

4.2.3.3 研究和试生产结论

（1）磁铁矿尾砂的主要化学成分为 SiO_2 和 CaO，两者之和超过 50%，MgO 的含量也较高，达 10%以上，另外还含有一定量的 Al_2O_3、Fe_2O_3、SO_3 等成分。无对水泥性能有害及放射性超标物质存在。易磨性优于石煤渣，对提高水泥粉磨能力是有益的。

（2）尾砂的火山灰活性各项检测项目实测值均符合《用于水泥中的火山灰质混合材料》（GB/T 2847—2005）标准中活性混合材料要求。

（3）试生产的 32.5 级复合水泥强度高，凝结时间适中，质量稳定，各项品质指标均达到或超过《通用硅酸盐水泥》（GB 175—2007）的要求。用于配制混凝土时，和易性好，并且具有良好的抗钢筋锈蚀能力，可广泛应用于各类工业民用建筑。

（4）本项目大量利用磁铁矿尾砂为混合材生产复合水泥，每吨复合水泥可利用尾砂 0.1t 以上，有利于解决目前水泥行业发展中遇到的资源问题，也为彻底解决磁铁矿尾砂的排放问题走出了一条新路，具有显著的社会效益。

4.2.4 利用铅锌矿尾砂作为矿化剂生产水泥熟料

在水泥熟料形成过程中，由于矿化剂、助熔剂起着改善生料的易烧性、促进矿物形成、节能降耗等作用，从而引起了人们的注意。国外学者很早就开展了这方面的研究，并在水泥生产中运用推广，取得巨大成果，他们发现氟、氯、硫、镁、锌等许多元素有矿化或助熔作用。国内学者对矿化剂助熔剂的研究及运用也做了大量工作，特别对氟硫复合重晶石在生产中成功运用，促进水泥生产技术发展，带来了显著的经济效益和社会效益。

铅锌矿的铅和锌，是以氧化物、硫化物或二者的混合物形式存在，经开采，选矿后得到锌硫精矿等产品和铅锌矿尾砂废弃物。这种铅锌矿尾砂占原矿 90%的左右。401 厂自生产三十多年所排出的尾砂，已占用了大面积的农田、山地，这些尾砂淤塞河流，污染环境，严重地影响了周边人民群众的正常生产和生活秩序。消化利用这些尾砂，既有着就地取材、节约成本、增加经济效益的现实意义，又有减少环境污染、造福人民的深远历史意义。鉴于此，政和华厦水泥有限公司开展了利用铅锌矿尾砂作为矿化剂生产水泥熟料的研究与应用，取得了较为显著的技术与经济效益。

4.2.4.1　铅锌矿尾砂作为矿化剂的可行性分析

表4-22为401厂铅锌矿尾砂的主要化学成分，可知铅锌矿尾砂主要成分为SiO_2、CaO、Fe_2O_3和Al_2O_3。

表4-22　铅锌尾砂主要化学成分　（%）

项目	损失	SiO_2	Al_2O_3	Fe_2O_3	CaO	MgO	SO_3	Zn
1	3.90	46.10	8.41	9.50	23.54	3.75	0.07	1
2	1.90	55.78	6.94	9.92	18.82	3.50	0.12	1

由表4-22可知，该尾砂的SiO_2含量和生料中的SiO_2含量相近，可以替代黏土原料使用；其CaO含量较高，有利于充分利用低品位的石灰石，节省石灰石用量；由于铅锌尾砂中的含有CaO，不是$CaCO_3$，因此，在立窑煅烧过程中可节省部分$CaCO_3$分解所需的热量。同时，由于铅锌矿尾砂的烧失量低，SiO_2含量高，这说明CaO大部分是以硅酸盐形式存在的，Fe、Al、Mg等成分也主要以硅酸盐形式存在。此外，尾砂中含有20余种微量元素。组分越多，其共熔点越低，在熟料烧成过程中，可降低高温熔融温度，减少燃料消耗。所以具有十分明显的节能降耗的效果。

采用铅锌矿尾砂、氟化渣、萤石作为复合矿化剂，由于液相量较多，液相黏度降低，有利于反应物分子的扩散，促进矿物形成，水泥生料的易烧性好，上火速度较快，窑内还原气氛减弱，熟料的速冷制度形成。有利于提高立窑的台时产量，改善水泥的安定性。且复合矿化剂有更多的锌、硫、氟离子以及其他微量组分溶入A矿晶体中（也不同程度地溶于B矿晶体中），以利生成大量晶体发育良好的固溶程度高的高活性A矿。固溶程度越高的A矿，其水化速度越快，强度越高。因此，可提高水泥熟料强度。

表4-22中的SO_3含量仅在0.1%左右，锌含量为1.0%左右。针对这种含SO_3低，含锌量也低的尾砂，是否具有矿化效果，能否与萤石合复合使用等问题，与相关专家、学者进行了研究与探讨。并拟定了用氟化渣即氟石膏来代替石膏。氟化渣是以氟化钙（萤石）用硫酸处理制取氢氟酸后残存的渣子，其生成时为无水石膏，且残存有CaF_2（含量为3.4%），经一定时间的存放，一部分无水石膏会转变为二水石膏。以此来弥补该铅锌矿尾砂中SO_3含量低的缺陷。氟化渣的化学成分见表4-23。

表4-23　氟化渣化学成分　（%）

LOSS	SiO_2	Al_2O_3	Fe_2O_3	CaO	MgO	SO_3	CaF_2
10.86	12.44	0.74	1.16	32.13	1.04	38.75	3.4

基于上述测试结果与分析，制订了采用铅锌矿尾砂、氟化渣、萤石作为复合矿化剂的新配料方案。

4.2.4.2　铅锌矿尾砂的矿化机理

铅锌矿尾砂中由于含ZnS、FeS，在煅烧时主要发生如下化学反应：

$$FeS + O_2 \xrightarrow{\Delta} Fe_2O_3 + SO_2 \uparrow$$

$$ZnS + O_2 \xrightarrow{\Delta} ZnO + SO_2 \uparrow$$

$$4SO_2 + 3O_2 \xrightarrow[\text{催化剂}]{\triangle} 4SO_3$$

$$CaSO_3 \xrightarrow{\triangle} CaCO_3 + O_2$$

$$CaCO_3 + SO_3 \xrightarrow{\triangle} CaSO_4\text{(新生态)}$$

新生态的 $CaSO_4$ 活性较大，其矿化作用比一般石膏要好，据此可以认为铅锌矿尾砂是一种 SO_2 类型的矿化剂。再则它含有 Fe^{2+} 和许多微量元素，能够降低液相形成温度，同时 Fe^{2+} 助溶效果比 Fe^{3+} 要好。

4.2.4.3 经济效益测算

采用铅锌矿尾砂、氟化渣、萤石作为复合矿化剂后，由于铅锌矿尾砂中的 CaO 含量达 20%左右，因此可以节省石灰石用量，节约 2%左右。更主要的是可以充分利用外购的大量低品位石灰石。401 厂矿山的石灰石 CaO 含量虽高，但因土层较厚，开采成本费用大，每吨石灰石价格达 45 元左右。而外购的石灰石每吨价格只需 5 元左右，这样年产水泥按 8.5 万吨计，需要石灰石 8.1 万吨左右。原本矿山用量占石灰石比例的 70%左右，外购矿石占 30%左右；现在矿山用量占 35%左右，外购矿石占 65%左右。一年可节约资金 425250 元。

采用铅锌矿尾砂后，采取浅火操作，降低了煤耗。因此，配料煤从采用铅锌矿尾砂前的 14.5%左右，降到采用后的 11.5%左右。这样年产水泥按 8.5 万吨计，生料产量按 11.3 万吨计，每吨煤按现市场价 240 元计，一年可节约资金 813600 元。

采用铅锌矿尾砂、氟化渣、萤石复合矿化剂烧成的熟料强度比原来的熟料强度提高很多，因此混合材掺量可增加。混合材掺入量从原来的 6.5%左右，增加到 14.5%左右，由此一年可增加经济效益 109 万元左右。

采用铅锌矿尾砂、氟化渣、萤石作为复合矿化剂后，立窑台时产量从原来的 6.3t/h 提高到现在的 8.8t/h，熟料 f-CaO 含量从原来的 3.5%降至 2.3%，出磨水泥安定性合格率从原来的 70%提高到 100%。

4.2.4.4 结论

实践证明，铅锌矿尾砂能改善水泥生料易烧性，加速碳酸钙分解，破坏结晶形石英结构，提高 SiO_2 与 CaO 反应能力，生成过液相与早强矿物；降低液相的出现温度与黏度，增加液相量促进熟料的形成。在充分利用大量低品位石灰石、延长优质石灰石的使用年限、提高立窑台时产量、提高熟料强度、改替水泥安定性、节能降耗、增加经效益等方面起了极为重大的作用。消化利用铅锌矿尾砂，变废为宝，同时也解决了因尾砂囤积、污染环境的难题。

4.2.5 黄金尾砂制备高贝利特相胶凝材料试验研究

随着对水泥工业可持续发展问题认识的日益提高，人们对以硅酸三钙（C_3S）为主导矿物相的硅酸盐水泥也有了新的认识。从化学角度看，硅酸盐水泥尽管具有高的早期活性和强度，但其水化产物中 $Ca(OH)_2$ 数量多、晶粒粗大，水化硅酸钙凝胶的 Ca 与 Si 摩尔比高，导致其抗溶出性能差、抗化学侵蚀能力弱、胶凝性能低、界面结合弱。另外，硅酸盐水泥还有水化热高、对混凝土外加剂适应性差等缺点，这些均不利于混凝土材料的高性能化和结构优化。从生产角度来看，水泥熟料和水泥的化学组成 CaO 含量过高是产生高能耗、高污染和资源浪费的根本原因。因此，降低水泥中的 CaO 含量或水化产物中$Ca(OH)_2$含量势在必行，国内外众多学者已着手开展高贝利特相（β-C_2S）水泥的研究。

黄金尾砂是黄金选矿提取黄金精矿后所排放的矿石废料，呈黄色粉状，有较小的粒度和相对均匀的粒度分布，含较多 SiO_2、CaO 和一定量的 Fe_2O_3、Al_2O_3、MgO，有较高的表面能和潜在反应活性，是良好的硅酸盐建筑材料的原料。为扩大黄金尾砂的综合利用范围，尽可能多地处理黄金尾砂，节约土地和资源，作者旨在将黄金尾砂作为制备高贝利特相胶凝材料的原料加以利用，实现黄金尾砂的资源化。

4.2.5.1　试验

试验所用原料的化学成分分析结果见表 4-24。

表 4-24　原材料的化学成分分析　（%）

原材料	SiO_2	Al_2O_3	Fe_2O_3	CaO	MgO	K_2O	Na_2O	损失
黄金尾砂	30.24	6.66	6.09	26.48	3.02	1.13	1.28	21.04
石灰石	3.87	1.20	0.34	52.40	0.42	0.10	0.05	41.54

将原材料烘干并粉磨至所需细度后备用。粉体细度试依据《水泥细度检验方法（80μm 筛筛析法）》（GB/T 1345—1991）检验；粉体比表面积测定按照《水泥比表面积测定方法（勃氏法）》进行（GB/T 8074—1987）；游离氧化钙含量测定采用甘油-乙醇法；硬化水泥浆体抗压强度试验采用 2cm×2cm×2cm 小试块，水胶比为 0.4（质量比）标准养护。

胶凝材料的制备。以黄金尾砂、石灰石为原料，配制、煅烧富含 β-C_2S 的胶凝材料。根据配料计算按黄金尾砂：石灰石=1：1（质量比）混合均匀，筛余 1.3%加入少量水后用金属试模压制成若干个圆柱料段（规格 25mm×35mm），经烘箱（110℃）烘干后将料段放入马弗炉内在 1350℃下高温煅烧并保温 1h。煅烧完成后取出样迅速用电风扇鼓风使料段急冷到室温。将大量煅烧料段破碎、研磨制成高 β-C_2S 粉体（以下简称 JS 粉，筛余 1.1%，游离氧化钙含量 0.84%）。

水化试样的制备。为了分析高贝利特相胶凝材料（JS 粉）的水化情况，对它们在不同龄期的水化物物相进行分析，制作 20mm×20mm×20mm 立方体净浆小试块，配比为：m(水)：m(JS 粉)= 0.4：1。成型 24h 后拆模移至水中进行标准养护至相应龄期，取出并破碎成小块，浸入无水乙醇中终止水化，测试备用。

水化物的表征使用日本日立公司的 S-4700 型冷场发射型扫描电子显微镜（SEM）对水化物形貌进行分析，加速电压为 15kV；用德国布鲁克公司 D8Focus 型 X-Ray 衍射仪（辐射源为 Cu 靶 40kV/40mA）进行物相组成分析（XRD）。

4.2.5.2　结果与分析

A　高贝利特胶凝材料的 XRD 和岩相分析

对高温煅烧制备的 JS 粉试样进行 X 射线衍射分析，其图谱如图 4-9 所示。由 X 射线衍射图谱可以看出，经高温煅烧制备的 JS 粉试样含有大量 β-C_2S、C_3S，少量 C_3A 和 C_4AF 相。

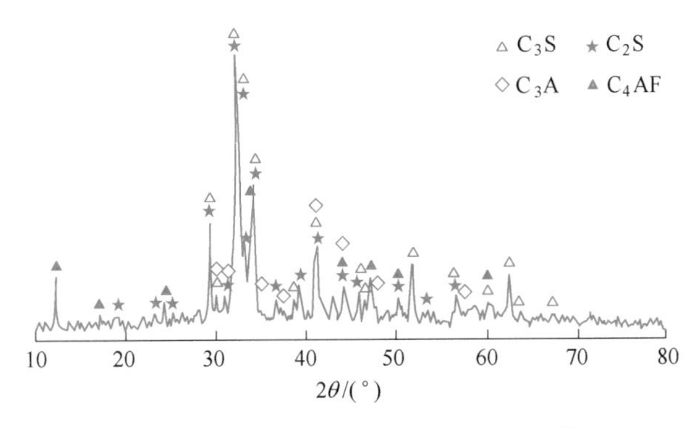

图 4-9 高贝利特胶凝材料的 XRD 图谱

采用反光显微镜观察高贝利特胶凝材料的岩相结构，用 1% 硝酸酒精溶液浸蚀。图 4-10是高贝利特相胶凝材料的岩相照片（放大 400 倍）。如图 4-10 所示，外形呈圆粒状、颜色较浅的矿物是 B 矿（C_2S），大小在 10~40μm 矿物含量较多，形状较规则，发育情况较好。外形呈板状或长柱状、颜色较深的矿物为 A 矿（C_3S），其晶体边棱平直大小在 20~50μm。中间相分布不均匀，以点滴状、点线状和骨骼状为主。

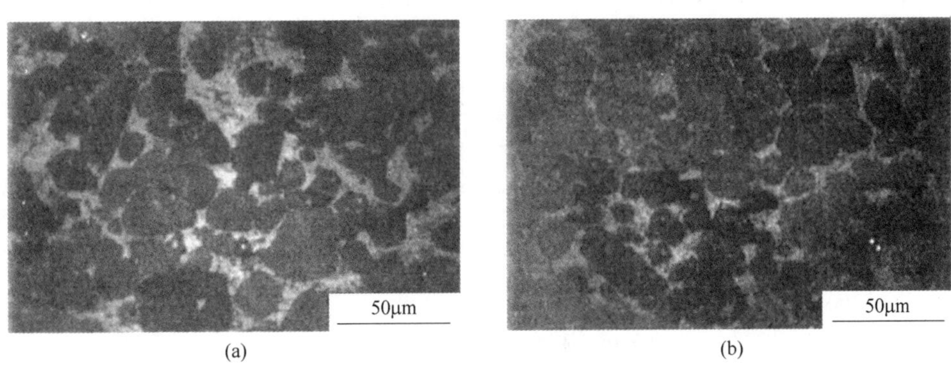

(a)　　(b)

图 4-10 高贝利特胶凝材料的岩相照片

（a）图形选区 1；（b）图形选区 2

B 水化物的 XRD 分析

图 4-11 给出高贝利特相胶凝材料水化 3 天、9 天、28 天的 X 射线衍射图谱。如图 4-11 所示，当试样水化到 3 天时，出现了 C-S-H 凝胶、AFt、$Ca(OH)_2$、C_3S 和 C_2S 的特征峰；当水化进行到 28 天时，浆体中的 $Ca(OH)_2$ 衍射峰显著升高，表明当试样水化到 28d 时，水化反应进行的程度较高。试验表明，试样各龄期水化产物的 XRD 图中均出现了较为明显的 C-S-H 凝胶、AFt、$Ca(OH)_2$ 和水泥熟料矿物的特征峰，即与硅酸盐水泥的水化产物的种类相同。

C 水化物的 SEM 分析

图 4-12 为高贝利特相胶凝材料在不同龄期（3 天、7 天、28 天）浆体的水化产物微观形貌（10000 倍）。如图 4-12 所示，3 天龄期水化试样内部颗粒表面已经生长出一些絮状 C-S-H 凝胶；水化至 7 天龄期时絮状 C-S-H 凝胶数量增多，填充于颗粒间隙中，但基本没

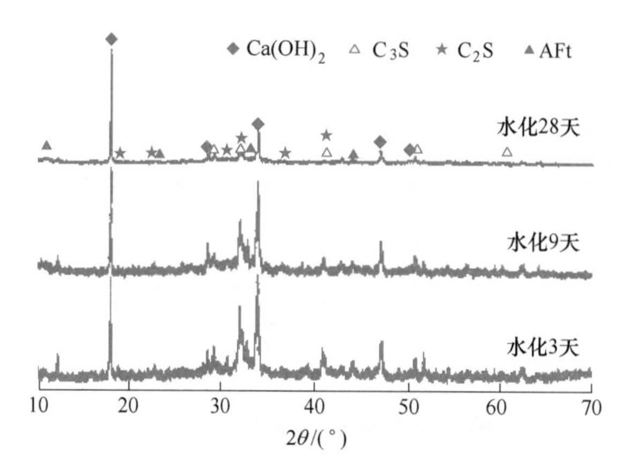

图 4-11 各龄期高贝利特胶凝材料浆体的 XRD 图谱

有针状 AFt；28 天龄期的 SEM 图像中可以发现一些细针状的 AFt 晶体。由于水化反应生成 AFt 晶体的过程中产生了一定的膨胀作用，填补了水化浆体空间中的空洞，使得浆体结构趋于均匀，且密实度得到增强。通过 SEM 观察显示，随着水化龄期的延长，高贝利特胶凝材料浆体结构日趋均匀和密实化，28 天的浆体微结构已十分致密，这主要由大量的凝胶产物相互叠加黏结而成。

(a)

(b)

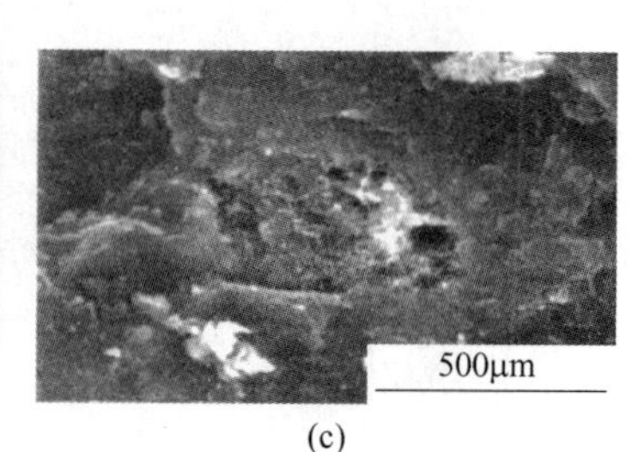

(c)

图 4-12 水化试样各龄期的 SEM 照片

(a) 3 天；(b) 7 天；(c) 28 天

D 高贝利特材料的胶凝性能

为考察高贝利特相矿物材料的胶凝性能，将硅酸盐水泥熟料 JS 粉配入 4.0%（质量分数）石膏粉（石膏 SO_3 含量 49.65%），磨制成试样 C1 和 C2，然后分别按水灰比（质量比）0.4 配制拌和成净浆，将拌和好的净浆置于 2cm×2cm×2cm 的模具中，成型 24h 后拆模移至水中进行标准养护至相应龄期，取出后测试试样的抗压强度。两种试样在不同龄期的抗压强度和强度变化图分别见表 4-25 和图 4-13。

表 4-25 水化熟料的矿物组成及净浆试块的抗压强度

试样	矿物组成/%				比表面积/$m^2 \cdot kg^{-1}$	抗压强度/MPa				
	C_3S	C_2S	C_3A	C_4AF		3d	7d	28d	90d	180d
C1	65.56	13.16	8.51	7.78	357	35.4	47.8	56.1	63.5	64.8
C2	30.74	41.64	4.56	15.2	379	27.8	38.7	52.3	69.4	73.1

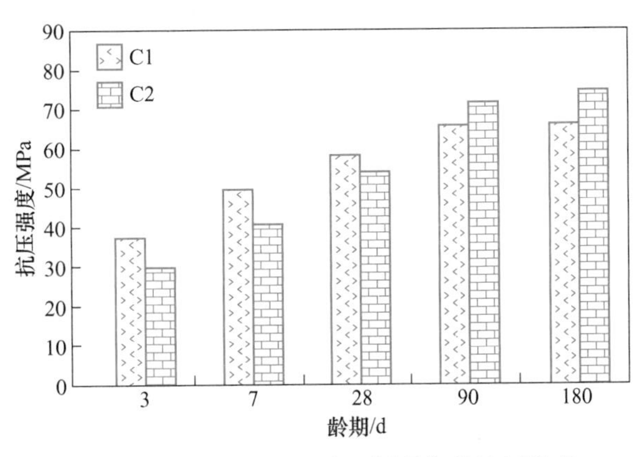

图 4-13 试样 C1、C2 在不同龄期的抗压强度

由表 4-25 和图 4-13 可以看出，高贝利特胶凝材料早期（1~7 天）抗压强度相对较低，但 7 天以后的强度增进速率较快，28 天在强度可达到传统硅酸盐水泥强度的 93.2%，此后强度的发展保持较高的增幅，90 天龄期时高贝利特胶凝材料的抗压强度超出同龄期硅酸盐水泥 5.9MPa，水化反应进行至 180 天龄期时二者强度的差值增大到 8.3MPa。以上数据表明，利用黄金尾砂制备的高贝利特材料具有良好的胶凝性能。

4.2.5.3 结论

（1）利用黄金尾砂和石灰石可在较低温度下烧成胶凝性能优良的高贝利特水泥胶凝材料，为黄金尾砂的综合利用创造了条件。不仅为矿山企业节省用于尾砂排放、土地占用和环境保护等方面的费用。同时，还为水泥企业找到了一种价廉物美的原材料。

（2）高贝利特水泥胶凝材料的主要矿物为 β-C_2S、C_3S、少量 C_3A 和 C_4AF 相。B 矿（β-C_2S）结晶良好，大小在 10~40μm。矿物含量较多，形状较规则；同时形成呈板状或长柱状的 A 矿（C_3S），大小在 20~50μm。

（3）高贝利特相胶凝材料水化时，水化产物 AFt 晶相的数量较多，起到了良好的补偿收缩作用，改善了硬化水泥石的结构，后期强度较高。

4.3 碱激发尾砂胶凝材料

4.3.1 碱激发胶凝材料组成及机理

碱激发胶凝材料是利用具有火山灰活性或者潜在火山灰活性的硅铝质材料与碱性激发剂反应而生成的一种胶凝材料。常用的硅铝质材料主要有矿渣、粉煤灰、偏高岭土、炉渣、赤泥等（图 4-14），碱性激发剂主要有 KOH、NaOH、水玻璃、Na_2CO_3 等。在激发剂作用下，活性原料中的无定型玻璃体网络 Si—O 键发生断裂解体，随后又再缩聚生成铝硅酸盐反应产物，从而获得胶凝作用。碱激发胶凝材料的制备工艺简单，大量的研究成果表明，碱激发胶凝材料跟传统水泥相比，具有快硬性、流动性好、抗腐蚀性、低水化热等优异的性能。同时，碱激发胶凝材料的制备增加了废物的利用，符合可持续发展的战略要求，因此受到各国学者的广泛关注。

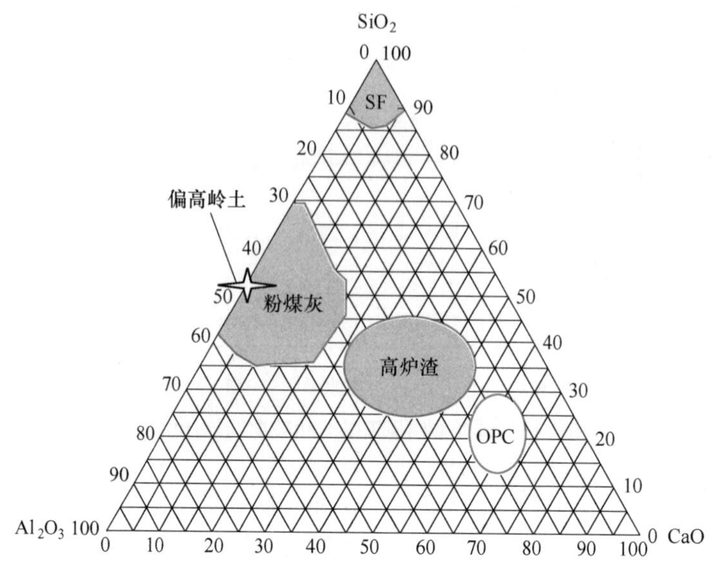

图 4-14 普通胶凝材料的典型组成范围

4.3.2 尾砂前处理

不同类型的尾砂化学组成和含量略有不同，但大都基本相似，例如金尾砂和铁尾砂中含有大量的 SiO_2 和较多的 Fe_2O_3、Al_2O_3，虽然其化学成分和粉煤灰、高炉矿渣、水泥等具有胶凝活性的材料类似，但矿物组成差异较大。矿渣、偏高岭土等活性较高前驱体含有大量的硅酸盐和铝硅酸盐玻璃体，加入碱活化剂后能迅速发生水化反应，但金尾砂和铁尾砂的主要矿物成分为石英、长石这种惰性矿物，如果不经手段加以处理难以作为胶凝材料用于矿山充填和混凝土领域。尾砂活化方式一般包括机械活化、热活化、化学活化、碱溶活化。

机械活化。机械活化的目的是通过在用于碱激发之前研磨材料来增加不同组分（例如铝、硅、铁、镁和钙）的反应性。反应性的增加是由于研磨后反应性元素的无定形含量更高。此外，表面积随着颗粒尺寸的减小而增加。要优化的最重要参数是每种材料所需的研磨时间，以确保最具成本效益，通常在研磨材料之前和之后分析无定形含量、不同元素的溶解度、粒度分布和相组成。

热活化。碱激发前的热处理已显示出提高尾砂反应性的潜力。反应性的增加是基于晶体结构向无定形结构的转变和从原料中除去羟基。热处理能增强铝和硅单元从初始材料中的溶解，增加材料在碱性条件下的反应性。此外，在热处理后的尾砂中检测到更多的无定形含量。

碱溶活化。碱溶活化的目的是为了改变尾砂中的惰性矿物相，具体原理是在高温下碱与尾砂充分混合后发生反应，使尾砂中石英、云母和长石等惰性晶峰减弱，并使其出现其他活性晶相，增加其作为碱激发原料的活性。

4.3.3 尾砂碱激发方法及其性能

目前，尾砂碱激发制备的胶凝材料主要用于道路基层材料、充填胶凝材料和地质聚合物（表4-26）。然而，由于尾砂碱激发工艺（图4-15）较为复杂，且成本较高，目前仍处于实验室研究阶段，离实际应用有一段距离。

表4-26　尾砂碱激发的应用

（1）尾砂作为碱激发原料					
尾砂类型	前处理	养护温度	碱激发剂	最终性能	用　途
铜尾砂	无	35℃	11mol/L NaOH	7天最优5.32MPa	道路基层材料
金尾砂	碱溶（650℃，40min）	室温	15%NaOH	28天最优13.58MPa	充填胶凝材料
金尾砂	加碱烘干后研磨	室温	$Ca(OH)_2+Na_2SiO_3$ 总共2%	28天最优40.6MPa	胶凝材料
金尾砂	碱溶（300℃）	室温	$Ca(OH)_2+Na_2SiO_3$ 总共2%	28天最优43.8MPa	胶凝材料
钒尾砂（掺30%粉煤灰）	60min研磨	28℃	$Na_2SiO_3 \cdot nH_2O$	7天最优53MPa	地质聚合物
铜尾砂	1~4h研磨	室温	$Na_2SiO_3 \cdot nH_2O$ Ms=3.22，8mol/L NaOH	7天最优51MPa	地质聚合物
铜尾砂	碱溶（650℃）	室温	$Na_2SiO_3 \cdot nH_2O$ Ms=3.22，8mol/L NaOH	7天最优51MPa	地质聚合物
铜尾砂	煅烧（400℃、500℃、600℃、700℃、800℃）	室温	$Na_2SiO_3 \cdot nH_2O$ Ms=3.22，8mol/L NaOH	7天最优51MPa	地质聚合物
钨尾砂	煅烧（950℃）	室温	12mol/L NaOH	28天最优39.6MPa	地质聚合物
金尾砂	煅烧（600℃、900℃）	室温	$Ca(OH)_2+Na_2SiO_3+$ NaOH		固化重金属
高岭土尾砂	煅烧（750℃）	40℃	6mol/L NaOH	3天最优13MPa	地质聚合物
磷尾砂	煅烧（750℃2h）	79℃	11mol/L NaOH	3天最优62MPa	地质聚合物
硼尾砂	煅烧（800℃）	蒸汽养护	Na_2SiO_3+NaOH 最优Ms=1.8	7天最优38MPa	砂浆
锂尾砂	煅烧（750℃）	40℃	Na_2SiO_3+NaOH		地质聚合物
磷灰石尾砂	煅烧（1600℃）	室温	6mol/L NaOH		地质聚合物

（2）尾砂作为碱激发辅助材料				
尾 砂 类 型	养护温度	碱激发剂	最终性能	用　途
Kaltails尾砂（掺粉煤灰25%）	室温	NaOH		地质聚合物
铜尾砂（掺粉煤灰75%）	90℃	15mol/L NaOH	28天强度14MPa，但粉煤灰越多强度越高	地质聚合物
闪锌矿浮选尾砂（掺偏高岭土50%）	60℃	1mol Na_2SiO_3	7天最优15.5MPa	地质聚合物
钼尾砂（掺偏高岭土20%）	室温	35%Na_2SiO_3	3天最优46MPa	地质聚合物

续表 4-26

(2) 尾砂作为碱激发辅助材料				
尾 砂 类 型	养护温度	碱激发剂	最终性能	用 途
金矿尾砂(掺矿渣和偏高岭土)	室温	15mol/L NaOH	7 天最优 15MPa	地质聚合物
铜锌矿尾砂(掺 7%矿渣)	室温	Na_2SiO_3+NaOH Ms=1,8%Na_2O	227 天最优 4.8MPa	地质聚合物
铜镍矿尾砂(掺 20%粉煤灰)	室温	Na_2SiO_3+NaOH	砂灰比 0.05 时 3 天最优强度为 30MPa	地质聚合物

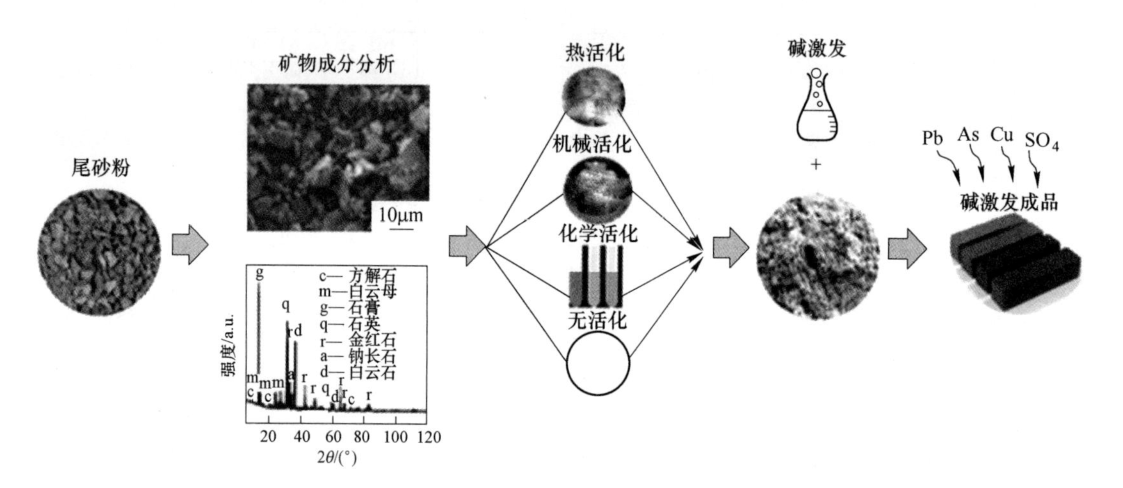

图 4-15 尾砂碱激发工艺

本 章 小 结

本章主要介绍利用金属矿共伴生资源制备混凝土辅助胶凝材料、烧制硅酸盐水泥、生产碱激发胶凝材料的原理和方法。经过机械力化学活化的硅质铁尾矿粉作为辅助胶凝材料取代部分水泥制备混凝土,基于混凝土的抗压强度、抗渗性、抗冻性、碳化性能及抗硫酸盐腐蚀性能表现,确定活化后的硅质铁尾矿粉对水泥的最佳取代量为 30%。根据尾砂的物化性质,将其因地制宜地用作混合材、矿化剂、基础原料等来生产硅酸盐水泥,不仅能为矿山企业节省用于尾矿排放、土地占用和环境保护等方面的费用,还为水泥企业找到了一种价廉物美的原材料。尾砂作为主要原料或者辅助原料可以用于制备碱激发胶凝材料,增加了废物的利用,符合可持续发展的战略要求。

思 考 题

(1) 简述尾砂制备混凝土辅助胶凝材料的原理。

(2) 举例说明尾砂烧制硅酸盐水泥熟料的应用。

(3) 简述碱激发尾砂胶凝材料的前处理的注意事项。

参 考 文 献

[1] 章定文，王安辉. 地聚合物胶凝材料性能及工程应用研究综述［J］. 建筑科学与工程学报，2020，37（5）：13-38.

[2] 徐永模，陈玉. 低碳环保要求下的水泥混凝土创新［J］. 混凝土世界，2019（3）：32-37.

[3] 刘岩，叶涛萍，曹万林. 地聚物混凝土结构研究与发展［J］. 自然灾害学报，2020，29（4）：8-19.

[4] 李承洋，龚先政，周丽玮，等. 中国水泥工业节能和减排潜力分析［J］. 中国建材科技，2019（1）：21-24，18.

[5] 韩鹏. 高硅型铁尾矿对混凝土和易性及抗压强度影响试验研究［D］. 沈阳：东北大学，2013.

[6] 李文川. 高硅型铁尾矿对混凝土抗渗性及抗硫酸盐腐蚀影响试验研究［D］. 沈阳：东北大学，2014.

[7] 齐珊珊. 高硅型铁尾矿对混凝土碳化性能及抗冻性能影响试验研究［D］. 沈阳：东北大学，2014.

[8] 钱觉时. 粉煤灰特性与粉煤灰混凝土［M］. 北京：科学出版社，2002：150-153.

[9] 杨小聪，郭利杰. 尾矿和废石综合利用技术［M］. 北京：化学工业出版社，2018.

[10] 罗力. 利用铁尾矿制备硅酸盐水泥熟料的试验研究［D］. 武汉：武汉理工大学，2016.

[11] 赵英良，邢军，刘辉，等. 蚕庄金矿尾矿碱熔活化制备充填胶凝材料［J］. 有色金属工程，2017，7（6）：80-85.

[12] 付万长，蔡基伟，史俊礼，等. 化学与热处理法对金尾砂胶凝活性的激发［J］. 硅酸盐通报，2020，39（8）：187-193.

[13] Davidovits J. Waste solidification and disposal method［P］. US，US4859367A，1989.

[14] Jaarsveld J, Lukey G C, Deventer J, et al. The stabilisation of mine tailings by reactive geopolymerisation.［C］//Proceedings MINPREX，2000：363-372.

[15] Ahmari S，Zhang L. Production of eco-friendly bricks from copper mine tailings through geopolymerization［J］. Construction and Building Materials，2012，29：323-331.

[16] Ahmari S，Zhang L. Utilization of cement kiln dust（CKD）to enhance mine tailings-based geopolymer bricks［J］. Construction & Building Materials，2013，40：1002-1011.

[17] Manjarrez L，Zhang L. Utilization of copper mine tailings as road base construction material through geopolymerization［J］. Journal of Materials in Civil Engineering，2018，30（9）：04018201. 1-04018201. 12.

[18] Wan Q，Rao F，Song S，et al. Consolidation of mine tailings through geopolymerization at ambient temperature［J］. Journal of the American Ceramic Society，2019，102（5）：2451-2461.

[19] Wang A，Liu H，Hao X，et al. Geopolymer synthesis using garnet tailings from molybdenum mines［J］. Minerals，2019，9（1）：48.

[20] Kiventera J，Lancellotti I，Catauro M，et al. Alkali activation as new option for gold mine tailings inertization［J］. Journal of Cleaner Production，2018，187：76-84.

[21] Capasso I，Lirer S，Flora A，et al. Reuse of mining waste as aggregates in fly ash-based geopolymers［J］. Journal of Cleaner Production，2019，220：65-73.

[22] Falah M，Obenaus-Emler R，Kinnunen P，et al. Effects of activator properties and curing conditions on alkali-activation of low-alumina mine tailings［J］. Waste and Biomass Valorization，2020，11：5027-5039.

[23] Jiao X，Zhang Y，Chen T. Thermal stability of a silica-rich vanadium tailing based geopolymer［J］. Construction & Building Materials，2013，38：43-47.

[24] Yu L , Zhang Z , Huang X , et al. Enhancement experiment on cementitious activity of copper-mine tailings in a geopolymer system [J]. Fibers, 2017, 5 (4): 47.

[25] Adesanya E , Ohenoja K , Yliniemi J , et al. Mechanical transformation of phyllite mineralogy toward its use as alkali- activated binder precursor [J]. Minerals Engineering, 2020, 145: 106093.

[26] Ferone C , Liguori B , Capasso I , et al. Thermally treated clay sediments as geopolymer source material [J]. Applied Clay Science, 2015, 107: 195-204.

[27] Bondar D , Lyns Da Le C J , Milestone N B , et al. Effect of heat treatment on reactivity-strength of alkali-activated natural pozzolans [J]. Construction & Building Materials, 2011, 25 (10): 4065-4071.

[28] Hua X, Deventer J. Geopolymerisation of multiple minerals [J]. Minerals Engineering, 2002, 15 (12): 1131-1139.

[29] Pacheco-Torgal F , Castro-Gomes J , Jalali S . Investigations about the effect of aggregates on strength and microstructure of geopolymeric mine waste mud binders [J]. Cement and Concrete Research, 2007, 37 (6): 933-941.

[30] Jalali C G . Investigations of tungsten mine waste geopolymeric binder: Strength and microstructure [J]. Construction and Building Materials, 2008: 2212-2219.

[31] Fernando P T , Joao C G , Said J . Durability and environmental performance of alkali-activated tungsten mine waste mud mortars [J]. Journal of Materials in Civil Engineering, 2010, 22 (9): 897-904.

[32] Jk A , Hs A , Cc B , et al. Immobilization of sulfates and heavy metals in gold mine tailings by sodium silicate and hydrated lime [J]. Journal of Environmental Chemical Engineering, 2018, 6 (5): 6530-6536.

[33] Aydin S , Kiziltepe C C . Valorization of boron mine tailings in alkali-activated mortars [J]. Journal of Materials in Civil Engineering, 2019, 31 (10): 04019224. 1-04019224. 12.

[34] Feng D , Provis J L , Deventer J . Thermal activation of albite for the synthesis of one-part mix geopolymers [J]. Journal of the American Ceramic Society, 2012, 95 (2): 565-572.

[35] Moukannaa S , Loutou M , Benzaazoua M , et al. Recycling of phosphate mine tailings for the production of geopolymers [J]. Journal of Cleaner Production, 2018, 185: 891-903.

[36] Naghsh M , Shams K . Synthesis of a kaolin-based geopolymer using a novel fusion method and its application in effective water softening [J]. Applied Clay Science, 2017, 146: 238-245.

[37] Kouamo H T , Mbey J A , Elimbi A , et al. Synthesis of volcanic ash-based geopolymer mortars by fusion method: Effects of adding metakaolin to fused volcanic ash [J]. Ceramics International, 2013, 39 (2): 1613-1621.

[38] Tchadjie L . Potential of using granite waste as raw material for geopolymer synthesis [J]. Ceramics International, 2015, 42 (2): 3046-3055.

5 矿产共伴生资源制备陶瓷材料

本章课件

本章提要

本章重点介绍矿产共伴生资源用于制备陶瓷坯体和釉面的基本原理、物料体系构建、物料配比计算及具体陶瓷工艺技术方法。

我国矿产共伴生资源主要组成成分以硅酸盐为主，在资源特征上与传统的陶瓷原料基本相近，主要的化学成分为硅、铝、钙、铁和镁的氧化物，还有少量的碱金属、钛、硫的氧化物，因此可以通过矿物物相重构，构建制备陶瓷材料的原料体系。

5.1 陶瓷材料简介

陶瓷是人类生产生活中使用的最古老的材料之一，其出现的年代比金属材料早，是人类历史上的重要研究对象，也是人类文明的象征之一。传统的陶瓷是指以黏土为主要原料，并与其他天然矿物原料经过配比、破碎、成型及烧制等过程而制得的无机非金属材料。随着科学技术的不断发展和社会文明的进步，陶瓷制品的要求也随之提高，不仅需要其具有良好的机械性能，而且要具有声、光、电、热、磁等特殊性能，这些具有特殊性能的陶瓷材料，在电子、航空、航天、生物医学等领域具有广泛用途。关于这类有别于传统陶瓷的新型陶瓷材料，国内外相继出现很多新的名词，如新型陶瓷、精细陶瓷、现代陶瓷、特种陶瓷等，各种文献和著作均不统一，本书将其称为特种陶瓷。这类陶瓷一般采用一系列人工合成或提炼处理过的化工原料，通过结构设计、精细的化学计量、合适的成型方法和烧成制度，在原料、组成和制作工艺等方面都与传统陶瓷大不相同。因此，广义的陶瓷概念已是用陶瓷生产方法制造的无机非金属固体材料和制品的统称。

陶瓷制品种类繁多，其性能要求和所用原料各不相同，通常将陶瓷原料经配料和一定的工艺加工，制得的符合陶瓷主体生产工艺要求的多组分均匀的配合料，称为坯料。陶瓷坯体是陶瓷制品的主体，其性能决定着陶瓷制品的性能和应用。釉是一种覆盖在陶瓷坯体表面上的一层近似玻璃态的硅酸盐物质。陶瓷器上所施的釉一般以石英、长石、黏土为原料，经研磨、加水调制后，涂敷于坯体表面，经一定温度的焙烧而熔融，温度下降时，形成陶瓷表面的玻璃质薄层。

5.2 陶瓷材料基本分类

国际上通用的“陶瓷”一词在各国没有统一的界限。陶瓷制品一般分为两大类，即普通陶瓷和特种陶瓷。普通陶瓷，指陶瓷概念中的传统陶瓷，是人类日常生活中普遍使用的陶瓷制品（陶器和瓷器），也包括玻璃、搪瓷、耐火材料、砖瓦等。根据其性能和特点不同，又可分为日用陶瓷、建筑陶瓷、化工陶瓷、化学瓷、电瓷及其他工业用陶瓷，常用的一种分类方式如图 5-1 所示。

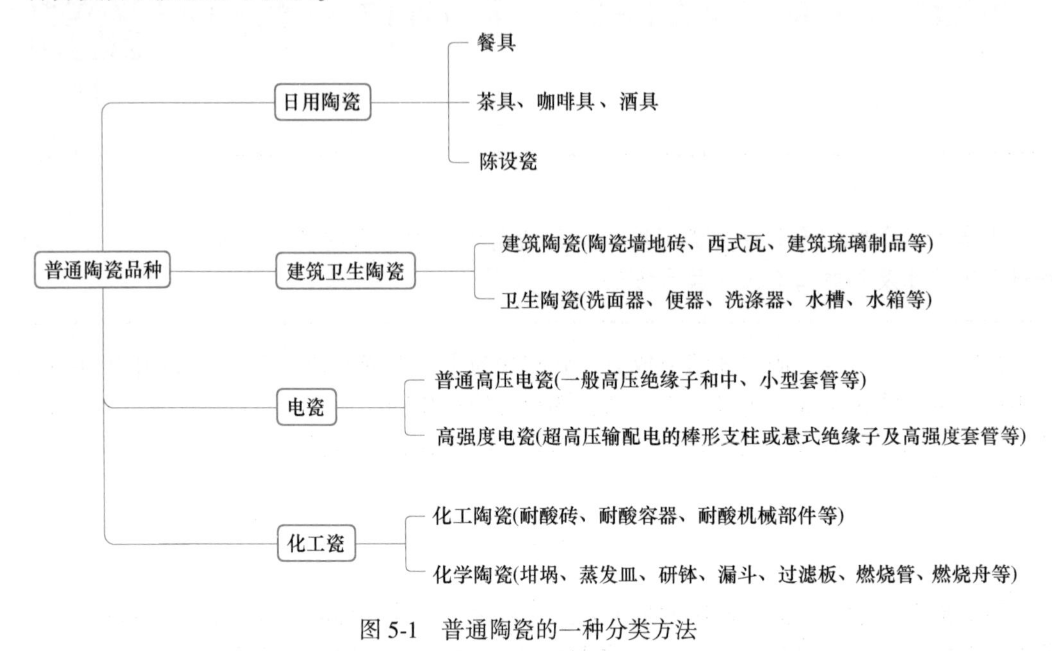

图 5-1 普通陶瓷的一种分类方法

在 2018 年我国颁布实施的标准《日用陶瓷分类》（GB/T 5001—2018）中，根据胎体特征将日用陶瓷分为陶器与瓷器。陶器分为粗陶器、普通陶器和细陶器；瓷器分为炻瓷器、普通瓷器和细瓷器，具体分类如图 5-2 所示。

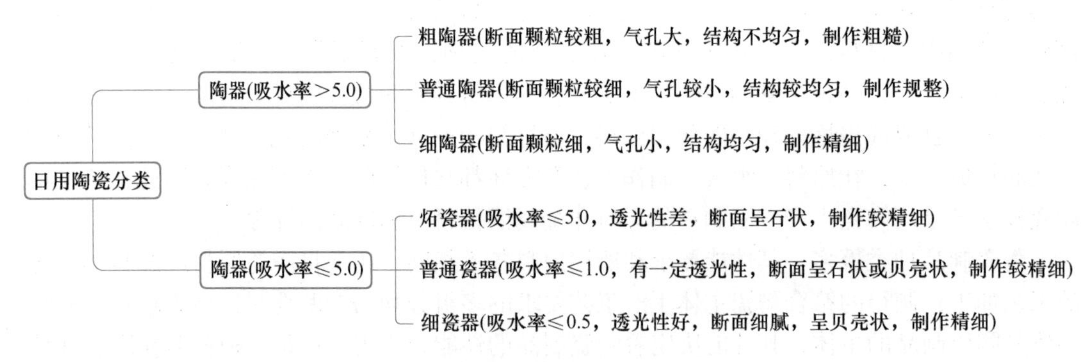

图 5-2 我国日用陶瓷分类标准（GB/T 5001—2018）

现今意义上的陶瓷材料所用的原料和生产工艺技术与传统陶瓷材料有着巨大变化，已与普通陶瓷有较大的不同和发展。特种陶瓷主要包括结构陶瓷和功能陶瓷。结构陶瓷是利用其特殊结构实现材料的耐磨损、高强度、耐热、耐热冲击、硬质、高刚性、低热膨胀性、隔热等功能。功能陶瓷则是具备电磁功能、光学功能和生物-化学功能等的陶瓷制品和材料。此外，还有核能陶瓷和其他功能陶瓷等。特种陶瓷常用的一种分类方式如图 5-3 所示。

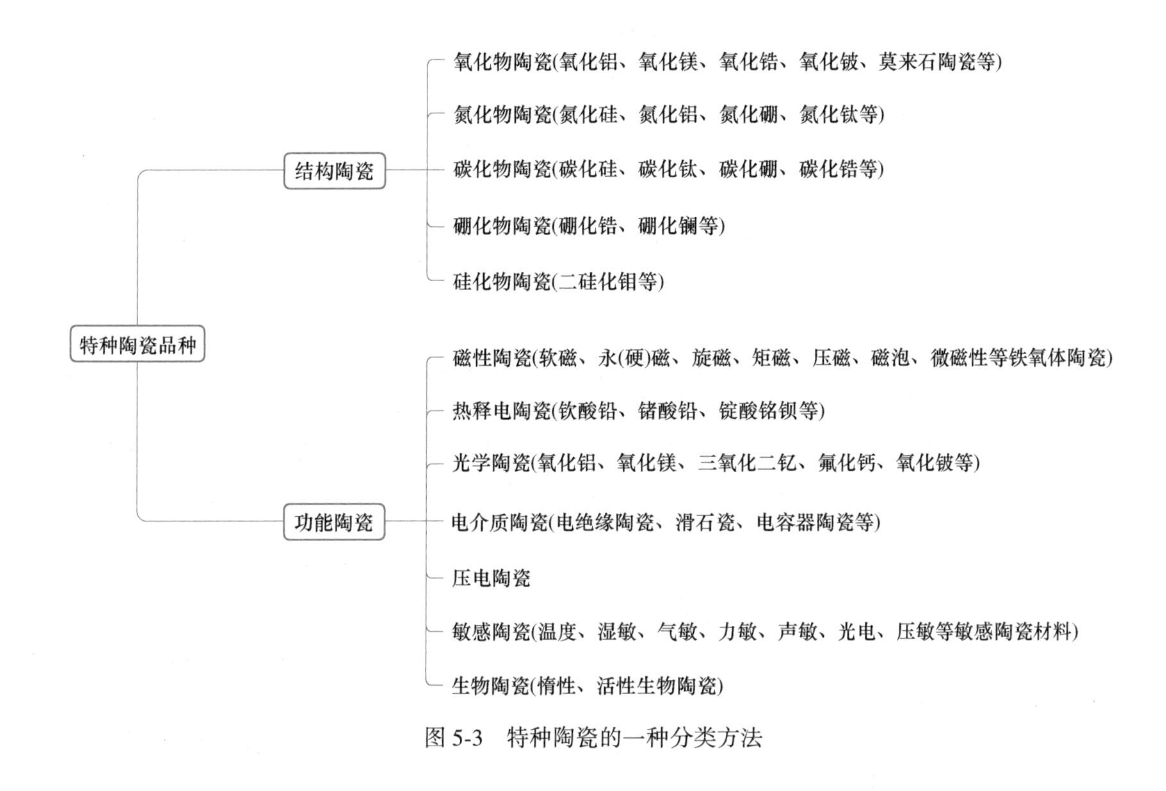

图 5-3 特种陶瓷的一种分类方法

5.3 制备陶瓷的主要矿物原料

陶瓷制品是指利用天然或合成化合物制备的无机非金属材料。将陶瓷原料按不同的工艺特性、原料性质等分类方法进行分类：

（1）根据工艺特性分为：可塑性原料、非可塑性原料和熔剂性原料。

（2）根据用途分为：坯用原料和釉用原料。

（3）根据矿物组成分为：黏土质原料、硅质原料、长石质原料、钙质原料和镁质原料。

（4）根据原料获得的方式分为：矿物原料和化工原料。

陶瓷制品的性能是由陶瓷坯、釉结构决定的，而坯、釉的结构由原料的种类、配比和工艺生产过程来保证。陶瓷产品的原料选择需要同时满足生成制品所需要的各种晶相和玻璃相等结构物相和适应生产过程中的各种工艺性能。具体地说，陶瓷制品结构中晶相和玻璃相（或胶结物）的生成，需要一类能生成晶相的原料，如能生成莫来石晶相的高岭土或黏土，能生成石英晶相的石英原料，能生成斜顽火辉石的滑石类原料，能生成刚玉晶相的氧化铝或高铝原料，以及能生成磷酸三钙晶相的骨灰原料等；另一类是能生成玻璃相的所谓熔剂原料，如长石、滑石、钙镁的碳酸盐等。而加工过程所需的工艺性能，则往往希望陶瓷原料具有能进行塑性加工的可塑性原料，能减少干燥和烧成中收缩的非可塑性原料（也称瘠性原料）等。

综合上述方面的要求，可以把所需要的陶瓷原料归纳为三大类原料：具有可塑性的黏土类原料、具有非可塑性的石英类原料和熔剂原料。一般说来，黏土类原料往往是既有加工所需的可塑性，也能在烧成后形成结构晶相的原料；石英类原料既是非可塑性原料，同时也是能生成晶相的原料；熔剂原料也具有非可塑性质。

除上述的陶瓷坯体中所需的三大类原料外，陶瓷釉料还常常需要各种特殊的熔剂原料，包括采用各种化工原料。陶瓷工业中需用的辅助材料主要是石膏和耐火材料，以及各种外加剂如助磨剂、助滤剂、增塑剂和增强剂等。

5.3.1 黏土类原料

黏土类原料是日用陶瓷的主要原料之一，是多种微细的矿物的混合体，主要由铝硅酸盐类的岩石经长期风化形成，其矿物的粒径多数小于2μm。黏土矿物主要是一些含水铝硅酸盐矿物，其晶体结构是由［SiO_4］四面体组成的（Si_2O_5）$_n$层和一层由铝氧八面体组成的 $AlO(OH)_2$ 层相互以顶角连接起来的层状结构，这种结构在很大程度上决定了黏土矿物的各种性能。

自然界中黏土矿物通常是多种细微矿物的混合体，其主要成分是高岭石、多水高岭石、蒙脱石和水云母等，伴生矿物有石英、长石、方解石、赤铁矿、褐铁矿等，以及一些有机物质。其化学成分主要是 SiO_2、Al_2O_3 和 H_2O，也含有少量的 Fe_2O_3、FeO、TiO_2、MnO、CaO、MgO、K_2O 和 Na_2O 等。

黏土作为陶瓷制品的主要原料，对陶瓷制品的生产、成型及成品性质的影响巨大。黏土在陶瓷生产中的作用概括如下：

（1）陶瓷坯体成型所需的塑性基础主要依赖原料中的黏土，通过选择各种黏土的可塑性，或调节坯泥的可塑性，已成为确定陶瓷坯料配方的主要依据之一。

（2）陶瓷制备过程中的注浆泥料与釉料需要具备悬浮性与稳定性，可通过选择能使泥浆有良好悬浮性与稳定性的黏土进行调整。

（3）黏土一般呈细分散颗粒，同时具有一定的结合性。可在坯料中结合其他瘠性原料，使坯料具有一定的干燥强度，有利于坯体的成型加工。另外，细分散的黏土颗粒与较粗的瘠性原料相结合，可得到较大堆积密度，有利于烧结。

（4）黏土是陶瓷坯体烧结时的主体，黏土中的 Al_2O_3 含量和杂质含量是决定陶瓷坯体的烧结程度、烧结温度和软化温度的主要因素。

（5）黏土是形成陶器主体结构和瓷器中莫来石晶体的主要来源。黏土的加热分解产物和莫来石晶体是决定陶瓷器主要性能的结构组成。莫来石晶体能赋予瓷器以良好的力学强度、介电性能、热稳定性和化学稳定性。

5.3.2 石英类原料

自然界中的二氧化硅结晶矿物可以统称为石英，部分以硅酸盐化合物状态存在，另一部分以独立状态存在。在陶瓷工业中常用的石英类原料和材料有下列几种：脉石英、砂岩、石英砂、石英岩、燧石和硅藻土。

石英的主要化学成分为 SiO_2，常含有少量杂质成分，如 Al_2O_3、Fe_2O_3、CaO 和 TiO_2 等。这些杂质是成矿过程中残留的，杂质矿物主要有碳酸盐（白云石、方解石、菱镁矿等）、长石、金红石、板钛矿、云母、铁的氧化物等。此外，还有一些微量的液态和气态包裹物。

石英作为瘠性原料加入到陶瓷坯料中，是陶瓷坯体中主要组分之一，它在坯体成型和烧制过程中的影响概括如下：

（1）在烧成前是瘠性原料，可对泥料的可塑性起调节作用，可减少坯体的干燥收缩并缩短干燥时间。

（2）在烧成时，石英的加热膨胀起着补偿坯体收缩的作用。在高温下石英能部分熔解于液相中，增加熔体的黏度，而未熔解的石英颗粒构成坯体的骨架，减少坯体变形的可能性。

（3）通过合理调控坯体中的石英颗粒能大幅提高瓷器坯体的强度，同时，石英也能使瓷坯的透光度和白度得到改善。

（4）在釉料中二氧化硅是生成玻璃质的主要组分，增加釉料中石英含量能提高釉的熔融温度与黏度，减少釉的热膨胀系数；同时是赋予釉面高的力学强度、硬度耐磨性和耐化学侵蚀性的主要因素。

5.3.3 长石类原料

长石是陶瓷原料中最常用的熔剂性原料，在陶瓷生产中用作坯料、釉料、色料、熔剂等的基本组分，用量较大，是陶瓷三大原料之一。

长石是地壳上分布广泛的造岩矿物，为架状硅酸盐结构。化学成分为不含水的碱金属与碱土金属铝硅酸盐，主要是钾、钠、钙和少量钡的铝硅酸盐，有时含有微量的绝、铷、锶等金属离子。自然界中，一般纯的长石较少，多数是以各类岩石的集合体产生，共生矿物有石英、云母、霞石、角闪石等，其中以云母（尤其黑云母）与角闪石为有害杂质。

长石在陶瓷原料中是作为熔剂使用的，因而长石在陶瓷生产中的作用主要表现为它的熔融和熔化其他物质的性质。

（1）长石作为熔剂物质能降低陶瓷坯体组分的熔化温度，有利于成瓷和降低烧成温度。

（2）熔融后的长石熔体能熔解部分高岭土分解产物和石英颗粒。液相中 Al_2O_3 和 SiO_2 互相作用，促进莫来石晶体的形成和长大，赋予了坯体的力学强度和化学稳定性。

（3）长石熔化后形成的液相能填充于各结晶颗粒之间的孔隙，增大坯体的致密度。冷却后的长石熔体，构成了瓷的玻璃基质，增加了透明度，并有助于瓷坯机械强度和介电性能的提高。

（4）长石作为瘠性原料，在生坯中还可以缩短坯体干燥时间，减少坯体的干燥收缩和变形等。

5.3.4 其他矿物原料

除传统的三大类陶瓷原料（黏土类原料、石英类原料、长石类原料）外，陶瓷制品中需要添加其他矿物原料起到降低烧成温度、利于成瓷、提升陶瓷性能等作用。例如含锂矿物具有极低的热膨胀特性，在陶瓷中引入含锂矿物，能起到降低热膨胀系数、提高耐热急变性、提高陶瓷釉面的显微硬度与化学稳定性的作用；滑石在镁质瓷中作为主要原料加入，能促进黏土反应在高温下生成镁质瓷的主晶相；硅灰石本身不含有机物和结构水，其在陶瓷坯体中的加入有利于坯料快速烧成，特别适用于薄陶瓷制品。具体矿物原料分类如下：

含碱硅酸铝类：伟晶花岗岩、霞石正长岩、酸性玻璃熔岩、锂质矿物原料。

碱土硅酸盐类：滑石、蛇纹石、硅灰石、透辉石、透闪石。

碳酸盐类：方解石、石灰石、白云石、菱镁矿。

钙的磷酸盐类：骨灰、磷灰石。

高铝质矿物原料：高铝矾土、硅线石。

工业废渣：磷矿渣、高炉矿渣、萤石矿渣、粉煤灰、煤矸石、瓷石尾砂。

5.4 制备陶瓷材料的基本原理

5.4.1 陶瓷材料的相结构

显微结构对陶瓷材料的性能具有决定性的作用，在制备陶瓷材料时，控制组成、温度、气氛等条件对目标相结构的影响是很重要的，而相图则是控制这些因素的研究基础。相图，又称相平衡图，是“材料设计的索骥图”[1]。铝硅酸盐是地壳中丰富的资源，所以 Al_2O_3-SiO_2 系统是研制陶瓷材料的一个最基本相图（图 5-4）。系统组成的一端可看作硅砖制品（含 0.2%~1.0%Al_2O_3）的成分范围，纯 SiO_2 的熔点为 1726℃，但在低共熔组成近 SiO_2 一端，液相线十分陡峭，表明在 SiO_2 中随 Al_2O_3 的加入，熔点急剧降低。如果含 1.0%Al_2O_3（质量分数），在低共熔组成温度 1587℃时会出现 18.2%的液相（低共熔组成含 5.5%Al_2O_3（质量分数）），温度超过 1600℃时，液相量会更多，从而大大降低材料的耐火度。

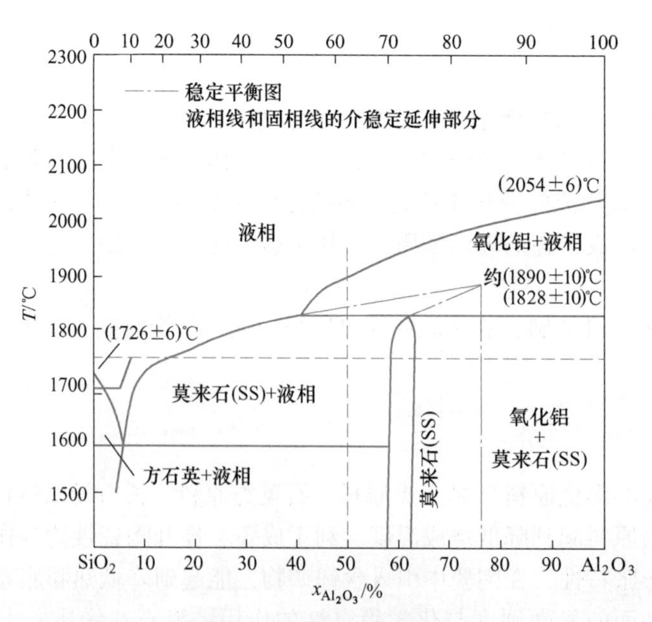

图 5-4 Al_2O_3-SiO_2 系统相图

除了具有四个独立变量（压力、温度和两个组分浓度）以外，三元系统与二元系统没有多大区别，其中两个组分的浓度确定了第三个组分的浓度。假如固定压力，则四个相的出现就会产生无变量系统。三元系统完整的图解表示是相当困难的，如图 5-5 为 K_2O-Al_2O_3-SiO_2 三元相图的 1200℃ 等温面，从图上可以比较容易地确定在所选择的温度下，不同组成所产生的液相成分和液相量。

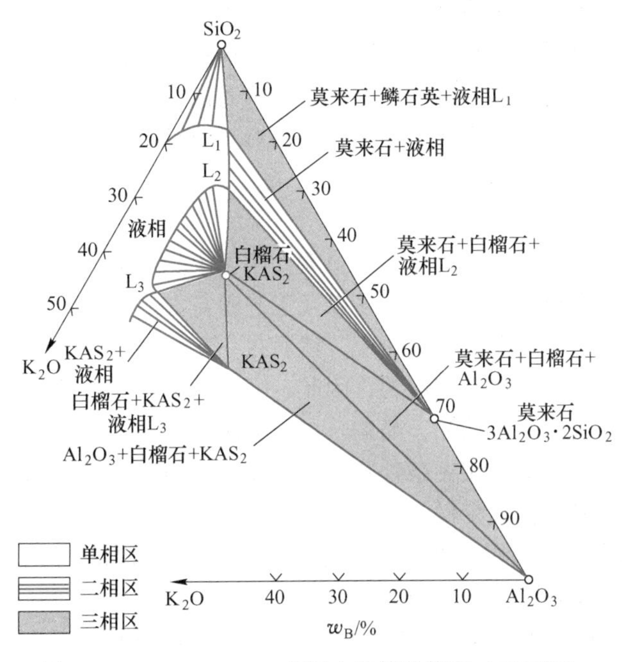

图 5-5 K_2O-Al_2O_3-SiO_2 相图中的等温截面（1200℃）

5.4.2 陶瓷材料的显微结构

陶瓷坯体显微结构的研究就是研究晶相的种类、数量、形态，晶粒的大小、分布、取向，晶界结构、晶体缺陷、晶格畸变等；研究玻璃相的含量、分布、应力分布等；研究气孔和微裂纹的大小、数量、分布等。晶相、玻璃相和气相三者在陶瓷坯体中空间的相互关系决定着陶瓷材料的性能。陶瓷坯体的制备过程包括原料处理、成型、烧成等，每个步骤都对它的显微结构演变具有重要影响。图 5-6 展示了普通辉石质瓷的显微结构，从图中依次可以清楚地看到晶相、玻璃相和气相。

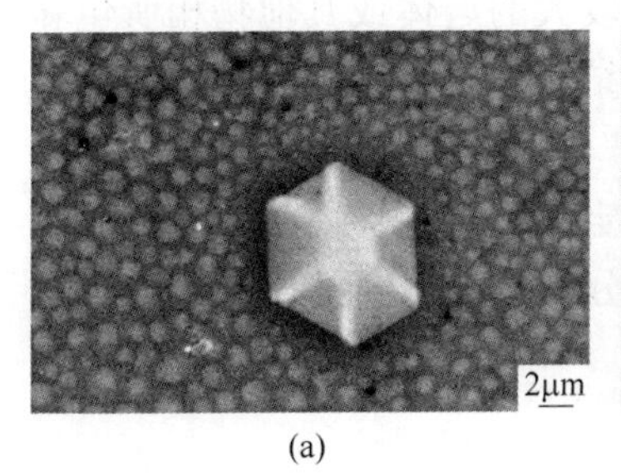

(a)

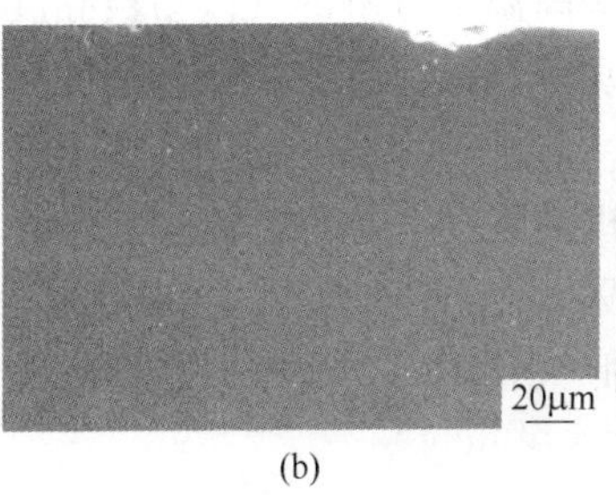

(b)

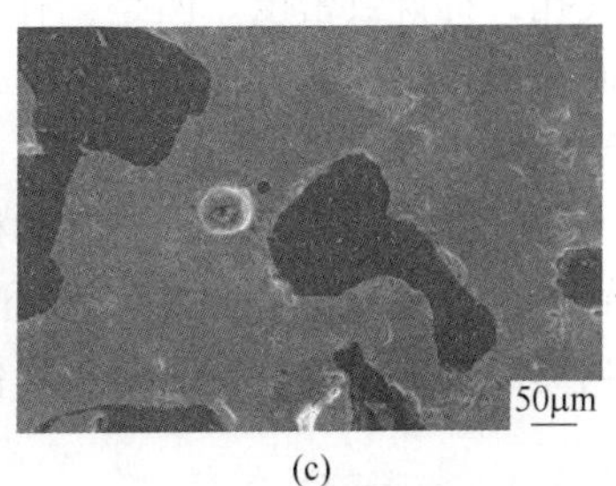

(c)

图 5-6 辉石质瓷坯的显微结构

(a) 晶相；(b) 玻璃相；(c) 气相

晶体相、玻璃相和气相是构成陶瓷材料显微结构的基本要素。其中，晶相是陶瓷的主要组成相，往往决定着陶瓷的物理、化学性能；玻璃相是一种非晶态低熔点固态相，起黏结分散的晶相、填充气孔、降低烧结温度等作用，有时陶瓷中的玻璃相可多达20%~60%，陶瓷材料中的玻璃相经常与晶界相联系。

（1）陶瓷中的晶相。一般陶瓷是由各向异性的晶粒通过晶界聚合而成的多晶体。晶相是陶瓷的基本组成，由离子键或共价键结合而成，决定陶瓷的力学、物理、化学性能。

晶粒是多晶陶瓷材料中晶相的存在形式和组成单元。晶粒生成与长大时物理化学条件和晶体生长环境的变化会直接影响晶体的形态，从而造成陶瓷显微结构的千差万别。如有足够的生长环境，晶体就能发育成完整的自形晶形，但是当生长环境较差或生长时受到抑制，晶体发育不完整，多生成半自形晶和它形晶，在陶瓷材料中最常见的是不规则的它形晶。

晶粒的形状与大小对材料的性能影响很大。陶瓷中晶粒形状、大小、结构受到原料组分、原料粒度级配、颗粒形状、烧制温度以及工艺制备方法的影响[2]。在一般的陶瓷生产工艺中总是先将晶态或非晶态的粉料压实，然后在一定的温度与气氛下烧结。陶瓷材料中晶相的最终形成是在烧结过程中完成的，因此，必须考虑与此相关的晶相变化。在陶瓷材料中晶相变化的过程与初次再结晶、晶粒长大、二次再结晶有关，但最重要的是晶粒长大和二次再结晶。一般固态第二相夹杂物及少量界面液相的存在会抑制晶粒长大，气孔与界面的同时移动也会使晶粒长大变慢。

（2）陶瓷材料中的玻璃相。玻璃相是陶瓷结构中由非晶态固体的部分，可充填晶粒间隙、黏结晶粒、提高陶瓷致密度、降低烧结温度，同时也可起到抑制晶相晶粒长大和填充气孔的作用。瓷体中玻璃相的含量与坯体的组成、原料的粉碎细度及烧成制度等因素有关。熔剂与杂质越多、坯料颗粒越细、烧成温度高或高火保温时间越长，则生成的玻璃相越多。

玻璃相含量增加，将提高瓷坯的透光度。但含量过多时会使制品的骨架变弱，有增加变形的趋向；含量少时，不能填满坯体中所有空隙，增加气孔率，降低制品的强度和透光度。

（3）陶瓷材料中的气孔相。气孔是瓷坯显微结构中的气相成分，它是烧成时坯内气体没有被排出干净而残留在瓷体内形成的。部分气孔是孔隙中原有气体在烧成过程中没有充分排出所致，有的是坯料中含有的碳酸盐、硫酸盐、高价铁等物质在高温中分解放出气体所形成。坯体在未烧成前，气孔率可高达35%~40%，随着液相的产生与不断增加，填充气孔，提升致密度。但是，有些高温下分解的气体易被黏度较大的熔体或其他物相所包裹而难以排出。这些无法排出的残留气体，随着烧成过程的完结，被压缩到最大限度而封闭于瓷体之内。

气孔的存在会降低瓷坯的机械强度、绝缘性能、化学稳定性和透光性能，应将其控制到最少（多孔陶瓷除外）。一般来说，增加坯料中的熔剂组分、提高原料的研磨细度和适当提高烧成温度，都有利于降低气孔率。

5.4.3 陶瓷材料的结合键

陶瓷的晶体中没有大量的自由电子，键性主要为离子键和共价键。但实际上许多陶瓷材料的结合键处于以上所述的键之间存在许多中间类型，它们的电子可以从典型的离子型排布逐渐变化到共价键所特有的排布。陶瓷的晶体结构分类可分为离子键结合的陶瓷（MgO、CaO、Al_2O_3 等金属氧化物）和共价键结合的陶瓷（SiC、Si_3N_4、纯 SiO_2 高温相）。

键的离子性程度可用电负性的概念作为半经验性的估计。电负性可以衡量价电子被正原子实吸引的程度，电负性显著不同的元素之间的相互结合是离子性的，而具有相近电负性原子之间的相互结合从本质上讲是共价性的。表 5-1 为典型化合物陶瓷材料的结合键特点。

表 5-1 化合物陶瓷材料的结合键

化合物	LiF	MgO	Al_2O_3	SiO_2	Si_3N_4	SiC	Si
电负性/eV	3.0	2.3	2.0	1.7	1.2	0.7	0
离子键/%	89	73	63	51	30	11	0
共价键/%	11	27	37	49	70	89	100

5.5 制备陶瓷材料的一般工艺流程

5.5.1 原料选择和目标材料设计

陶瓷是天然或人工合成的粉状化合物经过成型和高温烧结制备而成，由非金属元素的无机化合物构成的多晶固体材料。陶瓷生产工艺就是以相图和高温物理化学为理论基础的矿物合成工艺。主要步骤包括原料配置、坯料成型、高温烧结等。

陶瓷原料选取主要由黏土类原料、石英类原料及长石类原料组成，部分组分配比需要添加瓷石、叶蜡石等其他矿物原料。进行配方设计之前必须对所使用原料的化学组成、矿物组成、物理性质以及工艺设计进行全面了解。原料选择应参考目标陶瓷制品的物理化学性质及使用性能要求，了解原料对制品性质的影响，同时满足生产工艺的要求。

坯料制备一般通过机械、物理、化学方法制备粉料，在制备坯料时，需要控制坯料的粒度、形状、纯度、脱水、脱气、配料比例等质量要求。根据不同的成型工艺要求，坯料可以是粉料、浆料或可塑性泥团。将所制得的坯料用一定的工具或模具，通过成型工艺，制成一定形状、尺寸、密度和强度的制品后，将经过干燥处理的成型生坯进行涂釉烧结或直接烧结，即可获得所需目标陶瓷制品。

釉料制备同样需要通过机械、物理、化学方法制备不溶解于水的粉料，在制备浆料时，需要控制釉料的细度、相对密度、流动性、悬浮性等要求。根据不同釉种要求，釉料可以是生料釉、熔块釉或特种釉。将所制得的釉料通过使用一些工具或模具施釉在素坯上。

5.5.2 坯料制备

5.5.2.1 坯用原料

坯用原料主要是黏土类、石英、熔剂类原料，部分添加人工合成化合物以及工业废渣（矿渣、粉煤灰等）。原料所引入的各种氧化物（即坯体化学组成）在坯体中所起的作用如下：

（1）SiO_2 的作用。坯料中的 SiO_2 主要是由长石等熔剂原料、黏土（$Al_2O_3 \cdot 2SiO_2 \cdot 2H_2O$）原料及石英（$SiO_2$）引入的，它是坯体的主要化学成分。坯料中的 SiO_2 一部分与 Al_2O_3 在高温下生成针状莫来石晶体，提高坯体的强度，构成坯体的骨架，另一部分与熔剂类原料引入的碱金属、碱土金属氧化物形成玻璃相，充填空隙，降低气孔率，同时提高坯体强度。

SiO_2 在坯体中含量不能太高（如一般不大于 70%），太高则会产生游离石英，使坯体在烧成时易开裂和变形。因而在坯料中石英不能用得太多，否则会影响成型性能，还会影响烧成性能。

（2）Al_2O_3 的作用。坯料中的 Al_2O_3 由黏土原料（$Al_2O_3 \cdot 2SiO_2 \cdot 2H_2O$）及长石等熔剂类原料引入，也是坯体的主要成分。$Al_2O_3$ 除与 SiO_2 形成莫来石（$3Al_2O_3 \cdot SiO_2$）外，还有部分熔于玻璃相中。Al_2O_3 可提高坯体的白度和强度，如果 Al_2O_3 含量低于 15%，产品高温下易发生变形。

适当提高 Al_2O_3 含量可扩大烧成温度范围。但如含量过高，将使坯体难烧结（提高了烧成温度），含量太低则使坯体易变形，降低热稳定性。在低温快烧墙地砖坯料中，则要求 Al_2O_3 含量低一些，如意大利的坯体，Al_2O_3 含量都较低，一般在 20%以内。

（3）Fe_2O_3、TiO_2 的作用。Fe_2O_3、TiO_2 是坯用原料带入的杂质成分，Fe_2O_3、TiO_2 使坯体着色，是白坯中的有害成分，而红色地砖是利用含铁的劣质黏土生产或以 Fe_2O_3 着色。

（4）CaO 的作用。坯体中的 CaO 一般由石灰石（$CaCO_3$）或白云石（$MgCO_3 \cdot CaCO_3$）引入。CaO 能与 SiO_2 形成硅酸钙玻璃相，起助熔作用。加入一定量的 CaO 可提高坯体热稳定性和强度，并提高白度。但 CaO 的引入会缩小烧成温度范围，对烧成不利。

（5）MgO 的作用。常用滑石（$3MgO \cdot 4SiO_2 \cdot H_2O$）引入 MgO，白云石（$MgCO \cdot CaCO_3$）既可引入 MgO，也可引入 CaO。MgO 与 SiO、Al_2O_3 会形成低熔点的堇青石晶体（$2MgO \cdot Al_2O_3 \cdot 5SiO_2$），因而引入 MgO 可大大降低坯体烧成温度，但同时也缩小了烧成温度范围。引入 MgO 可提高坯体白度。MgO 的热膨胀系数小，引入后可大大降低坯体的热膨胀系数。用 MgO 可调整坯体对温度的适应性，提高制品热稳定性。

（6）K_2O、Na_2O 的作用。K_2O、Na_2O 主要由钾长石（$K_2O \cdot Al_2O_6 \cdot SiO_2$）、钠长石（$Na_2O \cdot Al_2O_3 \cdot 6SiO_2$）引入。它们在高温时可与 SiO_2、Al_2O_3 分别形成流动性好的钾、钠玻璃，充填于坯体空隙中，提高坯体透明度与密度，减少坯体气孔率，提高强度。K_2O、Na_2O 是强熔剂，适量引入可大大降低坯体烧成温度，但也不能太多，太多则易使产品变形。如 Na_2O 玻璃相高温黏度比 K_2O 玻璃相小，将使制品烧成温度范围变窄；如 Na_2O 的热膨胀系数比 K_2O 大，则易引起制品龟裂。因此坯料中 Na_2O 含量不能太高，坯料中大多使用钾长石，钠长石大多用于制釉。

5.5.2.2 坯体组成

（1）配料量表示法：用原料的质量百分比（或质量）来表示配方组成的方法，又称配料比表示法，是生产中常用的方法。例如，某釉面砖配方可表示为：磷矿渣 50%、蜡石 35%、紫木节土 15%。这种方法便于工厂计量配料，直观方便。

（2）化学组成表示法：即用坯料中化学组分所占的质量分数来表示坯料组成（表 5-2）。

表 5-2 某釉面砖坯料的化学组成

化学组分	SiO_2	Al_2O_3	Fe_2O_3	TiO_2	CaO	MgO	K_2O	Na_2O	烧失量	总计
质量分数/%	64.15	24.33	0.71	0.39	7.49	1.84	0.88	0.22	0	100

其优点是准确地表示了坯料的化学组成，同时可以根据坯料中化学成分的多少来推断或比较坯体的某些性能。估计出设计配方的烧成温度高低、收缩比例、产品色泽及其性能的大致情况。

（3）矿物组成（示性矿物组成）表示法。把生产所用的各种天然原料中的同类矿物量合并在一起，换算成黏土、长石、石英三种矿物的质量百分比表示。例如，硬质瓷含黏土类矿物 40%～60%、石英 20%～30%，长石 20%～30%。这种方法有助于了解坯料的一些工艺性能，如烧成性能等。

（4）实验式（坯式）表示法：

$$\left.\begin{matrix} aR_2O \\ bRO \end{matrix}\right\} \cdot cR_2O_3 \cdot dO_2 \tag{5-1}$$

当 $a+b=1$ 时，为釉式；$c=1$ 时为坯式。

它是采用各种氧化物的物质的量来表示坯料组成的一种方法，即将坯料中的氧化物分为碱性、中性和酸性氧化物，在计算出其物质的量后按顺序排列。例如，某玻化砖坯式为：

$$\left.\begin{matrix} 0.282K_2O \\ 0.196MgO \\ 0.078CaO \end{matrix}\right\} \cdot \left.\begin{matrix} 0.02\,Fe_2O_3 \\ 0.974Al_2O_3 \end{matrix}\right\} \cdot 5.616SiO_2 \tag{5-2}$$

在实际工作中，往往同时采用两种或两种以上的方法表示坯料组成。例如，首先在实验室研究出的配方用坯式或化学组成表示法固定下来，再根据定期检验的每批原料的化学组成换算成配料量表示法。经小试和中试调整后的配方则以配料量的形式投入生产使用。

5.5.2.3 配料计算

若已知道坯料的实验式，可通过下列步骤的计算，得到坯料的化学组成：

（1）用实验式中各氧化物的物质的量分别乘以各该氧化物的摩尔质量，得到各氧化物的质量；

（2）算出各氧化物质量之总和；

（3）分别用各氧化物的质量除以各氧化物质量的总和，可获得各氧化物所占的质量分数。

【例 5-1】 我国雍正薄胎粉彩蝶的瓷胎实验式为：

$$\left.\begin{matrix} 0.088CaO \\ 0.010MgO \\ 0.077Na_2O \\ 0.120K_2O \end{matrix}\right\} \cdot \left.\begin{matrix} 0.982Al_2O_3 \\ 0.018\,Fe_2O_3 \end{matrix}\right\} \cdot 4.033SiO_2$$

试计算该瓷胎的化学组成。

解：（1）计算出各氧化物的质量。

（2）计算出各氧化物质量总和为366.8。

（3）计算出各氧化物所占的质量分数。

$$m_{SiO_2} = 4.033 \times 60.1 = 242.4$$
$$m_{Al_2O_3} = 0.982 \times 101.9 = 100.1$$
$$m_{Fe_2O_3} = 0.018 \times 159.7 = 2.875$$
$$m_{Na_2O} = 0.07762.0 = 4.774$$
$$m_{CaO} = 0.088 \times 56.1 = 4.937$$
$$m_{MgO} = 0.010 \times 40.3 = 0.403$$
$$m_{K_2O} = 0.120 \times 94.2 = 11.30$$
$$\sum = 366.8$$

$$w_{CaO} = \frac{4.937}{366.8} \times 100\% = 1.326\%$$
$$w_{MgO} = \frac{0.403}{366.8} \times 100\% = 0.1099\%$$
$$w_{Na_2O} = \frac{4.774}{366.8} \times 100\% = 1.301\%$$
$$w_{K_2O} = \frac{11.30}{366.8} \times 100\% = 3.081\%$$
$$w_{Al_2O_3} = \frac{100.1}{366.8} \times 100\% = 27.29\%$$
$$w_{Fe_2O_3} = \frac{2.875}{366.8} \times 100\% = 0.78\%$$
$$w_{SiO_2} = \frac{242.4}{366.8} \times 100\% = 66.09\%$$
$$\sum = 100.00\%$$

得到的该瓷胎的化学组成见表5-3。

表5-3 瓷胎的化学组成

组成	SiO_2	Al_2O_3	CaO	MgO	Fe_2O_3	K_2O	Na_2O	总计
质量分数/%	66.09	27.29	1.346	0.1099	0.78	3.081	1.301	100

5.5.2.4 坯料制备

将陶瓷原料经过配料和加工后，得到的具有成型性能的多组分混合物称为坯料，根据成型方法的不同，坯料通常可分为三类：

（1）注浆坯料，其含水率为28%~35%，如生产卫生陶瓷用的泥浆。

（2）可塑坯料，其含水率为18%~25%。如生产日用陶瓷用的泥团（饼）。

（3）压制坯料，含水率为3%~7%，称为干压坯料；含水率为8%~15%，称为半干压坯料。如生产建筑陶瓷用的粉料。

实际上各个不同品种的坯料制备具体过程都有着一定的差异，现将坯料制备的主要工序叙述如下：

（1）原料的精加工。天然矿物原料一般都含有杂质，通过物理、化学等方法对原料进行分离、提纯和去除有害杂质。

（2）原料的煅烧。陶瓷生产的部分原料，或因有多种结晶形态的转变而造成体积变化，或因灼减量大、收缩较大等情况而影响陶瓷制品的质量。通过煅烧，可以稳定晶型，改变物性，有利于提高制品质量。

（3）原料的破碎。目的是使原料中的杂质易于分离；使各种原料能够均匀混合，使成型后的坯体致密；增大各种原料的表面积，使其易于进行固相反应或熔融，提高反应速度并降低烧成温度。

（4）泥浆贮存、搅拌。泥浆贮存有利于改善和均化泥浆的性能。

（5）泥浆脱水和造粒。

5.5.3　釉料制备

5.5.3.1　釉的作用及分类

釉是覆盖在陶瓷坯体表面上的一层近似玻璃态的物质。釉的种类非常多，一般具有以下作用：（1）使坯体对液体和气体具有不透过性；（2）覆盖坯体表面并给人以美的感觉，尤其是颜色釉与艺术釉（结晶釉、沙金釉、无光釉）等更增添了陶瓷制品的艺术价值；（3）防止沾污坯体，即便沾污也很容易用洗涤剂等洗刷干净；（4）与坯体起作用，并与坯体形成整体。正确选择釉料配方，可以使制品表面产生均匀压应力的釉层，从而改善陶瓷制品的机械性质、热性能、电性能等。釉的分类方法很多，常用的分类方法见表5-4。

表 5-4　釉的分类

分类的依据		种类名称
坯体的种类		瓷器釉、炻器釉、陶器釉
制造工艺	釉料制备方法	生料釉、熔块釉、挥发釉（食盐釉）、自释釉、渗彩釉
	烧成温度	低温釉（<1120℃）、中温釉（1120~1300℃）、高温釉（>1300℃）、易熔釉、难熔釉
	烧成速率	慢速烧成釉、快速烧成釉
	烧成方法	一次烧成釉、二次烧成釉
组成	主要熔剂	长石釉、石灰釉（包括石灰碱釉，石灰碱土釉）、锂釉、镁釉、锌釉、无铅釉（纯铅釉、铅硼釉、铅碱釉、铅碱土釉）、无铅釉（碱釉、碱土釉、碱硼釉、碱土硼釉）
	主要着色剂	铜红釉、铁红釉、玛瑙红釉、铁青釉
性质	外观特征	透明釉、乳浊釉、虹彩釉、半无光釉、无光釉、水晶釉、单色釉、多色釉、结晶釉、碎纹釉、纹理釉
	物理性质	低膨胀釉、半导体釉、耐磨釉
显微结构		玻璃态釉、析晶釉、多相釉（熔析釉）
用途		装饰釉、黏接釉、商标釉、餐具釉、电瓷釉、化学瓷釉

5.5.3.2　制釉原料

釉用原料分为两种：天然矿物原料（如石英、长石、高岭土、石灰石、方解石、滑石、锆英石等）和化工原料（如 ZnO、SnO_2、硼酸、硼砂等）。制釉所用的原料能给釉的组成提供一种或一种以上的氧化物，这些氧化物决定着釉的性质，原料所引入各种氧化物（即坯体化学组成）在坯体中所起的作用如下：

（1）SiO_2 可提高釉的熔融温度和黏度，给釉以高的机械强度（如硬度、耐磨性），提高釉的白度、透明性、化学稳定性，并降低釉的热膨胀系数。

（2）Al_2O_3 能改善釉的性能，提高釉的化学稳定性、硬度和弹性，并降低釉的热膨胀系数。

（3）CaO 作为熔剂，能增加釉的抗折强度和硬度，降低釉的热膨胀系数，提高釉面耐磨性和坯釉结合性。

（4）MgO 与 CaO 类似，是强的活性助熔剂，可提高釉熔体的流动性；可促进坯釉中间层的形成，从而减弱釉面的龟裂；提高釉面硬度，用作建筑瓷釉可提高釉面耐磨性，用作卫生瓷时可耐酸碱。

5.5.3.3　釉料组成

釉的性质主要是由釉料的组成所决定的。釉料组成的表示方法有化学组成表示法、配料量表示法和实验式（釉式）表示法等。釉式是将釉中碱金属和碱土金属氧化物（助熔剂）的系数和调整为 1（即 $a+b=1$）。表 5-5 列出了日用瓷釉的一些釉式。

表 5-5　日用瓷釉式

名　称	釉　式	熔融范围	适用瓷胎
长石质瓷釉	$\left.\begin{matrix}0.37 \sim 0.27K_2O\\0.40 \sim 0.27Na_2O\\0.15 \sim 0.35CaO\\0.08 \sim 0.11MgO\end{matrix}\right\}\cdot 0.5 \sim 1.2Al_2O_3 \cdot 6 \sim 13SiO_2$	SK9~12 1280~1350℃	硬质瓷 （长石质瓷）
石灰质瓷釉	$\left.\begin{matrix}0.25 \sim 0.1K_2O\\0.15 \sim 0.18Na_2O\\0.4 \sim 0.7CaO\\0.08 \sim 0.02MgO\end{matrix}\right\}\cdot 0.6 \sim 1.2Al_2O_3 \cdot 5 \sim 10SiO_2$	SK8~10 1250~1300℃	硬质瓷 （绢云母瓷）
滑石质瓷釉	$\left.\begin{matrix}0.3 \sim 0.2K_2O\\0.1 \sim 0.07Na_2O\\0.1 \sim 0.08CaO\\0.5 \sim 0.65MgO\end{matrix}\right\}\cdot 0.4 \sim 0.6Al_2O_3 \cdot 5 \sim 6SiO_2$	SK10~11 1300~1320℃	硬质瓷 （滑石质瓷）
骨灰瓷釉	$\left.\begin{matrix}0.31K_2O\\0.13Na_2O\\0.135CaO\\0.415MgO\end{matrix}\right\}\cdot 0.707Al_2O_3 \cdot 6SiO_2$		软质瓷 （骨灰瓷）

5.5.3.4　配料计算

釉料配方的确定首先要掌握坯料的化学与物理性质，如坯体的化学组成、热膨胀系数、烧结温度范围及气氛等。其次，需要明确釉本身的性能要求（例如白度、光泽度、透光度、化学稳定性、抗冻性、电性能）及制品的性能要求（例如机械强度、热稳定性、耐酸耐碱性、釉面硬度）。最后，需要明确施釉的工艺条件。工艺条件对釉的影响也很大，如细度与表面张力的关系、釉浆稠度对施釉厚度的影响、燃料种类、烧成方法、窑内气氛等均须在釉料的研究中加以考虑。

釉的配料计算方法与坯的配料计算一样，可采用化学组成或矿物组成逐项满足法计算。配制熔块釉时要考虑熔块的配制原则，即所有有毒及可溶性原料需制成熔块才可使用。

【例 5-2】 试配制下列釉式的生料釉，并求出各种原料的配料量。

$$\left.\begin{matrix}0.3K_2O\\0.7CaO\end{matrix}\right\}\cdot 0.5Al_2O_3\cdot 4.0SiO_2$$

解：首先，采用钾长石来满足釉式中 K_2O 的需要，这就需要 0.3mol 的钾长石，同时白釉中引入 0.3mol 的 Al_2O_3 和 $6\times0.3=1.8$mol 的 SiO_2。其次，从釉料组成中的 Al_2O_3 和 SiO_2 量中减去从长石引入的数量，剩余的 Al_2O_3 和 SiO_2 量再采用 0.1mol 生黏土来满足 0.1mol 的 Al_2O_3 和 0.2mol 的 SiO_2，其剩余量再用 0.1mol 煅烧黏土满足。剩下的 SiO_2 可以用石英满足。然后，在 K_2O、Al_2O_3 和 SiO_2 的需要量得到满足后，还余下 0.7mol 的 CaO 尚未满足，可用 0.7mol 的 $CaCO_3$。最后，将各种原料的物质的量乘以摩尔质量而得到配料量，再以配料量为基础换算成质量分数，见表 5-6。

表 5-6 配料量计算

原　料	物质的量/mol	摩尔质量/$g\cdot mol^{-1}$	配料量/g	质量分数/%
钾长石	0.3	556.8	166.8	42.4
生黏土	0.1	258.1	25.8	6.6
烧黏土	0.1	22.1	22.2	5.6
碳酸钙	0.7	100.1	70.1	17.9
石　英	1.8	60.1	108.2	27.5

5.5.3.5 釉料制备

釉料通常可分为生料釉和熔块釉两种。生料釉是将全部已加工至一定粒度的釉用原料，按配方精确称量后直接加水于球磨机内研磨。熔块釉是先将一些水溶性的或有毒的、易挥发物质单独混合调配，在较高温度下熔化后冷成玻璃状的碎块（称为熔块），再将熔块与适量的黏土等配合成釉。对于不同种类釉料品质的需求，一般从以下几个方面予以控制；

（1）釉浆的细度。釉浆的细度直接影响着釉浆的稠度、悬浮性、釉与坯的黏附性、釉的熔化温度以及烧后制品的釉面品质。一般陶瓷釉料的细度为万孔筛筛余不超过 0.2%，釉料颗粒组成大于 10μm 的占 15%~25%，小于 10μm 占 75%~85%。一般来说，釉磨得越细，釉浆的悬浮性越好，坯釉的黏附性越好，釉的烧成温度还可降低。但若磨得过细则会使釉的黏度增大，触变性增强，影响施釉工艺。而且，过细的釉干燥收缩大，易造成生釉层开裂和脱釉等缺陷。对于熔块釉来说，随着粉磨细度提高，熔块的溶解度增大，釉浆的

pH 值增高，易使釉浆凝聚，并造成产品缩釉。

（2）釉浆的相对密度（浓度）。釉浆相对密度对施釉时间和釉层厚度起决定作用，一般要根据坯体情况和施釉方法等工艺条件，通过试验来确定釉浆的相对密度。釉浆相对密度较大时，短时上釉也容易获得较厚釉层。但过浓的釉浆会使釉层厚度不均，易开裂、缩釉。釉浆相对密度较小时，要达到一定厚度的釉层须多次施釉或长时间施釉。相对密度过小的釉浆，会减少釉在坯体上的黏附量，导致浆体中的料粒迅速下沉，使产品因釉层稀薄而产生干釉。

用于二次烧成的釉面砖，采用喷釉时，釉浆相对密度在 1.40 左右；用于一次烧成的墙地砖，因为釉是喷在生坯上，因此釉浆相对密度可增大至 1.7~2.0；采用淋釉法施釉时，要依据釉浆性质及产品要求通过试验确定相对密度，一般在 1.43~1.46。卫生陶瓷的釉浆相对密度为 1.60~1.62（乳白釉）和 1.85~2.0（色釉）。

（3）浆料的流动性（黏度）与悬浮性。在釉的成熟温度下，浆料的黏度应该适当，使其具有一定的流动性，以保证釉能均匀地分布在坯体上，从而获得光亮的釉面。若流动性过大，釉易被坯体吸收，造成流釉或干釉现象；流动性过小，釉不能很好地均匀分布在坯体上，导致釉面不平滑、光泽不好，釉缕流散不开，造成堆釉，同时，气孔不易及时封闭而造成釉面针孔。当然，影响釉流动性的主要因素是釉料的化学组成和釉烧温度。然而当上述两因素确定后，在釉浆制备过程中，还可以通过改变釉浆细度、加入电解质、调整水分以及陈腐釉浆等办法，来调整釉浆的流动性，以确保釉浆的施釉性能达到要求。适量加入少量添加剂，如偏硅酸钠、碳酸钾以及阿拉伯树胶等解胶剂，可增大釉浆流动性。少量加入石膏、氧化镁、石灰、硼酸钙等絮凝剂，可使釉浆不同程度的絮凝，改善悬浮性能。

此外，卫生陶瓷釉浆还应有适当的保水性。釉料的保水性可反映釉浆中的水分从釉珠中渗出向坯体内部扩散速度快慢，渗得慢则釉浆的保水性好。如釉浆保水能力过小，水分从釉珠中渗出速度快，容易在釉面形成小疙瘩；保水能力太强，釉珠易于向下流动，形成釉绺缺陷。生产中用控制 CMC（羧甲基纤维素）在釉中的添加量来调节釉浆的保水性。

5.5.4 成型

将制备好的坯料制成具有一定大小形状的坯体的过程称为成型。在陶瓷制品生产过程中，成型是造就制品形体的手段。用户对陶瓷制品的性能和质量要求各异，这就致使陶瓷制品的形状、大小、厚薄等的不一，因此，造就陶瓷制品形体的手段是多种的，即成型方法是多种的。陶瓷制品的成型方法可以按坯料含水量（或含调和剂量）、成型压力的施加方式等多种途径进行分类：

（1）注浆成型法，坯料含水量（或含调和剂量）不大于 38%。

（2）可塑成型法，坯料含水量（或含调和剂量）不大于 26%。

（3）压制成型法，坯料含水量（或含调和剂量）不大于 3%。

注浆成型可进一步分为热法和冷法。热法即热压注法，使用钢模；冷法多为常压注浆。成型要达到以下目的：使坯体致密且均匀，干燥后有一定的机械强度；坯体的形状和尺寸与产品协调（即生坯经烧成收缩后与预先设计的产品形状相符合）。实现成型过程要有动力（毛细孔力、机械剪切力和压力等）、模型（钢模、石膏模）和性能适宜的坯料三个基本要素。根据这三个要素及其组合方式的不同可分为注浆成型、塑性成型和压制成型三种手段（表5-7）。

表 5-7 主要注浆成型方法和压制成型方法的比较

成型方式	成型动力	模型(具)	坯料类型及要求
手工注浆	毛细管力	石膏模具	泥浆含水率40%左右
压力注浆	外加压力石膏与毛细管力，模、树脂压力根据压力大增强石注浆小，可分为微膏模、多含越对压、中压和高压注浆	石膏模具、树脂增强石膏模具、多孔塑料模具	比手工注浆坯料含水可略少些，压力越大，含水越少，但对泥浆性能要求越高
离心注浆	模型旋转产生的离心力与毛细管力	石膏模具	与手工注浆成型所需泥浆要求相近
热压铸	压缩空气作为成型动力	钢模	瘠性坯料与石蜡混合后加热
压制	外加机械力（冲击力）液压力	钢模	粉料含水率6%~9%，冲击力越大，含水率越小，对粉料的流动性要求越高
等静压	外加的液压力	橡胶软模	粉料含水一般在3%以下，瘠性料细度小于20pm，塑性料可稍粗

5.5.5 烧结

烧结是指高温条件下，坯体表面积减小/孔隙率降低、机械性能提高的致密化过程。陶瓷的烧结类型可以分为固相烧结和液相烧结。烧结过程一般分为五个阶段：（1）低温阶段（室温至300℃左右）；（2）中温阶段（又称分解氧化阶段，300~950℃）；（3）高温阶段（950℃至烧成温度）；（4）保温阶段；（5）冷却阶段。

比较常见的烧成方式是一次烧成和二次烧成一次烧或是釉的生坯（也称釉坯）经一次煅烧直接得到产品的方法；二次烧成是为了减少釉面和产品其他缺陷而发展起来的方法。研究表明，采用二次烧成法能够制备出较好力学性能的复合材料[3]，可分两种类型：一是将生坯烧到足够高的温度使其成瓷，然后施釉，再在较低的温度下进行釉烧，这种方法称为"高温素烧，低温（中温）釉烧"，日用瓷中的骨灰瓷烧成即是用这种方法；二是先将生坯在较低的温度下烧成素坯，然后施釉，再在较高的温度下进行釉烧而得到产品，这种方法称为"低温素烧，高温釉烧"。

近年来烧成技术发展很快，许多特殊的烧成方法应运而生。如将卫生陶瓷（一次烧成产品）的缺陷（不明显的缺釉和坯裂等）修补后又重烧一次，得到符合质量要求的产品，这一过程称为重烧；经两次烧成后的釉面砖，用高档色釉料（结晶釉、金砂釉）或熔块，配以法施釉等技术施釉后，再经第三次烧成，可得到立体感和艺术感极强的釉面砖，这种技术称为三次烧成技术。烤花（也称烤烧）技术不仅用在日用瓷上，也正越来越多地用于建筑卫生陶瓷上。随着烧成技术和设备的不断改进，陶瓷在内在品质和外观质量上都将跃上一个新的台阶。

5.6 铁矿共伴生资源制备陶瓷材料

5.6.1 资源特点及其制备陶瓷材料的可利用属性

我国铁尾矿具有的矿物组成复杂、共伴生矿物多、铁矿物结晶粒度细而不均等特点。铁尾矿作为一种复合矿物原料，除了含少量金属组分外，其他主要矿物组分为脉石矿物，如石英、长石、角闪石、辉石、石榴子石及其蚀变矿物；其化学成分主要以硅、钙、铝、镁、铁的氧化物为主，并含有少量的磷、硫等。釉面原料中主要成分为长石、石英、滑石、高岭土等矿物。目前，已有学者开展利用天然矿物部分代替陶瓷原料的研究[3-6]。由于铁尾矿及铁矿伴生资源的组分与陶瓷制造中使用的传统陶坯原料具有相似的矿物和化学组分特征，因此陶瓷工艺被认为是实现矿产共伴生资源惰性化的理想方法之一。

5.6.2 制备陶瓷坯体材料

陶瓷制品品种繁多，其不同性能要求和所用原料各不相同，使陶瓷坯体有很多类型。普通陶瓷坯料一般都是以黏土为主要原料，铁矿共伴生资源中的主要成分是硅、铝、铁、钙、镁，与黏土等矿物原料相近，将铁尾矿代替黏土作为陶瓷坯体的原料具有很好的应用前景[7]。以铁矿共伴生资源为主要原料，并添加部分天然矿物，通过调整原料配比，可制备出性能符合标准的陶瓷坯体。

5.6.2.1 原料处理

制备陶瓷坯体材料首先应研究铁尾矿的化学组成、矿物组成、粒度组成、微观结构及形貌等理化性质，以及可塑性、干燥性能、烧结性能等工艺技术性能，掌握铁尾矿原料的特性及其与生产工艺的关系，为后续坯体制备、成型、烧结等过程提供必要的科学依据和理论基础。

铁矿的共伴生矿物及选矿后产生的铁尾矿，具有种类多样、成分复杂、嵌布粒度细、矿石易泥化的特点。为了获得配料准确、组分均匀、细度合理、所含空气量较少的陶瓷坯体，需要对铁矿共伴生矿物、尾矿等原料进行预处理，通过破碎、研磨、洗料等工艺获得符合陶瓷坯体生产标准的原料。

5.6.2.2 配方确定

陶瓷坯体的制造是在实践经验的基础之上，以相应的相图（图 5-7）为基本依据来寻找其合理组成，选择烧成的温度范围，进行坯体材料的配方设计，并调整其生产的工艺过程。

5.6.2.3 以 BIF 型铁矿为原料制备陶瓷坯体材料

BIF 又称沉积变质型铁矿，该类型尾矿硅含量高，粒度细，有价伴生元素含量少，SiO_2 含量一般在 70%以上，主要矿物是石英、绿泥石、角闪石、云母、长石和白云石等硅酸盐。铁尾矿与传统陶瓷坯体原料相比，在理化性质和工艺技术性能上均存在差异。要利用铁尾矿生产陶瓷坯体材料，需要对铁尾矿的基本性质进行研究，通过原料的预处理等手段，使其满足陶瓷的坯料要求，并根据传统陶瓷坯体生产的工艺技术性能确定合理的工艺流程，选择适当的工艺方案及参数（图 5-8）[8]。

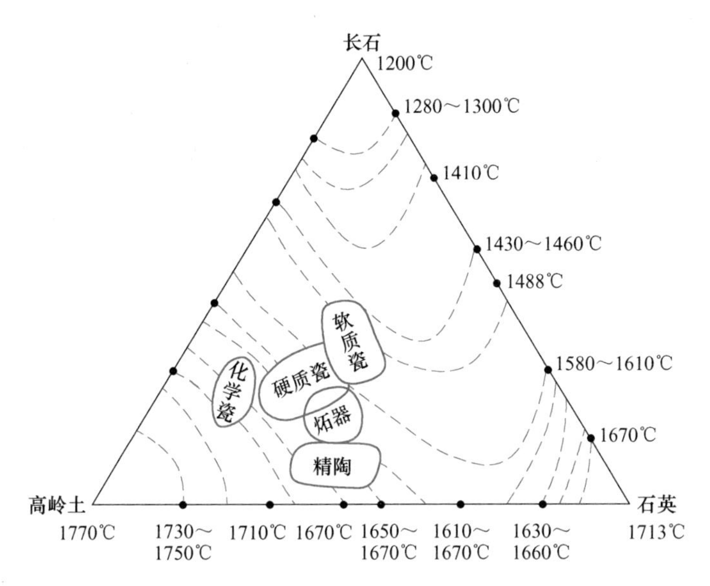

图 5-7 成瓷范围及其耐火度分布

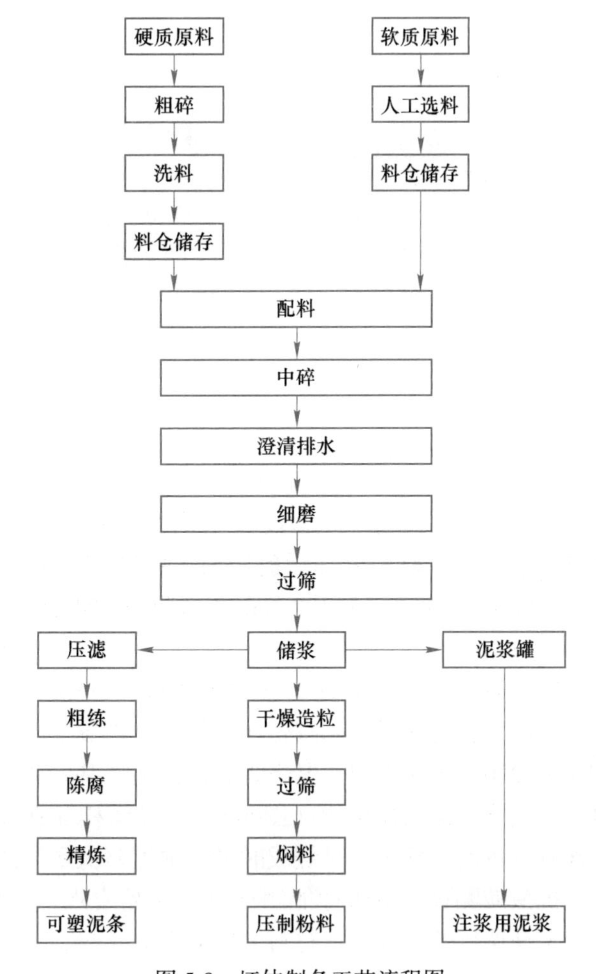

图 5-8 坯体制备工艺流程图

BIF 型铁矿共伴生矿物及铁尾矿主要由石英、铁辉石、埃洛石、堇青石等矿物组成（图 5-9），缺少部分起黏合作用的矿物成分，为了重构出新物相体系，获得性能稳定的陶瓷坯体材料，需添加部分助剂进行调整，实验中所用原料及助剂如图 5-10 所示。将原料与助剂按一定比例充分混合，以 K_2O-Al_2O_3-SiO_2 相图为基础通过矿物平衡计算调整坯体配方。铁尾矿基陶瓷坯料配方的大致范围如下：铁尾矿 45%~70%，助剂 55%~30%。

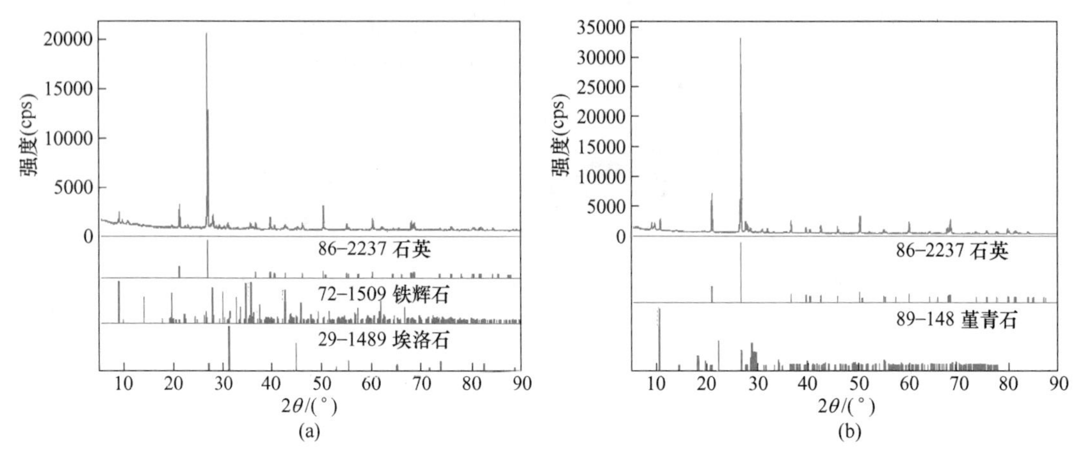

图 5-9 不同产地铁矿共伴生矿物及铁尾矿的 XRD 图谱

图 5-10 原料及助剂粉料图

（a）铁尾矿 1 粉料；（b）铁尾矿 2 粉料；（c）助剂 1 粉料；（d）助剂 2 粉料

BIF 型铁尾矿颗粒级不均一，粒度堆积密度及全粒度级配不利于形成坯体材料的粒度，因此需控制该粒级的量。经过研磨处理后的原料，粒度有明显的减小，主要分布在 10~100μm（图 5-11）。原料的比表面积从 182.8m^2/kg 增大至 247.5m^2/kg，比表面积的增大可以促进反应的进行。

将经过预处理的多组分混合坯料，通过全自动压片机，以塑压方式成型制备陶瓷坯体，经干燥处理后进行烧制，获得铁尾矿基陶瓷坯体材料（图 5-12）。

经最高温度在 1160~1230℃ 区间内的高温烧制后，铁尾矿基陶瓷坯体主要含有大量的石英、辉石和具有角闪石成分的硅酸盐矿物（图 5-13）。坯体样品在烧成之后主要的铁氧化物为赤铁矿，并且含有少量的磁铁矿，是烧成时氧气浓度略低所导致。

经压力性能测试、抗酸碱测试、吸水性能测试以及样品宏观上的质量、体积、直径、密度和厚度等数据，确定铁尾矿基陶瓷坯体材料的性能十分优异，远超国家标准，抗酸碱性能也达到了 GLA 级。

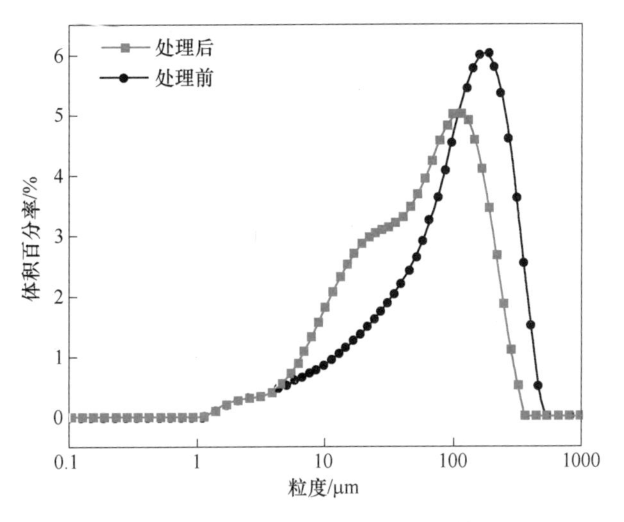

图 5-11 原料处理前后粒度测试结果

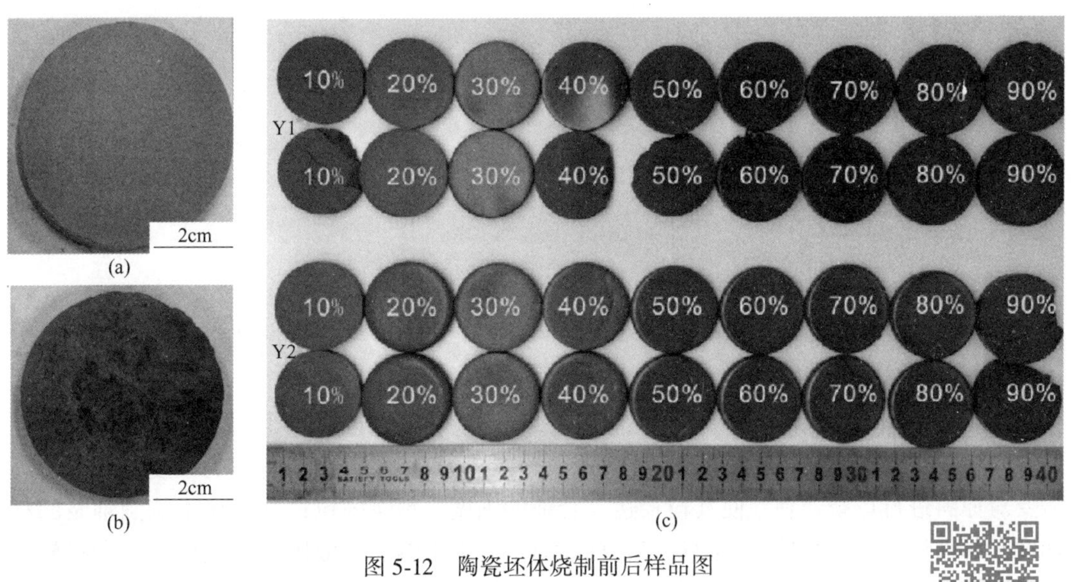

图 5-12 陶瓷坯体烧制前后样品图

(a)，(b) 烧制前；(c) 烧制后

彩色原图

5.6.3 制备陶瓷釉面材料

铁矿共伴生资源的组分复杂，其中所含的石英是形成釉面玻璃质的主要成分，并可提高釉的熔融温度和高温时的黏度，同时保证釉面的硬度；所含钙、镁等碱土金属元素可起到助熔的作用，可以提高釉面光泽度、改善釉面膨胀系数；所含铁、锰等过渡族元素可以提高吸光度，起到着色作用。铁矿共伴生资源中的铁氧化物有利于制备如黑釉、兔毫、油滴釉、铁绣花釉、紫金釉等釉面材料，这些特色釉面的形成均与铁的氧化物在釉表面析晶有关[9]。

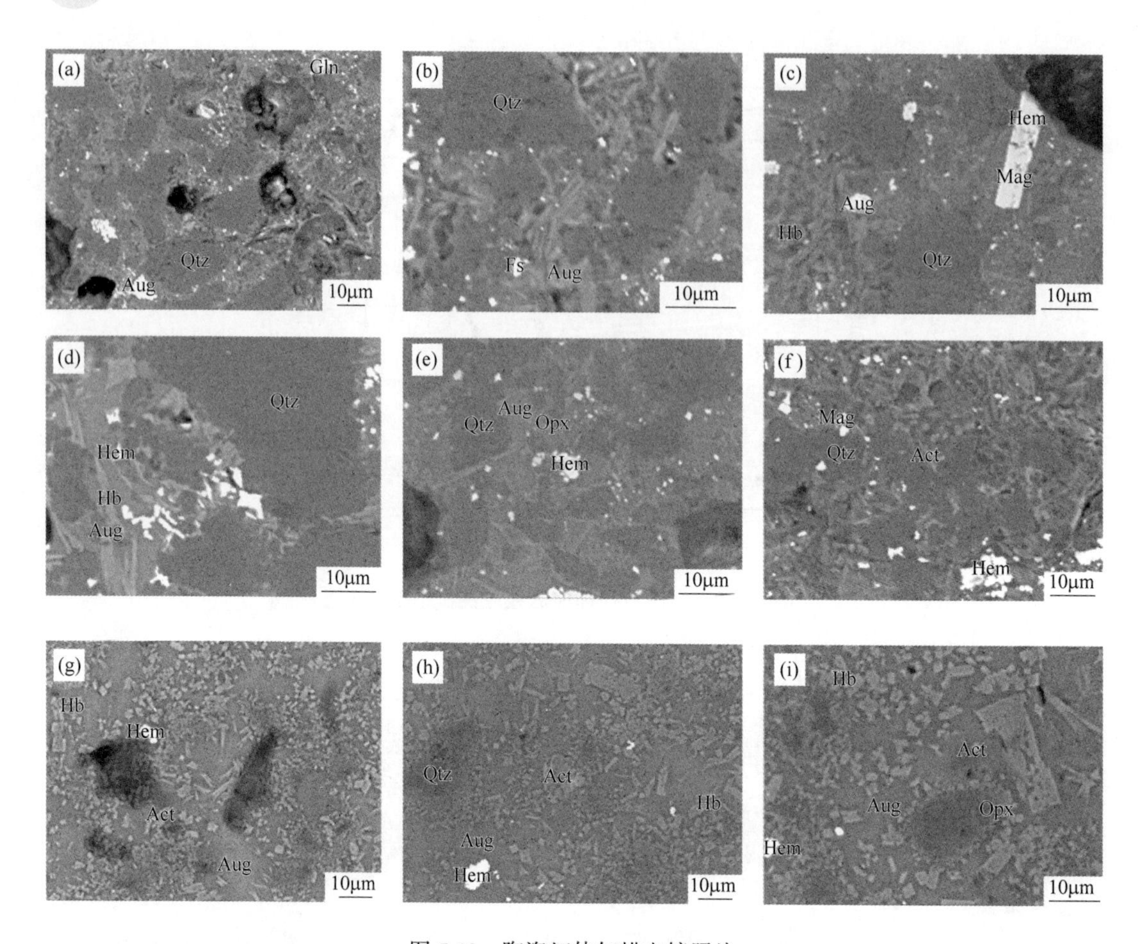

图 5-13 陶瓷坯体扫描电镜照片

Act—阳起石；Aug—普通辉石；Fs—铁辉石；Hb—铝铁辉石；Hem—赤铁矿；Mag—磁铁矿；Opx—斜方辉石；Qtz—石英

5.6.3.1 原料处理

制备陶瓷釉面所用的主要原料为铁矿的共伴生矿物及选矿后产生的铁尾矿，原料粒径一般较粗，未经研磨的伴生组分粒度不均一，往往达不到釉料制备所需的粒度范围，所以需要对原料进行球磨处理，使其粒径达到合适的细度。釉浆的粒径会直接影响到釉浆的黏稠度和悬浮性，也会对釉的熔融状态和釉面质量产生影响。一般用于工业生产的釉料粒径分布中颗粒大于 10μm 的约占 15%~25%。机械球磨方式可以细化颗粒，增大粉末物料的接触面积，促进反应进行，加快反应的速率。

利用显微镜下不同的矿物光学性质差异进行鉴定，查明铁矿伴生组分的类型、结构构造、矿物组成、粒度大小、嵌布特征等。为了进一步确定铁矿伴生资源的物化性质，需要对研磨后的粉末样品进行 XRD 及 XRF 测试分析，获得其精确的物相组成和化学组成。

5.6.3.2 配方确定

陶瓷色釉的配方是以分选出铁尾矿中的有效矿物成分，并添加适量显色矿物或直接以矿物原有的氧化铁、铝、磷等微量元素作为着色原料配制而成。

(1) 首先要掌握坯料的化学与物理性质，如坯体的化学组成、热膨胀系数、烧结温度、烧结温度范围及气氛等。

（2）必须明确釉本身的性能要求及制品的性能要求。

（3）制釉原料化学组成、原料的纯度以及工艺性能等。

除以上三点外，工艺条件对釉的影响也很大，如细度与表面张力的关系、釉浆稠度对施釉厚度的影响、燃料种类、烧成方法、窑内气氛等均须在釉料的研究中加以考虑。

借助三元相图和釉料原料的化学组成-熔融温度图设计配方。每种陶瓷釉料都有其基本成分，须从其配料中的基本成分所组成的相图（图5-14）上根据所选原料组分的物化组成、分相区域等加以研究，以求获得更好的釉料配方。经矿物平衡计算，确定出釉面性能与坯体材料的配合类型、工艺参数和技术方案。以铁矿伴生资源、铁尾矿等主要原料和其他助剂进行配方试验，编制出试验方案表，进行正交试验，通过控制不同原料配比及反应温度进行化学成分的重构，筛选出较好的配方进行综合调整，并做进一步的试验（图5-15），经过多次的反复调整、试验，最终确定釉面效果最理想的实验方案。

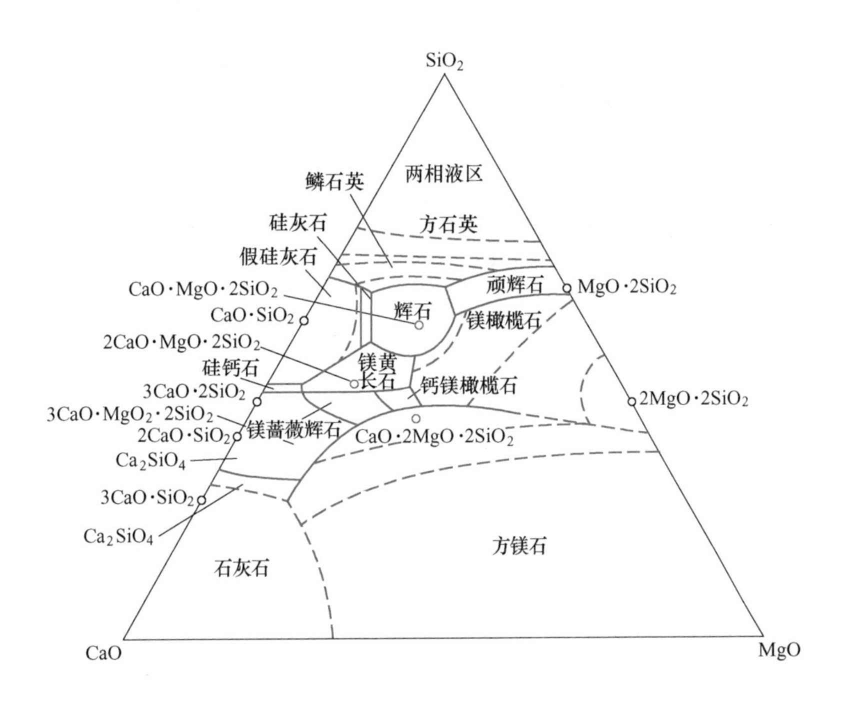

图5-14 $CaO-SiO_2-MgO$ 的三元系统相图

以上有关釉料配方的设计方法对确定合理的釉料配方提供了有益的参考，但仍离不开实践，通过反复的实验，进一步调整配方，从小试、中试直到完全成熟后，才可投入正式生产。

5.6.3.3 以BIF型铁矿为原料制备陶瓷釉面材料

结合BIF型铁尾矿的矿物组成分析，该类型铁尾矿有利于形成辉石体系，促进结构的致密性，应用于烧结陶瓷釉面材料较为理想。以铁尾矿为主要原料，利用高温物相重构技术及前人铁系结晶釉的配方组成为基础，设计并制备 SiO_2-Al_2O_3-MgO-CaO-Fe_2O_3 多元系统高温结晶釉，重构实验配方的化学成分见表5-8。根据传统陶瓷釉料生产工艺确定合理的工艺流程，选择适当的工艺方案及参数（图5-16）。

图 5-15 实验釉片样品

表 5-8 原料、助剂及重构配方成分表 (%)

成 分	原料	助剂	配方 1	配方 2	配方 3
SiO_2	71.36	39.13	58.47	60.08	61.69
Al_2O_3	6.80	6.35	6.62	6.64	6.66
CaO	6.88	31.57	16.76	15.52	14.29
Fe_2O_3	6.53	14.81	9.84	9.43	9.01
MgO	5.10	4.44	4.84	4.87	4.90
K_2O	1.55	1.49	1.53	1.53	1.53
P_2O_5	0.66	0.10	0.44	0.46	0.49
Na_2O	0.13	0.66	0.34	0.32	0.29
MnO	0.13	0.31	0.20	0.19	0.18
TiO_2	0.51	0.25	0.40	0.42	0.43
SO_3	0.30	0.66	0.44	0.43	0.41
SrO	0.03	0.03	0.03	0.03	0.03
ZrO_2	0.01	0.01	0.01	0.01	0.01
PbO	0.00	0.07	0.03	0.02	0.02
CuO	0.01	0.05	0.03	0.02	0.02
Cr_2O_3	0.00	0.03	0.01	0.01	0.01
Cl	0.00	0.03	0.01	0.01	0.01
ZnO	0.01	0.01	0.01	0.01	0.01
Rb_2O	0.00	0.01	0.00	0.00	0.00

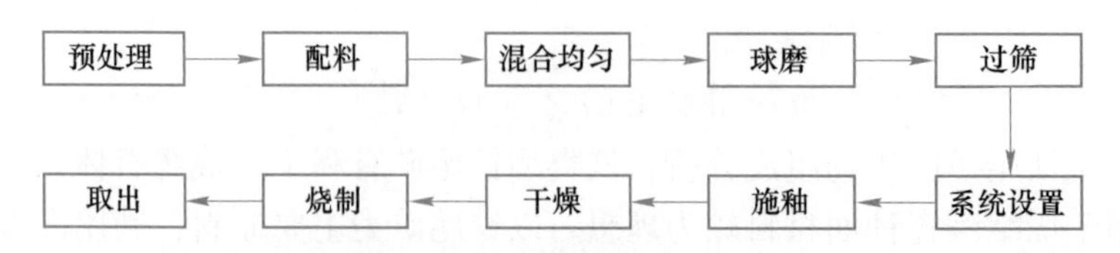

图 5-16 釉面材料制备工艺流程

将经过预处理的多组分混合釉料，以喷釉方式制备陶瓷釉面，经干燥处理后，进行烧制，获得铁尾矿基陶瓷釉面材料。釉面材料熔融程度不高，可观察到大量未熔的石英颗粒（图5-17），同时出现大量圆形气泡。未熔的石英颗粒呈他形，基质包含浑圆状磁铁矿。石英颗粒及新生成的磁铁矿颗粒周围，结晶生长大量辉石矿物枝晶，由内向外辐射生长且具有三个不同的生长方向。

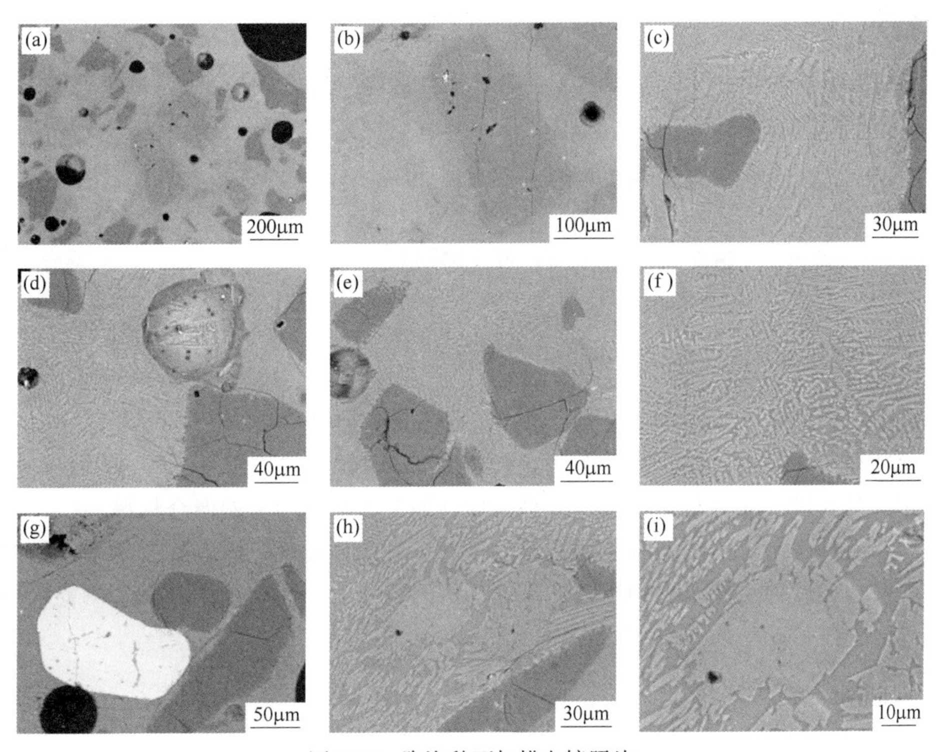

图5-17 陶瓷釉面扫描电镜照片

经反复实验，进一步调整配方，从小试、中试直到釉面工艺流程走向成熟后制备的釉面材料成品如图5-18和图5-19所示。

图5-18 利用铁尾矿烧制的釉面材料在艺术陶瓷上的表现

彩色原图

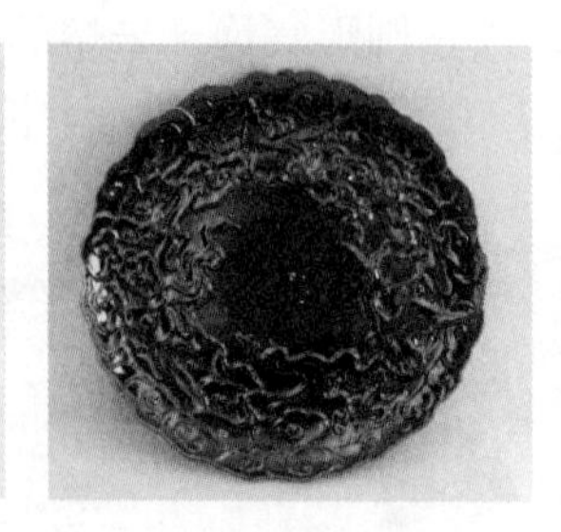

图 5-19　利用铁尾矿烧制的釉面材料在日用陶瓷上的表现

彩色原图

5.7　金矿共伴生资源制备陶瓷材料

5.7.1　资源特点及其制备陶瓷材料的可利用属性

我国金尾矿因矿床成因类型不同，其中 SiO_2 的含量差异较大，同时含有一部分氧化铝、氧化铁和少量的银、铜、铅等金属元素。黄金尾矿是一种含脉石、黏土和云母类铝硅酸盐矿物，其粒度、成分与黏土接近，是一种已加工成细粒的天然混合材料。

将金矿共伴生组分与陶瓷制品的原料组分进行对比，发现了前者作为陶瓷原料的可替代性。在对金矿共伴生资源可利用属性系统分析的基础上，开展利用其制作陶瓷材料的研究，实现共伴生矿物的无害化应用。

5.7.2　制备陶瓷坯体材料

5.7.2.1　原料处理

制备陶瓷坯体所用的主要原料为金矿的共伴生矿物及选矿后产生的金尾矿，黄金尾矿的矿物组成以石英、长石、云母、黏土和残余金属矿物为主。其中铁是主要的染色剂，对所制备的陶瓷坯体白度影响很大。可通过磁选或浮选等方法对尾矿进行预处理，去除影响坯体制备的杂质。

5.7.2.2　配方确定

陶瓷坯体的配方是以分选出金矿共伴生组分中的有效矿物成分为主，去除其中的杂质后，调整改变坯体稳定性、可塑性和强度的助剂配制而成。通过系统测定共伴生矿物的物相组成、化学组成、颗粒级配等特征。针对其特征，选取助剂弥补缺陷，按照陶瓷坯体性能要求设计配方。

5.7.2.3　以矽卡岩型金矿为原料制备陶瓷坯体材料

以矽卡岩型矿山为原料设计制备陶瓷坯体材料，所选原料中主要包含有石英、钠长石、铁白云石、多硅白云母、石榴子石、方解石、辉石等矿物（图 5-20）。将所选原料的化学成分、物相构成与传统的陶瓷坯体原料对比，发现其具有陶瓷原料的基本化学和矿物组成。但是仍存在部分助熔物质含量偏低等一些缺陷，可通过加入陶土等助剂修正坯体材料配方，重构物相体系。

将经过预处理的多组分混合坯料，通过配料、球磨、过筛、练泥获得可塑性泥团，以塑压方式成型制备陶瓷坯体，经干燥处理后进行烧制，获得具钙长石等稳定的新矿物相的

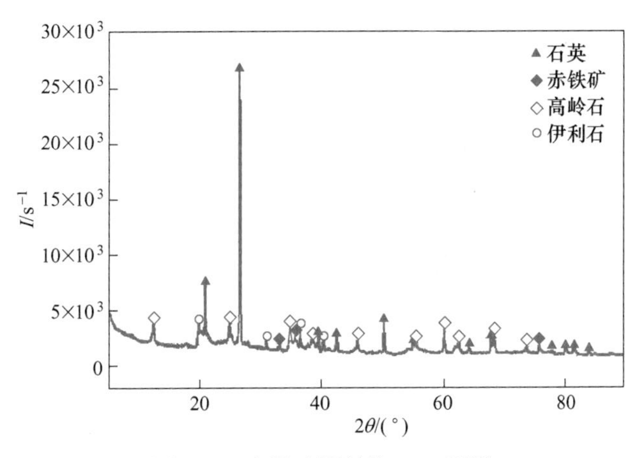

图 5-20　金尾矿原料的 XRD 图谱

坯体材料。烧成的坯体材料内部结构致密，吸水率、硬度、强度等性能均可满足工艺陶瓷坯体的性能要求。所选矽卡岩型金尾矿制作工艺陶瓷坯体具有可行性。

烧成的坯体中主要含有石英、赤铁矿、钙长石、辉石等矿物。与图 5-20 对比可知，尾矿中方解石、白云石等成分已经消失，出现了钙长石、辉石等新生矿物相（图 5-21）。尾矿中的长英质组分均匀分布在坯体内部，构成支撑结构；尾矿中细小颗粒填充在支撑结构中，形成合理的堆积序列（图 5-22）。陶土中黏土矿物除参与新矿物相的生成反应外，还以胶结物形式将分散颗粒物黏合。大颗粒的脊性物质、细小颗粒物和胶结物紧密镶嵌，构成了密实、稳定的内部空间结构。陶瓷坯体烧制后形貌如图 5-23 所示。

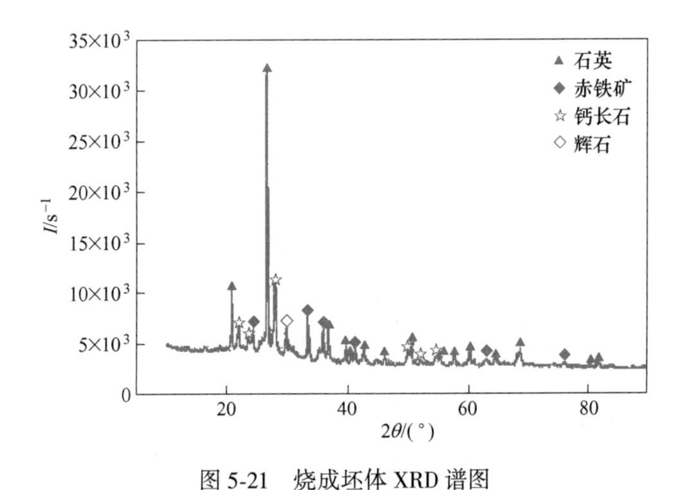

图 5-21　烧成坯体 XRD 谱图

5.7.3　制备陶瓷釉面材料

5.7.3.1　原料处理

制备陶瓷釉面所选原料中主要包含有石英、石榴子石、方解石、辉石等矿物。其中石榴子石等矿物提供的铁、镁氧化物等，可以通过高温物相重构形成新型矿物釉。

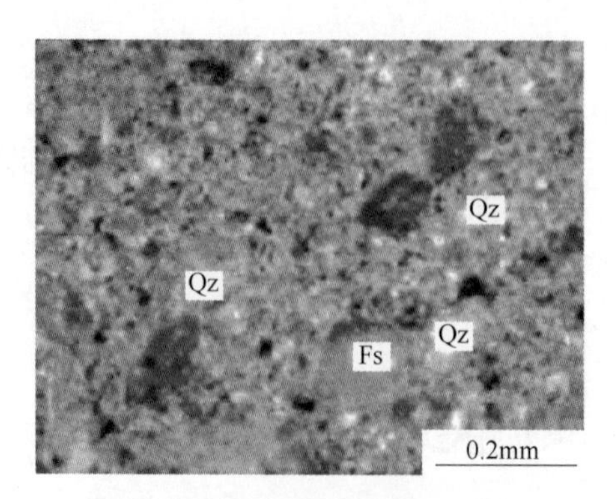

图 5-22 坯体内部结构的显微照片

Qz—石英；Fs—长石

图 5-23 陶瓷坯体烧制后照片

彩色原图

5.7.3.2 配方确定

根据尾矿的物相组成来选择助剂进行搭配，平衡各组分矿物含量，编制出试验方案表，进行正交试验。通过控制不同原料配比及反应温度进行化学成分的重构，筛选出较好的配方进行综合调整做进一步的试验。经过多次的反复调整、试验，最终确定釉面效果最理想的实验方案，从而达到实验结果样品中形成晶花釉面的需求。

5.7.3.3 以矽卡岩型金矿为原料制备陶瓷釉面材料

首先需要对原料进行分析，主要从物相、化学组成以及粒度三个方面入手，然后根据获得的物相和化学成分组成，与目标材料物相和化学成分进行比对，计算并重新构建物相的体系，实验配方见表 5-9。

表 5-9 原料、助剂及重构配方成分 （%）

项 目	原料	助剂	配方 1	配方 2	配方 3
SiO_2	40.24	62.96	52.48	49.33	44.78
Al_2O_3	7.07	15.71	8.16	10.53	8.8
CaO	30.54	7.54	20.46	21.34	25.94

续表 5-9

项　目	原料	助剂	配方 1	配方 2	配方 3
Fe_2O_3	13.49	6.55	11.09	10.72	12.11
MgO	4.47	3.32	4.16	4.01	4.24
K_2O	1.74	2.57	1.81	2.07	1.91
TiO_2	0.29	0.51	0.28	0.38	0.33
Na_2O	0.76	0.37	0.54	0.61	0.68
P_2O_5	0.11	0.25	0.13	0.17	0.14
MnO	0.41	0.13	0.3	0.3	0.36
SrO	0.04		0.04	0.05	0.04
SO_3	0.66		0.4	0.4	0.53

烧成的釉面中主要含有石英、镁铁矿、辉石等矿物。将釉面矿物组成与图 5-24 和图 5-25 对比可知，尾矿与助剂中石榴子石、方解石、白云石等成分已经消失，出现了镁铁氧体、透辉石等新生矿物相（图 5-26 和图 5-27）。

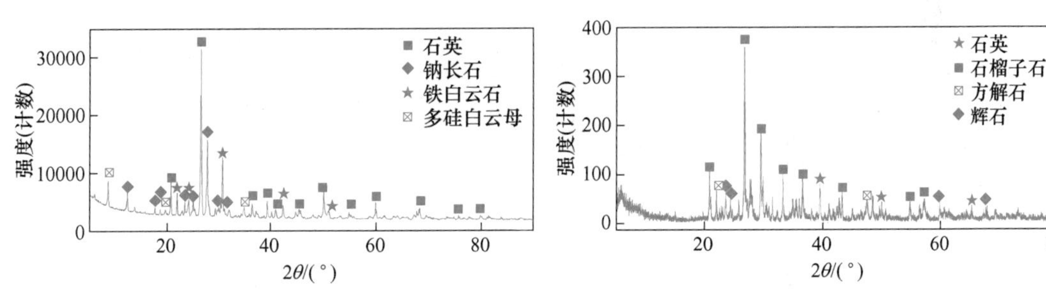

图 5-24　金尾矿原料的 XRD 图谱　　图 5-25　助剂的 XRD 图谱

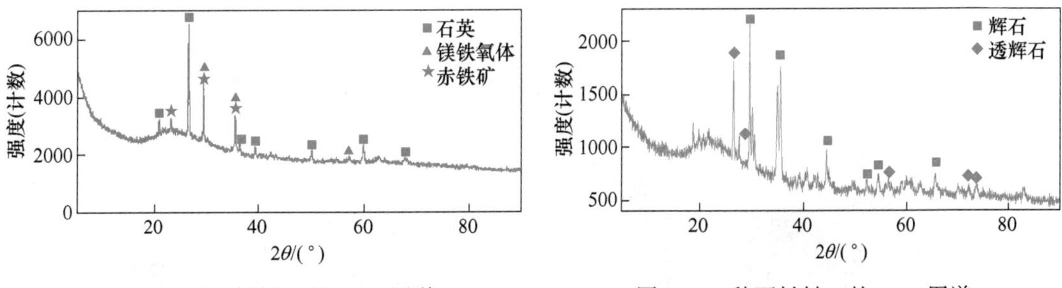

图 5-26　釉面材料 A 的 XRD 图谱　　图 5-27　釉面材料 B 的 XRD 图谱

高温烧制后的釉面 A 中可见聚集生长的斑点状尖晶石型镁铁氧体（$MgFe_2O_4$）结晶体，以及尺度较小的枝晶生长在短柱状的玻璃质基体格架中（图 5-28（a））；釉面 B 中可见较亮的赤铁矿晶体以及枝晶交叠生长（图 5-28（b））；釉面 C 中可见辉石枝晶围绕中心点生长且有规则的轮廓（图 5-28（c））。

以金尾矿为主要原料，构建 SiO_2-Al_2O_3-CaO-MgO-Fe_2O_3 等多元混熔体系，利用高温物相重构技术制备的结晶釉在实际生产中的效果如图 5-29 所示。

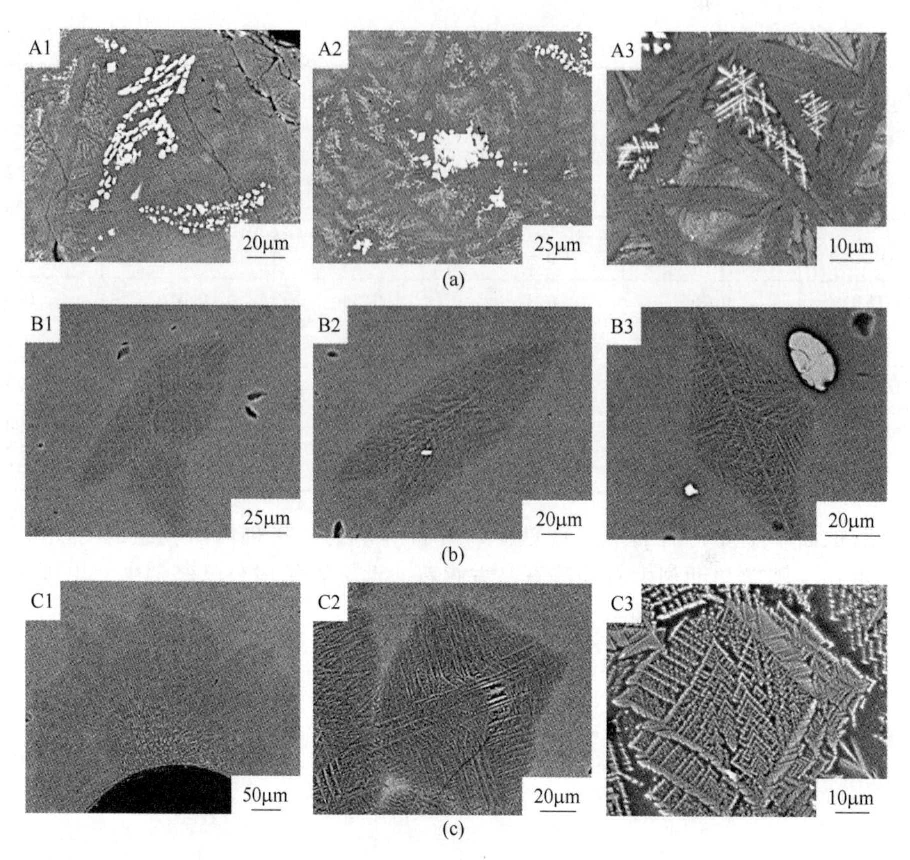

图 5-28　釉面背散射电子图像

图 5-29　利用金尾矿烧制的釉面材料在日用陶瓷上的表现料

彩色原图

5.7.3.4　以蚀变岩型金矿为原料制备陶瓷釉面材料

蚀变型金矿尾矿中主要包含有石英、钠长石、多硅白云母等矿物；将所选原料的化学成分、物相构成与传统的矿物釉原料对比，发现该尾矿的基本组成可以作为釉面材料的原料使用。其中的白云母等矿物的物质组成特点可以通过高温物相重构形成新型矿物釉。根据尾矿的物相组成来选择助剂进行搭配，平衡各组分矿物含量，从而达到实验结果样品中形成晶花釉面的需求。

蚀变岩型金矿尾矿原料中 CaO、Fe_2O_3、MgO 含量偏低会造成暗色矿物结晶量较低，釉面色泽较浅，不能得到含大量晶花的高质量釉面，因此需要加入两种助剂进行三组分调配实验，化学成分见表 5-10。

表 5-10 原料、助剂及重构配方成分 (%)

项　目	原料	助剂 1	助剂 2	配方 1	配方 2	配方 3
SiO_2	62.4881	48.00	40.24	58.42	49.33	44.78
Al_2O_3	15.7181	12.16	7.07	13.98	10.53	8.80
CaO	7.7463	10.97	30.54	12.14	21.34	25.94
Fe_2O_3	6.6308	9.79	13.49	7.94	10.72	12.11
MgO	3.3753	6.24	4.47	3.55	4.01	4.24
K_2O	2.6132	3.52	1.74	2.41	2.07	1.91
TiO_2	0.5234	2.27	0.29	0.47	0.38	0.33
Na_2O	0.4746	0.14	0.76	0.45	0.61	0.68
P_2O_5	0.2398	6.61	0.11	0.23	0.17	0.14
MnO	0.1257	0.11	0.41	0.19	0.30	0.36

取样的尾矿原料粒度主要在 10~100μm 之间，需要进一步研磨，从而实现物相重构过程中有用组分的有效释放。参考釉面性能与坯体材料的配合类型、工艺参数和技术方案，将原料与助剂通过传统釉料制备工艺手段和烧成技术条件，制备成陶瓷结晶釉面材料。

烧成的釉面中主要含有石英、镁铁矿、赤铁矿等矿物（图 5-30 和图 5-31），原料及助剂的矿物组成，尾矿与助剂中钠长石、铁白云石等成分已经消失。

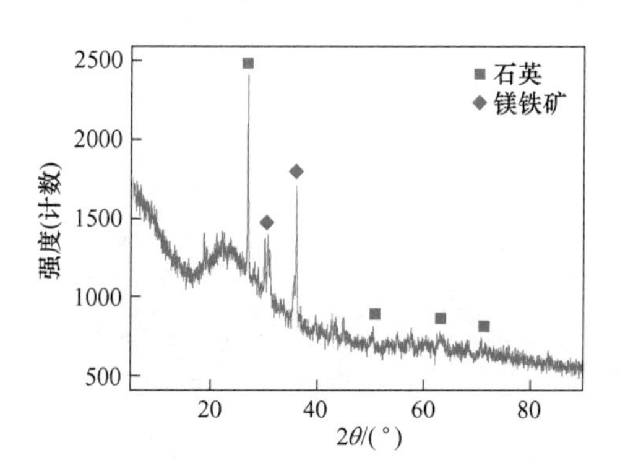

图 5-30 釉面材料 A 的 XRD 图谱

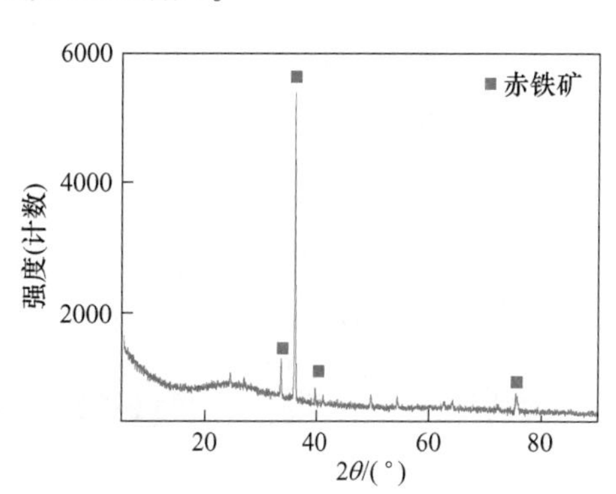

图 5-31 釉面材料 B 的 XRD 图谱

釉面 A 中可见聚集生长的斑点状尖晶石型镁铁氧体（$MgFe_2O_4$）结晶体，以及尺度较小的枝晶生长在玻璃质基体中（图 5-32）。釉面 B 中存在多种矿物相形态，赤铁矿以集合体形式和自形粒状存在，枝晶部分主要围绕自形矿物生长，部分呈细条状，在主枝晶上存在多条枝晶臂（图 5-33）。

在经过实验重构制备釉面材料之后，通过观察其微观形貌，测定成分和物相组成，优选了适合开展放大实验的釉面材料，经工厂试验以后制备的陶瓷成品如图 5-34 所示。

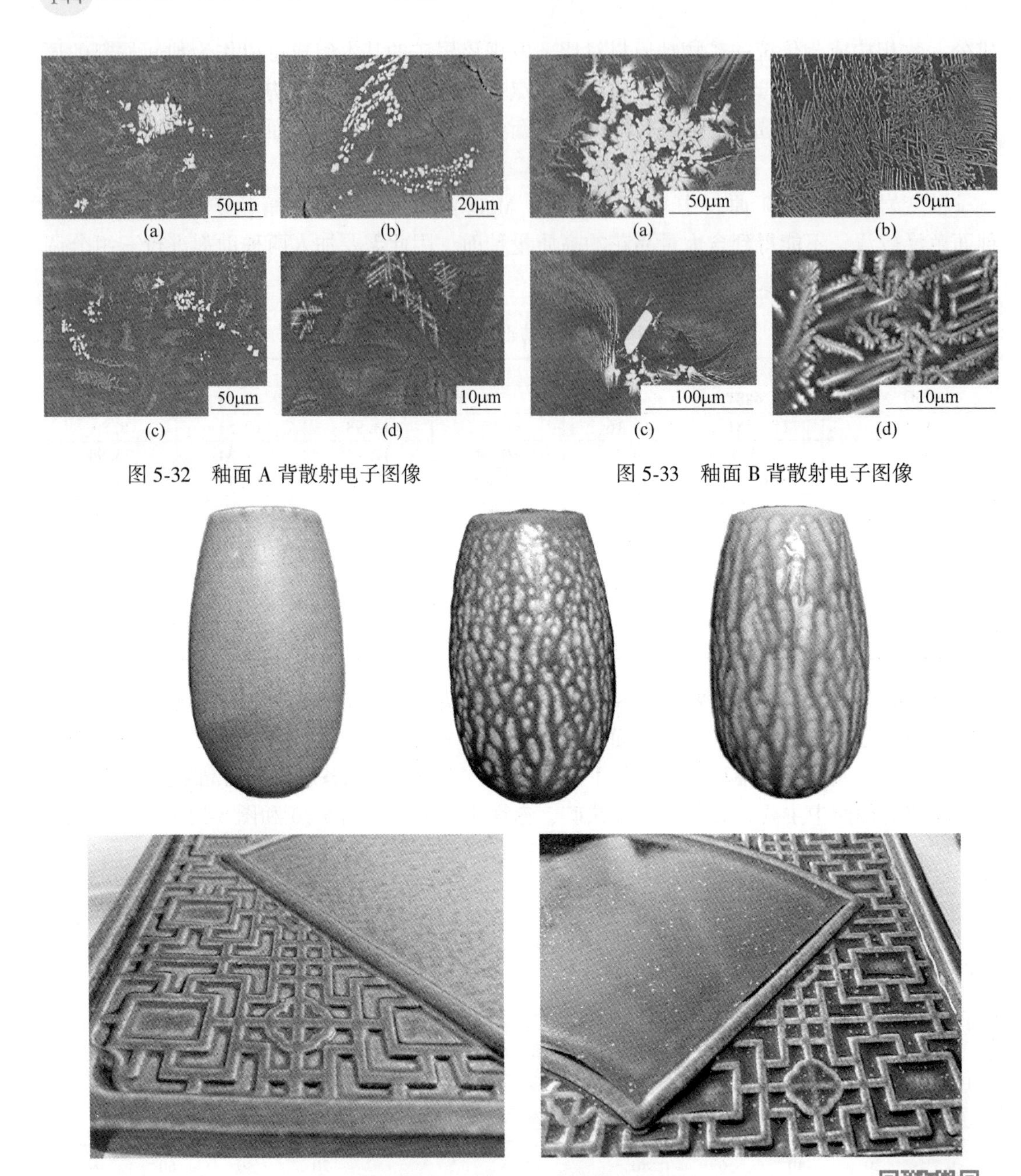

图 5-32 釉面 A 背散射电子图像

图 5-33 釉面 B 背散射电子图像

图 5-34 利用金尾矿烧制的釉面材料

彩色原图

5.8 赤泥制备陶瓷釉面材料

5.8.1 资源特点及其制备陶瓷材料的可利用属性

赤泥是氧化铝生产过程中的固体废弃物，其主要矿物为文石和方解石，含量为 60%～65%；其次是蛋白石、三水铝石、针铁矿；还有少量的含钛矿物、菱铁矿、天然碱、水玻璃、铝酸钠和火碱。其中，文石和方解石具有胶结作用，蛋白石和水玻璃等也具有胶结和填充的作用，其化学成分也与釉面的主要原料相似。目前，已有学者开展利用赤泥制备陶瓷、玻璃材料的研究[10,11]。因此，以赤泥为原料制备陶瓷材料，进而缓解固废压力减少环境污染，具有可观的前景。

5.8.2 原料处理

各种釉用原料经拣选后分别粉碎过筛，按配方称量，在行星球磨机中球磨适当时间以降低原料粒径，便于更好地结晶成釉；其中，原料、球和水需要调配为固定比例，球磨至浆料过高目数的标准筛后备用。

5.8.3 配方确定

赤泥的成分主要为 Al_2O_3 及 Fe_2O_3，其中 Al_2O_3 可以影响釉的黏度，适量控制含量有利于分相产生，使釉面产生乳浊感。Fe_2O_3 是着色剂和结晶剂，其含量既可以影响釉面的颜色，进而影响美观效果，还可以降低熔融温度，改变成釉矿物的结晶形态。参考传统釉面釉料的化学组成，将烧成温度作为参考因素，结合前人实验结果及赤泥的化学组成，通过化学成分计算初步设计出以赤泥为主要原料的釉面配方，再经过实验的验证及筛选，反复修改校正，最终得出固定配比的釉料配方。

5.8.4 以低铁赤泥为原料制备陶瓷坯体材料

以低铁赤泥为主要原料，利用高温物相重构技术制备尖晶石型结晶釉。通过原料的物相分析、化学成分、粒度级配的基础研究，经配料、搅拌、球磨、过筛、浆化、施釉，最后烧制等工艺制备陶瓷釉面材料。以传统陶瓷釉料工艺为基础，配置设备及流水线设计，根据赤泥釉料配方加入温度曲线等细节，最终形成一套完整的赤泥制备釉面的工艺流程。

所选低铁赤泥的主要物相组成为钙霞石、石英、赤铁矿、白云母等，由于其 SiO_2 含量不满足釉面材料的取值范围，因此添加高硅含量助剂用以平衡硅铝比（图 5-35）。在高温物相重构过程中，低铁赤泥中的钙霞石在加热过程中发生分解，分解产物将会发生进一步的氧化反应，所生成的 Al_2O_3、CaO、Na_2O 和 SiO_2 等氧化物会降低原料中各种矿物的熔融温度和熔体的黏度，进而促进其加速熔融分解；样品中新生成的透辉石，是由助剂中透闪石在高温下分解反应所生成的结果；样品中的少量钙长石可能是由低铁赤泥中的水化钙铝榴石与 CaO 反应生成的（图 5-36）。高温反应时分解的 K、Na 等氧化物与原料中的硅质成分，则在熔体降温过程中形成玻璃相。

通过对不同烧成温度下赤泥基陶瓷釉面的显微照片的观察可以发现，在 1210℃、1230℃时样品中，生成细小且形状不规则的镁铁尖晶石（图 5-37（a）、（b））、透辉石和少量钙长石、镁橄榄石，分布不均匀，晶体间存在较大空隙。随着烧成温度升高至 1250℃，生长发育较好的六边形铁镁尖晶石（图 5-37（c））均匀分布，透辉石（图 5-37（c））以铁镁尖晶石为中心向四周生长，晶体间的空隙变小。当烧成温度为 1270℃时（图 5-37（d）），铁镁尖晶石进一步发育，大量透辉石枝晶（图 5-37（d））生长到 7μm 左右，且聚集在铁镁尖晶石周围，晶体间空隙消失。烧成温度升高促进了镁铁尖晶石晶体生长，晶体呈自形-半自形的粒状结构。

利用低铁赤泥制备尖晶石型结晶釉，具有原材料成本低、烧成工艺简单等优点，其经济效益、环境效益显著。实验结果表明，低铁赤泥制备尖晶石型结晶釉是可行的，其在日用陶瓷的生产应用如图 5-38 所示，为高值化利用低铁赤泥提供了一种新思路。

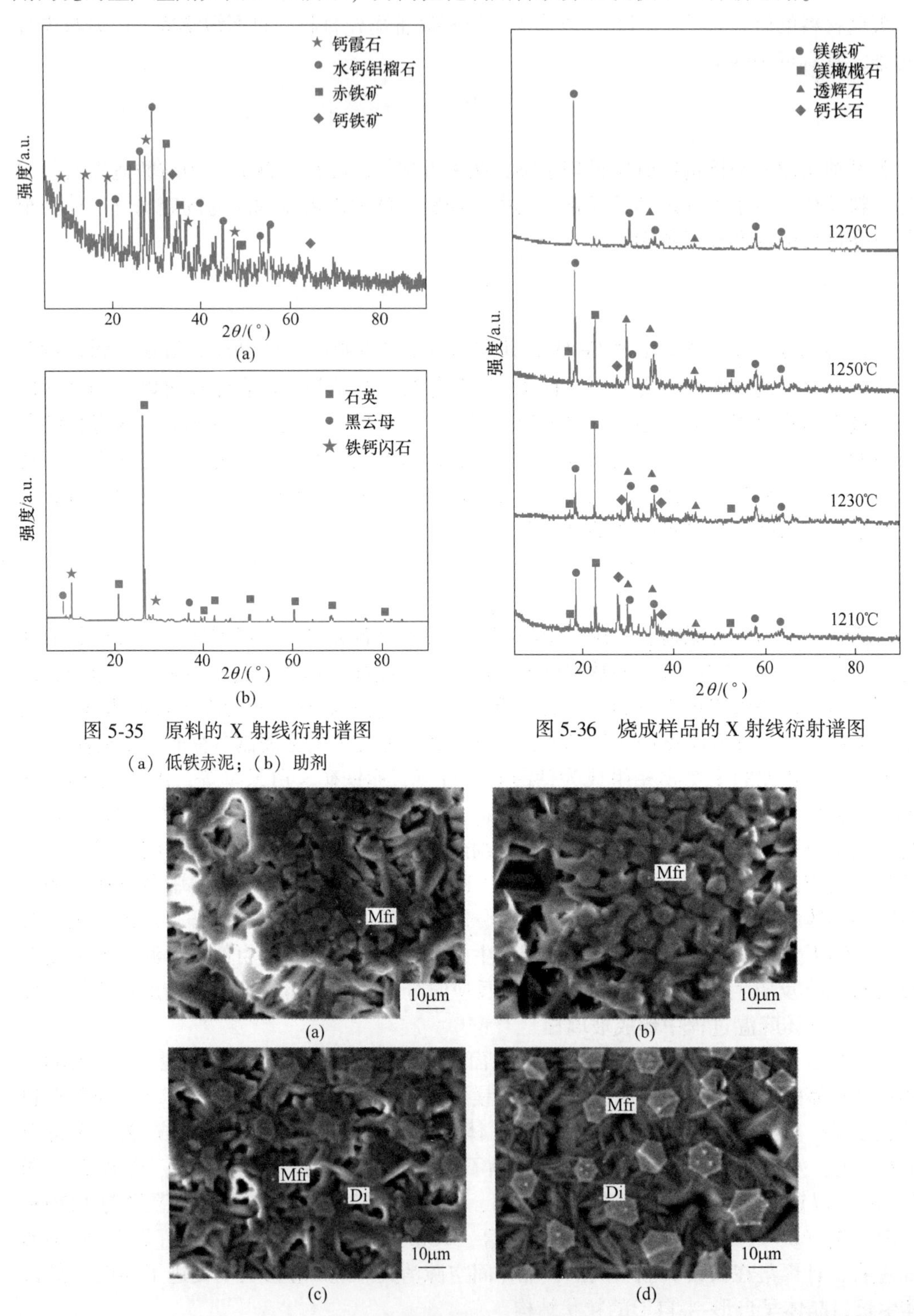

(a)

(b)

图 5-35　原料的 X 射线衍射谱图

（a）低铁赤泥；（b）助剂

图 5-36　烧成样品的 X 射线衍射谱图

(a)　(b)　(c)　(d)

图 5-37　样品的二次电子图像

（a）1210℃；（b）1230℃；（c）1250℃；（d）1270℃

Di—透辉石；Mfr—镁铁尖晶石

图 5-38 利用赤泥烧制的釉面材料在日用陶瓷上的表现

彩色原图

5.9 其他共伴生资源制备陶瓷釉面材料

锰矿开采过程中围岩废石的堆存量日益增加，其主要矿物成分为石英、绿泥石、菱锰矿、方解石，主要化学成分是 SiO_2，其次是 Al_2O_3、CaO、$MnCO_3$、Fe_2O_3。硼泥是在使用硼矿生产硼砂和硼酸的过程中产生的一种工业固体废渣。我国硼资源以沉积变质型和现代盐湖沉积型为主，储量丰富、种类较多。硼泥的主要矿物成分是钙菱镁矿、镁橄榄石、方镁石；主要化学成分是 MgO，其次是 SiO_2、CaO、Fe_2O_3、Al_2O_3[12]。硼泥一般呈棕灰色、灰白色或淡红色，是具有较好的黏结度和密实性的粉状固体，其塑性指数为 6.0~14.0，真密度为 2.0~3.3g/cm^3，堆积密度为 1.4~2.2g/cm^3。硼泥中含有大量的 MgO、SiO_2、CaO，可用于制备陶瓷烧结材料。硼泥还有作为陶瓷助溶剂的巨大潜力。硼在瓷器体中具有较强的熔解作用，其具有吸水率和开孔率低且煅烧所需温度低的优点。

通过锰矿围岩废石和硼泥的物相、化学组成以及粒度级配分析，根据获得的物相和化学成分组成，计算并重新构建陶瓷釉面的物相体系。经过研磨、过筛、配料、混合、施釉、干燥、烧制等工艺流程，制备出可用于陶瓷釉面的陶瓷原料。釉面材料在艺术陶瓷上的表现力如图 5-39 所示。

图 5-39 利用锰矿伴生组分、硼泥烧制的釉面材料在艺术陶瓷上的表现

彩色原图

本章小结

通过对铁矿、金矿、锰矿等矿产共伴生资源和赤泥、硼泥等固体废弃物的研究，证明了矿产共伴生资源对陶瓷坯体及釉面原料的可替代性。结合前人对矿产共伴生资源的矿物相、化学成分、物相重构等的研究基础，证明了利用矿产共伴生资源制备陶瓷材料的可利用属性。

矿产共伴生资源均为易获取材料，通过利用其特有矿物成分可制备出强度、耐磨性、抗压性能、抗酸碱腐蚀性能等优异性能的陶瓷坯体材料。此外，天然矿物特有的元素组成可代替化工致色原料，无需添加其他着色氧化物，可制备呈色纯正、性能稳定的釉料，降低陶瓷产品制备成本的同时保护了生态环境，是陶瓷行业实现绿色生产的新举措。

矿产伴生资源在陶瓷材料中可实现规模化利用和高质化利用，制备出的陶瓷材料均符合国家标准，各项性能优越。矿产共伴生资源化利用，有效缓解了环保压力，节省了矿山尾矿管理成本。

思考题

(1) 试述黏土、长石和石英三类原料在陶瓷生产中的作用。
(2) 确定坯、釉料配方需主要考虑哪些因素?
(3) 陶瓷材料制备工艺流程主要有哪些?
(4) 制订陶瓷烧成制度的依据有哪些?
(5) 从不同矿产共伴生资源矿物组成特点出发，论述陶瓷坯、釉配方与工艺流程的设计。

参考文献

[1] 黄烨琰，徐凯，吴波，等. 亚稳相图研究及其在特种陶瓷涂层中的应用进展 [J]. 无机材料学报，2020，35 (1)：19-28.
[2] 潘秋丽，邵金发，李融武，等. 清代红绿彩瓷器无损分析研究 [J]. 光谱学与光谱分析，2022，42 (3)：732-736.
[3] 顾晓朦，李宇，周园园，等. 二次烧成法制备冶金渣陶瓷-微晶玻璃复合材料的结构与性能研究 [C]//第十七届全国高技术陶瓷学术年会，2012：314-316.
[4] 焦娟，郭志猛，刘祥庆，等. 用程潮铁尾矿制备黑色通体砖 [J]. 金属矿山，2010 (12)：167-170，174.
[5] 李德先，王锦，张长青，等. 冀东司家营铁矿尾矿特征及综合利用建议 [J]. 地质学报，2022，96 (4)：1460-1468.
[6] 李润丰，周洋，郑涌，等. 烧结温度对铁尾矿多孔陶瓷结构及性能的影响 [J]. 稀有金属材料与工程，2018，47 (S1)：103-107.
[7] 路畅，陈洪运，傅梁杰，等. 铁尾矿制备新型建筑材料的国内外进展 [J]. 材料导报，2021，35 (5)：5011-5026.
[8] 顾晓薇，艾莹莹，赵昀奇，等. 铁尾矿资源化利用现状 [J]. 中国有色金属学报，2022：1-29.

[9] 李玫，李伟东，鲁晓珂，等. 铁系结晶釉的可控制备与装饰效果［J］. 硅酸盐学报，2020，48（7）：1134-1144.
[10] 徐晓虹，周城，吴建锋，等. 赤泥质陶瓷清水砖的制备及坯釉结合机理［J］. 武汉理工大学学报，2007（6）：8-11，30.
[11] 张培新，闫加强. 赤泥黑色玻璃晶化过程的红外光谱研究［J］. 无机材料学报，2000（4）：751-755.
[12] 孙青，郑水林，李慧，等. 中国硼资源及硼泥资源化综合利用前景［J］. 地学前缘，2014，21（5）：325-330.

6 矿产共伴生资源制备多孔材料

本章课件

本章提要

本章重点介绍矿产共伴生资源制备多孔陶瓷材料的制备工艺、表征方法以及孔隙结构不同的各种多孔陶瓷材料应用。

多孔材料是目前材料学中发展迅速的一类材料，具有优良的性能和较强的应用性。利用矿产共伴生资源可以制备多孔陶瓷材料，通过不同的制备工艺可以得到性能各异的多孔陶瓷，广泛应用于现代建筑、生态修复等领域。

6.1 多孔材料概念及其基本分类

6.1.1 多孔材料简介

多孔材料作为材料科学的重要分支之一，对科学研究、工业生产以及日常生活均具有极其重要的意义。多孔材料是具有低表观密度、高比表面积和高孔隙率的孔结构材料，独特的孔隙结构决定了其具有特殊的物理化学性能，对于材料自身性能的提高具有促进作用。

近年来，关于多孔材料的性能研究受到了科研工作者的广泛关注。目前无论是制备方法的改善和创新，还是物化性能的开发和利用，都取得了大量进展。按照孔径大小，可将多孔材料分为三类：微孔材料（<2nm）、介孔材料（2~50nm）和大孔材料（>50nm）。根据多孔材料组成的差异可将其分为无机多孔材料、无机-有机杂化多孔材料和有机多孔材料。本书主要介绍以矿产共伴生资源为原料的多孔陶瓷材料。多孔陶瓷是一种新型陶瓷材料，是由原料、发泡剂和黏结剂等组分经过高温煅烧，形成的具有一定尺寸和数量的孔隙结构的陶瓷体。矿伴生资源制备多孔陶瓷材料，可以广泛应用于保温隔热、生物医药、催化材料和吸附净化等多个领域（图 6-1）。

6.1.2 多孔材料分类

本书主要论述关于矿产共伴生资源制备多孔材料的内容，介绍天然无机多孔材料的具体类别（图 6-2）。

6.1.2.1 天然无机多孔材料

（1）硅藻土：硅藻土是由生物因素形成的硅质沉积岩，具有多孔隙、质量轻的特点，孔隙按一定规律分布，孔径介于十几纳米至数百纳米，是一种十分重要的非金属矿产[1]。其化学成分以 SiO_2 为主，还含有 Al_2O_3、Fe_2O_3、CaO、MgO 等成分和碱金属等，是良好的

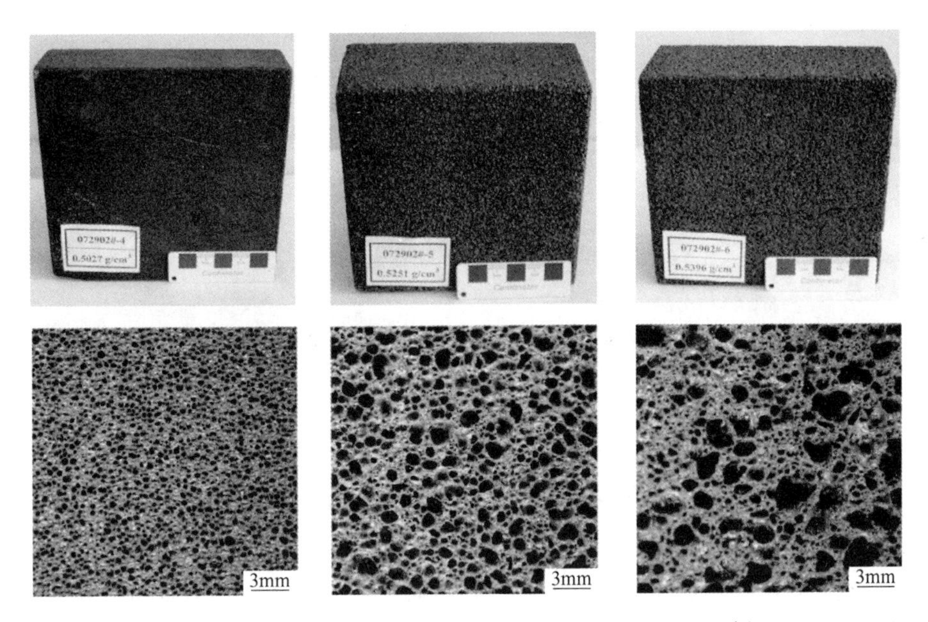

图 6-1　矿产共伴生资源制备不同孔径分布多孔材料示例

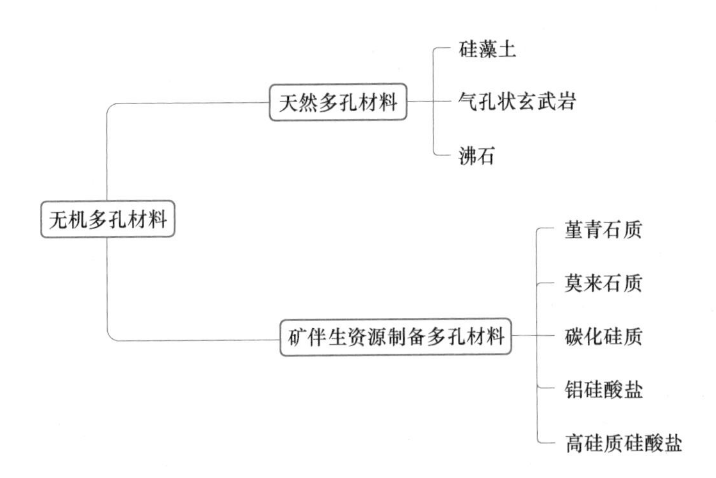

图 6-2　天然无机多孔材料分类

新兴吸附剂。我国硅藻土产量丰富，居世界第二位，但资源分布严重不均，且高品质硅藻土资源匮乏。天然硅藻土含有大量杂质，因此，天然硅藻土一般不会直接用于吸附处理，需要对其进行改性处理，以提高硅藻土的吸附能力。

（2）气孔状玄武岩：气孔状玄武岩是基性火山熔岩喷出地表所形成的一类多孔状岩石（图 6-3），其在多孔复合材料的制备和应用中起到了重要作用。到目前为止，气孔状玄武岩已被用于多孔陶瓷、改性混凝土以及特性聚合物的制备等多个领域。气孔状玄武岩无毒，不可燃，耐高温，具有极高的化学稳定性。

（3）沸石：沸石是一种微孔结晶铝硅酸盐，具有优异的性能，是重要的工业催化剂、吸附剂和离子交换剂。沸石作为架状构造的铝硅酸盐矿物，其内部有许多大小不同的开放性孔洞和通道，因此具有很大的比表面积，同时其独特的晶体结构使它具有较强的吸附能

图 6-3 气孔状玄武岩

力和离子交换能力，可以作为选择性吸附和筛分利用的理想材料，应用于水体和底泥的重金属去除研究中[2]。

但是天然沸石结构中的空穴和孔洞中存在杂质和水分子，这些杂质和水分子会占用空隙容积，降低阳离子交换容量，影响对重金属离子的吸附。因此，为了提高天然沸石的孔隙率、阳离子交换能力和吸附容量，使其对重金属离子吸附效率进一步提升，需要对天然沸石进行改性。目前常见的沸石改性方法有高温焙烧改性、离子交换改性和晶体表面改性。随着合成方法和表征技术的发展，新型沸石材料得以制备，并在不同领域展现出了新的应用前景。通过调节它们的多孔结构、骨架组成和晶体形貌，同时与奇异活性物种耦合作用，沸石和沸石基材料在许多具有挑战性的反应中表现出前所未有的高性能。

6.1.2.2 多孔陶瓷材料（矿物材料制备）

多孔陶瓷是一种经高温烧成的、表面和内部存在大量相互贯通孔道的陶瓷材料。多孔陶瓷根据材质划分的种类有很多种，目前研制及生产的陶瓷材料几乎都可以通过适当的工艺制成多孔体[3]。多孔陶瓷材料一般具有以下特性：化学稳定性好，通过材质的选择和工艺的控制，可制成使用于各种腐蚀环境的多孔陶瓷；具有良好的机械强度和刚度，在气压、液压或其他应力载荷下，多孔陶瓷的孔道形状和尺寸不会发生变化；耐热性好，用耐高温陶瓷制成的多孔陶瓷可过滤熔融钢水和高温气体；孔道分布较均匀，气孔尺寸可控，在较小范围内可以制出所选定孔道尺寸的多孔陶瓷制品[4]。

由于多孔陶瓷具有众多优良性能，已逐渐应用于冶金、环保、能源、生物等领域。利用多孔陶瓷比表面积高的特性，可制成各种多孔电极、催化剂载体、热交换器、气体传感器等；利用多孔陶瓷吸收能量较多的性能，可制成各种吸音材料、减震材料等；利用多孔陶瓷的低密度、低热传导性能，可制成各种保温材料、轻质结构材料等；利用多孔陶瓷的均匀透过性，可制成各种过滤器、分离装置、流体分布元件、混合元件、渗出元件、节流元件等[5]。

多孔陶瓷材料根据材质差异包括以下分类：

（1）堇青石质多孔陶瓷。堇青石质多孔陶瓷具有气孔率高、热膨胀系数小、耐高温、热稳定性好等优点，目前广泛应用于汽车尾气净化中，可将汽车燃汽的热量回收并以热辐射的形式传给热回收装置，同时一定的消音功能[6]。此外，在精密铸造行业中，还将堇青石质多孔陶瓷应用于熔融金属的过滤和杂质去除。

（2）莫来石质多孔陶瓷。莫来石质多孔陶瓷材料可以用 Al_2O_3 和 Si 或者 SiC 混合粉反应合成制得，具有低热膨胀系数、良好的抗热震性以及在高温条件下非常好的机械性能和化学稳定性，还具有孔隙率高、热导率低、力学强度高等优点，被广泛应用在高温隔热材料、过滤材料、催化剂载体合并建筑保温材料等方面，近年来其发展受到广泛关注[7]。

（3）碳化硅质多孔陶瓷。碳化硅多孔陶瓷不仅具有比表面积大等多孔陶瓷的共性，还具有抗氧化、比重小、抗热震性、微波吸收能力高等特点，在吸音、隔热、复合材料的骨架等方面有广泛的应用[8]。碳化硅多孔陶瓷具有极佳的复合性能，以 SiC 为基体结合其他成分组成复合材料，利用复合材料间各物质的性能优势以提高制品的整体性能，并扩展其应用范围，提高使用寿命。

（4）铝硅酸盐多孔陶瓷。铝硅酸盐多孔陶瓷材料是以硅线石、烧矾土和合成莫来石等铝硅酸盐矿物为主要原料，掺入少量的固体燃料和少量发泡剂与黏结剂，经混合、焙烧而制得的一种多孔陶瓷[9]。与其他建筑材料相比耐酸性较高，且具有轻质、隔热、隔声、与砂浆结合程度好等优点。

（5）高硅质硅酸盐多孔陶瓷。高硅质硅酸盐多孔陶瓷具有良好的耐酸性和耐水性，材质用料主要为硬质瓷渣、耐酸陶瓷渣及其他合成的陶瓷颗粒，因此使用温度通常只有700℃左右，广泛应用于矿山、冶金等方面的固液分离过滤介质、催化剂载体、新型能源材料、生态修复、生物制药等各个领域中。

6.2 多孔陶瓷材料制备工艺

多孔陶瓷材料的性能取决于其物相组成与微观结构（孔径分布、孔隙率、孔的形貌等），而多孔陶瓷的微结构主要取决于其制备方法，可通过不同制备方法对其微结构进行调控。

6.2.1 高温发泡工艺

陶瓷坯料烧成过程中，发泡剂发生化学反应，释放大量气体，这些气体使硅酸盐熔体中许多硅氧键断裂，形成新的内表面，即生成了气泡[10]（图 6-4）。气孔的产生可以分为 4 个过程：液相生成、气孔形成、气孔长大、气孔上浮。

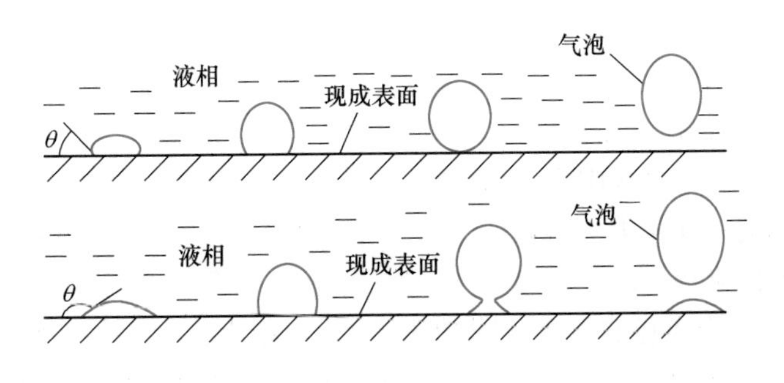

图 6-4 气孔形成过程示意图

（1）液相生成。根据 Na_2O-SiO_2 系统相图可知（图 6-5），Na_2O 和 SiO_2 共熔温度为 799℃；根据 K_2O-Al_2O_3-SiO_2 系统相图可知（图 6-6），K_2O、Al_2O_3、SiO_2 三相共熔温度为 985℃，当有杂质的存在，实际低共熔点的温度还要低 60℃以上。当温度升至 900℃以后，在长石和石英、长石和高铝矿物接触部分开始熔融，且随着温度升高液相量将不断增加，坯料颗粒之间界面也越来越模糊，到 1000℃以上，坯料中的长石、石英颗粒已明显被熔蚀，直至 1200℃几乎熔完。若钾长石含量多，熔融温度较高，熔融后液相黏度大；若钠长石含量多，完全熔化成液相的温度剧烈降低，高温时对石英、莫来石、黏土的熔解很快，助熔作用更为良好，但产品易变形。另外，氧化钙和氧化镁的加入，能显著降低长石的熔化温度和熔体黏度。

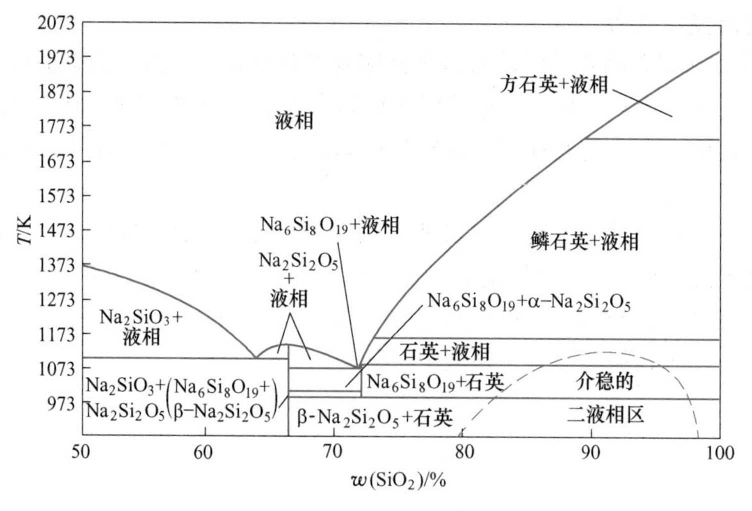

图 6-5 Na_2O-SiO_2 系统相图

（2）气孔形成。在 900~1200℃阶段，发泡剂发生化学反应，生成 CO_2、O_2 等气体。生成的 CO_2 一部分溶解于高温熔融液相，以溶解状态和游离气态形式存在，还有一部分是以化学结合态形式存在，而温度是 CO_2 存在形式的决定因素。随着温度的升高，CO_2 不断生成，CO_2 先是以溶解状态存在于玻璃相中，而后气体在液相中的溶解度不断降低且 CO_2 浓度不断上升，于是 CO_2 以气泡形式出现[11]。但是 CO_2 在高温液相中的扩散速度受液相黏度影响较大。

（3）气孔长大。气孔形成后，会随着温度的升高而长大，气孔长大过程中应满足以下条件：

$$p_g > p_0 + 2\sigma/r \tag{6-1}$$

式中 p_g——气泡内部压力总和，Pa；

p_0——气泡长大的外界阻力，Pa；

σ——熔体的表面张力，N/m；

r——气泡的半径，cm。

在初始阶段，气泡半径非常小，附加压力 $2\sigma/r$ 很大，使得气泡核难以长大，但当有现成表面存在时，气泡就会呈现有规律的球形，减小了附加压力，有利于气泡的长大。在气孔长大过程中，高温下的气体满足用理想气体状态方程即 $PV=nRT$，式中 P 为平衡时气

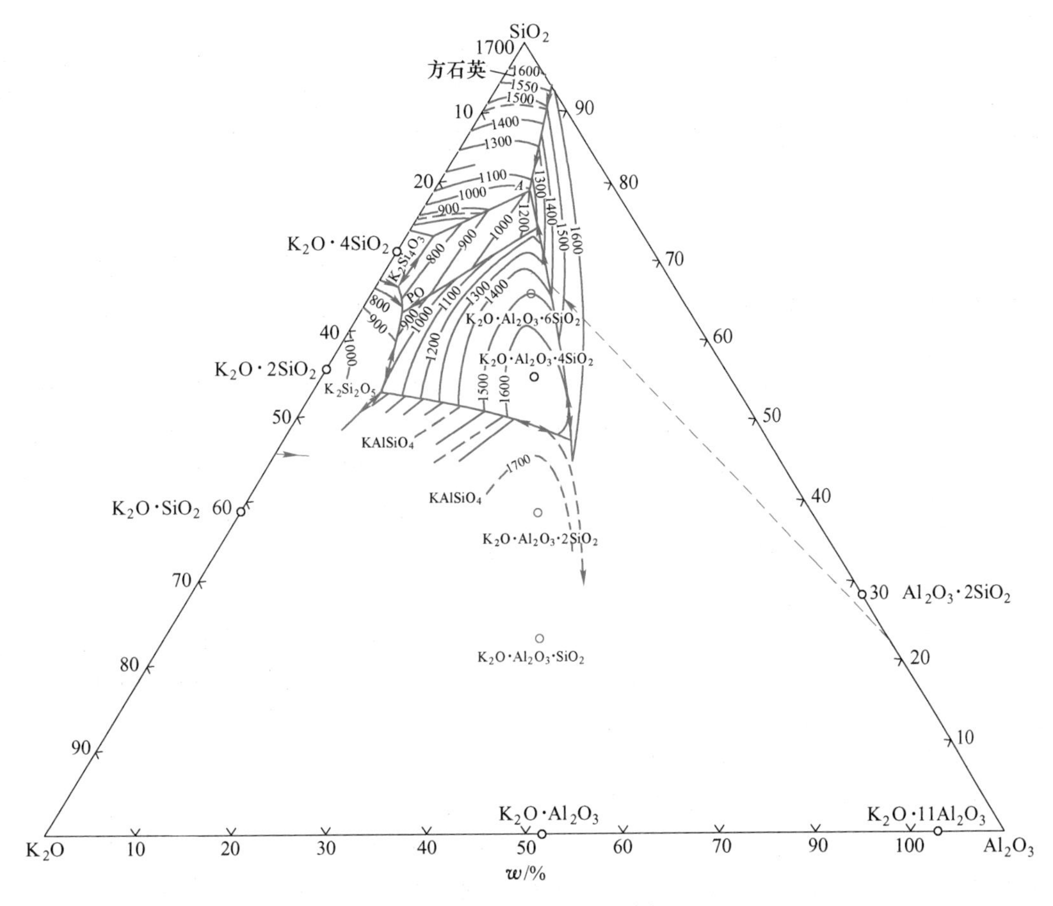

图 6-6 K_2O-Al_2O_3-SiO_2 系统相图

孔内与烧成气氛相接近气体的压力，因而可视为常数；V 为气孔的体积；n 为发泡剂反应生成气体的摩尔量，除气孔合并时有增大外基本不变；T 为烧成温度。随着温度升高，熔融液相的表面张力和黏度会降低，气体膨胀阻力变小，即气泡长大的外界阻力 p_0 减小，液相所封闭住的气体会发生膨胀，导致气泡体积增大。

(4) 气孔上浮。当气泡体积增大到一定程度且高温液相黏度较低时，气泡会发生上浮，相互融合成大孔。根据 Stokes 定律，气泡上浮过程符合下述公式

$$V=\frac{2(\rho_1-\rho_2)gr^2}{9\eta} \tag{6-2}$$

式中 V——气泡上浮速度，cm/s；

ρ_1——高温液相密度，g/cm^3；

ρ_2——气泡中气体密度，g/cm^3；

r——气泡半径，cm；

η——高温液相黏度，g/(cm · s)。

从式中可以看出，高温液相黏度越低，气泡上浮速度就越快，气泡融合的几率就越大。升温速度过快时，高温液相黏度就会迅速降低，产生大气泡，因而升温速度必须缓

慢，以 2~5℃/min 为宜。

发泡工艺是在陶瓷组分中添加有机或无机化学物质，在处理期间形成挥发性气体，产生泡沫，经干燥和烧成制成多孔陶瓷。与泡沫浸渍工艺相比，该法更易控制制品的形状、成分和密度，并可制备出各种孔径和不同形状的多孔陶瓷，特别适合于闭孔陶瓷制品的生产。

6.2.2 溶胶-凝胶工艺

溶胶-凝胶技术是一种以有机化合物、无机化合物或上述两者为原料形成的混合物经过水解缩聚的过程，逐渐凝胶化及进行相应的老化和干燥处理，而获得氧化物或其他化合物的新工艺[12]。

在矿伴生资源多孔材料的利用过程中，一般采用非金属无机化合物作为原料，溶解于某种溶剂中形成均匀溶液，然后在催化剂和添加剂的作用下使溶液中的离子进行水解缩聚反应，通过控制各种反应参数，得到一种由纳米颗粒或者团簇均匀分散于液相介质中的分散体系，即溶胶（sol），随后此溶胶在温度变化、搅拌作用和水解缩聚等化学反应或电化学平衡作用等条件的影响下，纳米颗粒间发生聚集，使分散体系增大，最终导致具有流动性的液体溶胶慢慢变为具有一定弹性的固体凝胶（gel）。

溶胶能否向凝胶发展，取决于胶粒间的作用能否克服凝聚时的势垒作用。因此，利用增加胶粒的电荷量、位阻效应和溶剂化效应等，都可让溶胶更稳定，凝胶更困难；反之，溶胶会更容易形成凝胶。通常情况下由溶胶制备凝胶的方法有溶剂挥发法、加入非溶剂法、冷冻法、加入电解质法和利用化学反应产生不溶物质法等。

溶胶-凝胶（sol-gel）法主要用于制备微孔陶瓷，特别是微孔陶瓷薄膜。其特点在于利用凝胶具有独特的三维网状结构来获得孔径为 20~100nm 的多孔陶瓷膜。制备过程是以金属醇盐及其化合物为原料，在一定的介质和催化剂作用下，进行水解和缩聚反应，使溶液由溶胶变成凝胶，再经干燥、热处理而得到多孔制品。用 sol-gel 工艺制得的多孔陶瓷孔径分布范围极为狭窄，其孔径大小可通过溶液组成和热处理过程的调节来控制，是目前比较活跃的研究领域。

6.2.3 固态模板工艺

固态模板法是在陶瓷材料生坯制备过程加入固态造孔剂，然后采用溶剂溶解、烧蚀或热解的方式除去固态造孔剂而留下气孔，最后通过高温烧结而得到多孔陶瓷材料。常用的造孔剂包括淀粉、石蜡、聚合物球体、石墨、锯末、无机盐等。此方法工艺简单，可制备出孔隙率为 40%~85%、气孔可开可闭、孔径从微孔到宏观孔的多孔陶瓷。可以通过固态造孔剂对多孔陶瓷的微结构进行调控：造孔剂的尺寸决定多孔陶瓷的孔径；造孔剂的加入量决定多孔陶瓷的孔隙率；造孔剂的形状决定多孔陶瓷的孔形态；造孔剂的分布决定多孔陶瓷中气孔分布和连通状态。

6.2.4 其他制备工艺

6.2.4.1 添加造孔剂工艺

添加造孔剂工艺是通过在陶瓷坯料中添加造孔剂，利用造孔剂在坯体中占据一定的空间，经过烧结后，造孔剂离开基体而形成气孔来制备多孔陶瓷。虽然在陶瓷工艺中，采用调整烧结温度和时间的方法可以控制烧结制品的孔隙度和强度，但对于多孔陶瓷，烧结温度太高，会使部分气孔封闭或消失，烧结温度太低，则试样的强度低，无法兼顾孔隙度和强度，而采用添加造孔剂的方法则可避免这种缺点，使烧结制品既具有高的孔隙度，又有较好的强度[13]。添加造孔剂法制备多孔陶瓷的工艺流程与基础的陶瓷工艺流程相比，这种工艺方法的关键在于造孔剂种类的选择和用量的比例。

6.2.4.2 冷冻干燥工艺

冷冻干燥法的原理是将一定含水量的浆料在低温下冷冻，使湿坯体中的水结冰，然后减压，使冰升华而留下孔隙，最后经烧结得到多孔陶瓷。冷冻干燥法制备出的多孔陶瓷为连通孔结构，孔的形状为刀形，孔径为10~200μm，孔隙率为50%~85%。冷冻干燥法可看作是以水为造孔剂的多孔陶瓷制造方法，绿色环保。采用冷冻干燥法已制备出氧化铝、氧化硅、莫来石和碳化硅等材质的多孔陶瓷。

6.2.4.3 等离子体烧结工艺

等离子体烧结是以纳米尺寸的前躯体为原料，在等离子体放电烧结过程中产生气体，实现造孔与烧结的同步进行，最终得到多孔陶瓷。此方法制备过程简单，周期短，温度低，而得到的多孔陶瓷材料强度高。

在制备性能各异的多孔陶瓷材料时，需要综合考虑操作难度、对孔的控制精细程度、适用范围以及成本差异等问题。通过比较分析，高温发泡工艺制得的样品气孔率大，强度高，但操作难度较大，不易控制工艺条件；溶胶凝胶工艺制样孔隙率相对较高，气孔分布均匀，但适用范围受限；固态模板工艺的孔径大小便于控制，操作难度较小，但工艺制备成本较高，且必须保证原料分布均匀；添加造孔剂、冷冻干燥、等离子体烧结等工艺作为近年来新兴的制备手段，制备样品的适用范围更大，可制得复杂形状，多种气孔结构的样品，对周围环境的污染的影响明显变小，但是操作难度较大，制备条件相对较为苛刻。

6.3 多孔陶瓷材料测试表征方法

6.3.1 孔径与孔结构

多孔陶瓷的微观结构决定了其性能及应用，因此多孔陶瓷孔径尺寸与分布的测量和定量表征非常重要。多孔陶瓷孔结构的检测方法有压汞法、气泡法、悬浮液过滤法、扫描电镜观察法和CT扫描法等[14]。

6.3.1.1 压汞法

压汞法是测量多孔材料孔径及孔径分布的常用方法，其原理是利用外界压力将汞压入多孔材料，并通过计算填充一定孔隙所需压力来测定多孔材料的孔径大小（图6-7）。压汞法可测范围较宽，通常是从几纳米到几百微米，测量结果比较准确，可重复性强，要求样品量不高，粉状和块状试样都可以。因为所用液体水银是毒性物质，并且汞会在金属表面形成一层汞齐而影响对多孔金属材料的孔径测定，所以在一定程度上限制了本法的使用与发展。此外，汞不能进入闭孔，因此本法只能测量半开孔和连通孔，由于测小孔需加较大压力，在压汞过程中会对试样的微观结构造成影响，尤其是强度小的多孔材料，可能导致测量结果产生误差。

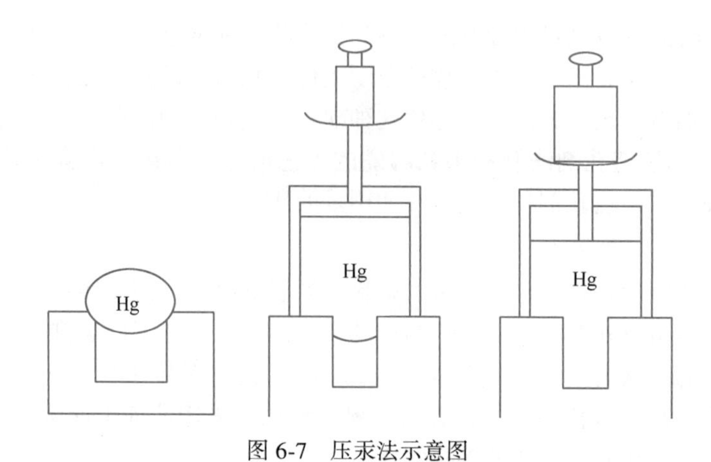

图 6-7 压汞法示意图

6.3.1.2 气泡法

气泡法是测量多孔材料最大孔径常用的方法，并且有相应的国家标准（图 6-8）。其原理是用浸润性液体，如水、乙醇、丁醇等浸润试样，当试样的开口孔隙达到饱和后，再用压缩气体将试样孔隙中的浸润液体吹出而冒出气泡。

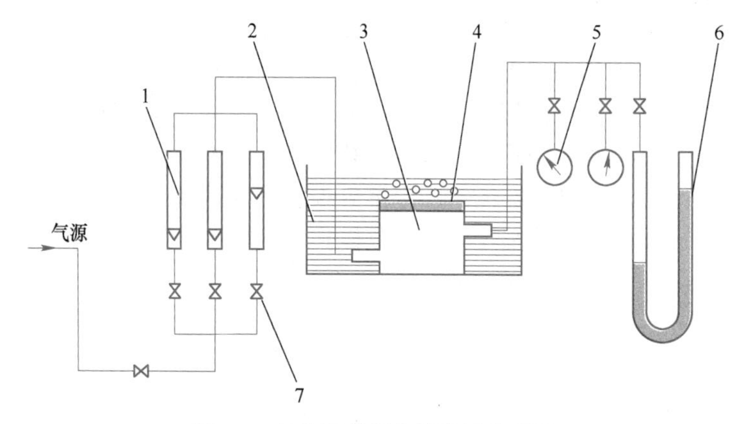

图 6-8 气泡法常规仪器装置流程图

1—流量计；2—盛液容器；3—样品室；4—样品；5—压力表；6—U 形管压差计；7—阀门

随着气体的不断压入，浸入液体也不断地从孔隙中排出，通过计算气体压差与流量之间的关系就可以得到多孔陶瓷的孔径分布。该方法仪器设备结构简单，便于操作，可重复性测量，并可精确测量多孔材料的最大孔径，特别适合微米级以上较大孔径的测量。由于用气体压出细小孔径里的浸润液体需要较大的压力，并且大孔的存在对气体流量影响较大，所以对小孔的测量精度不高，难以测量 0.1μm 以下的孔径。

6.3.1.3 悬浮液过滤法

悬浮液过滤法一般用于测定过滤膜如陶瓷过滤膜的过滤性能。首先用不同粒度的球形颗粒配制成悬浮液，然后在一定的压力下透过多孔材料，通过测定过滤前后悬浮液的颗粒的直径分布以及变化规律来定量表征过滤膜孔径大小与分布，其中所测最大颗粒的直径就是多孔过滤膜的最大孔径。这种方法是衡量过滤膜过滤能力的一种有效方法。从理论上讲，能透过实际孔道的颗粒直径最大是其内切圆的直径，所以利用这种方法测得的结果要小于其实际大小的等效孔径。并且流体过滤是一个非常复杂的过程，在过滤时会遇到惯性、静电、沉降和扩散等诸多因素的影响，在试验过程中要综合考虑各种影响因素。悬浮液过滤法适合测量多孔过滤材料的孔径分布，尤其是可以测其最大孔径，但是不适合用来测超细孔径，由于流体流动时的平均自由程存在，当孔径过小时，流体的透过作用就会以扩散为主。

6.3.1.4 扫描电镜法

扫描电子显微镜（SEM）具有成像直观、分辨高、景深长、立体感好、样品制备简单等特点，利用扫描电镜的二次电子像可以观察到多孔陶瓷材料的断面形貌，孔径大小、分布情况等信息（图 6-9）。二次电子是入射电子经非弹性散射，从样品中出射的能量小于 50eV 的电子，只有这类电子才能从样品中逃逸出来，成为二次电子[15]。二次电子像即为扫描电子显微镜的形貌像，利用扫描电子显微镜可以观察到多孔陶瓷材料微米至纳米级小区域的形貌特征，无论陶瓷制样为块状、粉末状或薄片样品均可以直接观察。扫描电子显微镜还能通过观察多孔陶瓷材料的形貌特征，研究和推测矿物的形成和经历的环境条件。

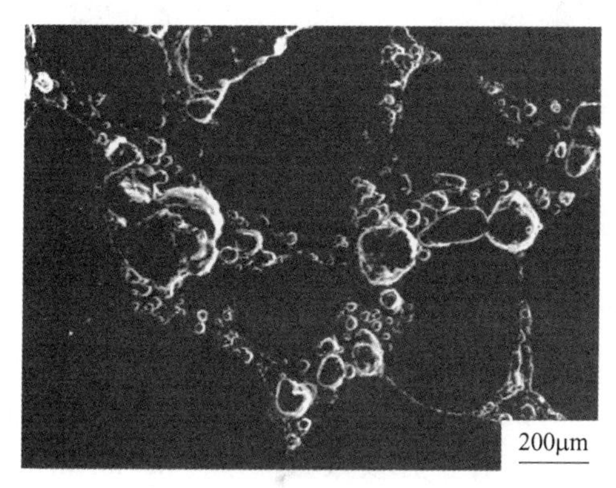

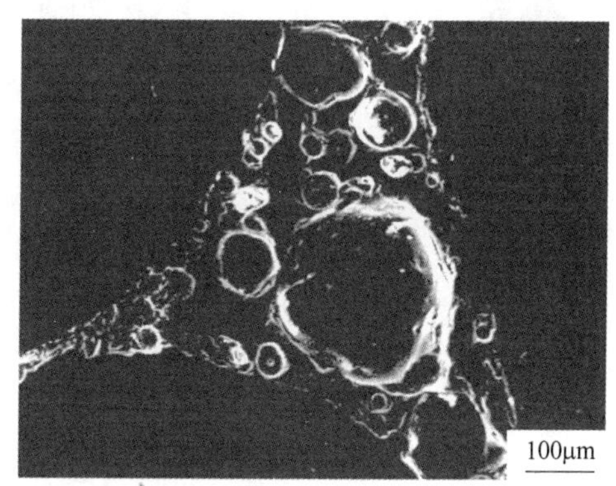

图 6-9 矿伴生资源制备多孔材料扫描电镜照片

在扫描电镜配备的能谱仪上可以检测材料断面的位点化学组成、线性化学成分变化和面区域内的化学元素分布情况，其原理是通过 X 射线电子束辐射样品表面，使材料的内层电子或价电子受激发跃迁出来，通过接收电子的动能得到材料的元素组成。

6.3.1.5 CT 三维扫描法

近年来，由于实验室规模的微型 X 射线计算机断层扫描（CT）系统的普及，材料的三维图像可以获得并直接分析。在过去几十年里，地球科学领域的学者针对地质材料样品，例如页岩、砂岩和冰，基于 X 射线的 3D 图像分析做了大量的孔隙特征和建模研究[16]。CT 扫描方法同样也非常适合于三维表征多孔陶瓷非均匀组织，它通过材料内部 X 射线衰减的对比来进行非破坏性的成像，再通过三维建模直接观测样品内部孔道结构与功能位点的赋存方式，避免了传统光学或扫描电子显微镜等 2D 表征工具在捕捉材料 3D 结构特征方面的局限性。同时，对于材料内部的孔隙和结晶相的尺度、形态、取向和空间分布情况，可以通过参数直接进行定量评估，准确表征多孔材料的微观特征。

利用 CT 三维扫描法，可以对多孔陶瓷材料内部进行结构特性的分析研究，主要在

0.5~50μm 体素分辨率下观察，可以观察多孔陶瓷材料的微米级别孔隙结构，并依据样品各组分密度等性质的差异来分辨物相（图 6-10）。这种方法的优点在于提供了快速有效的物相分析手段，可以迅速获得多孔陶瓷微观图像而无需模拟复杂的物理模型，但该方法对于扫描样品的尺寸大小存在限制要求，一般样品边长为扫描体素分辨率的 1000 倍，所以在测试之前需要对样品进行处理。

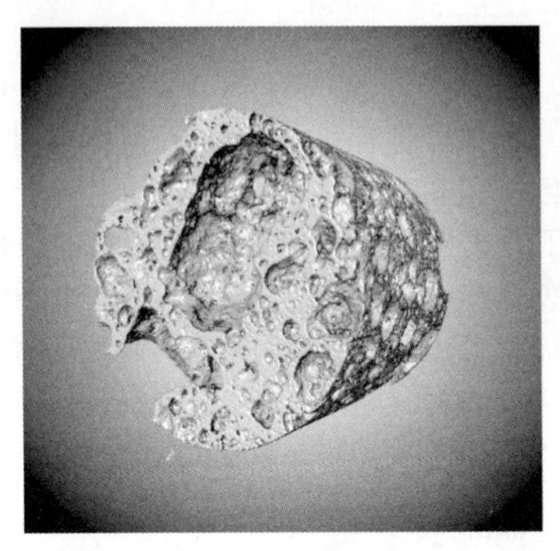
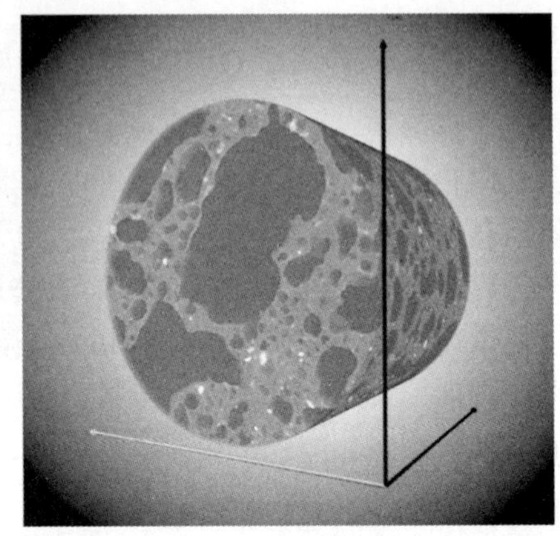

图 6-10 多孔陶瓷材料 CT 扫描示例

6.3.2 物理性能

6.3.2.1 体积密度

实验室中多采用阿基米德浮力法测定材料的体积密度。首先用超声波清洗的多孔材料试样，在 110 ℃下烘干至恒重，称取试样质量。将试样进行干燥，至最后两次称量之差小于前一次的 0.1%，即为恒重。然后将试样放置于烧杯中并装入蒸馏水煮沸 30min 以上，通过煮沸可以使试样充分吸水饱和填充显气孔。

煮沸后冷却至室温，利用液体静力法称重，试样需要全部浸没在液体（实验中多用蒸馏水，密度 $\rho_1 = 1.0\mathrm{g/cm^3}$）当中，此时称取的质量为表观质量。最后将试样从液体中取出，擦除试样表面的多余水滴，迅速称量饱和试样在空气中的质量。此步骤操作时需要注意使用饱和的湿毛巾或者卫生纸，以防止在擦除表面液体时将试样内显气孔中的水分吸出造成测试的致密度结果偏高，这也是体积密度测试过程中最重要的一步。当测试结果偏高甚至大于 100%时，要首先检查表面除水的步骤操作是否正确。因为体积密度是干燥试块的质量与其空间总体积之比，用浸液法测定体积密度 ρ_1 计算方法：

$$\rho = \frac{m_1}{m_3 - m_2}\rho_1 \tag{6-3}$$

式中，m_1 为试样质量；m_2 为表观质量（相当于饱和试样悬挂在液体中的质量）；m_3 为饱和试样在空气中的质量。

6.3.2.2 孔隙率

孔隙率是孔隙的体积与材料总体积的比率，在 0~100%之间。材料孔隙率大小直接反映材料的密实程度，材料的孔隙率高，则表示密实程度小。

利用 ImageJ 软件进行多孔材料的孔隙识别，可以比较便捷地计算多孔材料的孔隙率，需要适当调节选择的阈值，得到合适区域的孔隙面积，分析计算即可得到样品的孔隙率（孔隙率=孔隙面积/总面积）。

此外，孔隙率还可以通过质量体积法和浸泡介质法进行测定：

（1）质量体积法。测量时要求被测试样品具有规则的形状和合适的大小，将其加工成规则形状。样品的体积应根据孔隙大小而大于某一值，并尽可能取大些，但也要考虑称量仪器的适应程度[17]。在样品尺寸的测量过程中，每一尺寸至少要在 3 个分隔的位置上分别测量 3 次，取各尺寸的平均值，并以此算出试样的体积，然后在天平上称取试样的质量。整个测试过程应在常温或规定的温度和相对湿度下进行，最后得到孔隙率为：

$$\varphi = \left(1 - \frac{M}{V\rho_s}\right) \times 100\% \tag{6-4}$$

式中，M 为试样质量，g；V 为试样体积，cm^3；ρ_s 为多孔体对应致密固体材质的密度，g/cm^3。

（2）直接测量法。在对某些特殊材质的样品测定孔隙率时，可以将其视为理想化的物理模型，图 6-11 为理想化多孔陶瓷材料的孔隙率测量示意图。位于密封容器中的多孔陶瓷样品所占的总体积为 V_t；在样品连接的空隙空间内充满空气，体积为 V_a；材料中的空气体积分数即为孔隙率 φ，得到孔隙率为：

$$\varphi = V_a/V_t \tag{6-5}$$

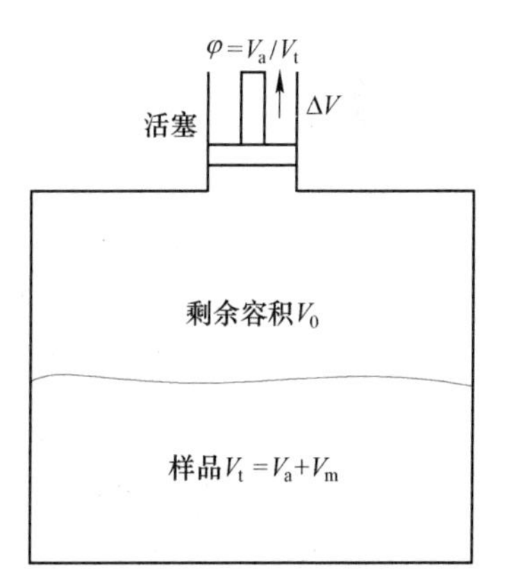

图 6-11　理想化孔隙率测量示意图

（3）浸泡介质法。采用流体静力学原理，将被测试样浸泡于液体介质（通常使用纯水作为工作介质，对试样不反应、不溶解）中使其饱和后再进行液中称重来确定试样的总体积，进而测算得出多孔体的孔率。将干燥的试样置于水中吸水，达到饱和后进行煮沸，所吸的水的质量与干燥陶瓷试样的质量之比为吸水率。

在 110℃左右的烘箱中放入试样，干燥至质量恒定，放入装有干燥器内冷却至室温，称量并记录为 m_0，称量准确到 0.001g。吸水饱和后将试样放在盛有蒸馏水或去离子水的煮沸装置中，试样间及样品与煮沸装置互不接触，加热水至沸腾并保持煮沸 3h，煮沸期间应保持水面高出试样 10mm 以上，停止加热并使试样浸泡在水中冷却至室温[18]。

以吸水率的算术平均值为该测试批的吸水率，计算的数值用干试样的质量分数（%）表示，按式得：

$$w = \frac{m_1 - m_0}{m_0} \times 100\% \tag{6-6}$$

式中，w 为试样吸水率，%；m_0为干燥试样质量，g；m_1 为吸水饱和试样的质量，g。

6.3.2.3　渗透率

多孔介质的渗透率与其孔隙结构有关，在解决实际应用问题时必须考虑到多孔介质的孔隙结构特征，如孔隙度、迂曲度、比表面积等。孔隙结构和渗透率的关系非常复杂，如果不通过建立相关模型从理论上进行研究，很难用实验方法直接发现孔隙结构和渗透率的相互关系。因此，通过简化孔隙结构，建立物理模型，才能从理论上探索孔隙结构和渗透率的关系。

斯利希特（Slichter）根据水力半径理论，假设用球状颗粒堆积起来的多孔介质，其渗透率的表达式为：

$$K = \frac{n^2\delta^2}{96(1-\varphi)} \tag{6-7}$$

式中，K 为渗透率；φ 为多孔介质孔隙率；δ 为球状颗粒半径；n 是一标量参数，与排列形式有关。

柯兹尼（Kozeny）将多孔介质简化为等长度的毛细管群，毛细管的截面不一定是圆形，截面也可以不同，但长度相同，并假定在与孔道垂直的断面上的流体速度没有切线分量，即忽略流体在孔隙狭窄处和扩展处锥形流动情况，提出了考虑多孔介质孔隙度和比表面的渗透率表达式：

$$K = \frac{c\varphi^3}{S^2} \tag{6-8}$$

式中，K 为渗透率；φ 为多孔介质孔隙率；S 为多孔介质比表面积；c 为 Kozeny 常数，一般在 0.5~0.6 之间，该方程式将多孔介质渗透率与孔隙度及比表面积联系起来。

6.3.2.4 迂曲度

迂曲度因子，又称为迂曲度，其定义为多孔介质中的“有效平均路径长度”与沿宏观渗流方向测量的最短距离之比。多孔介质的宏观输运性质参数通常与通过材料的微结构有关，其中输运物质所遵循的输运路径通常是弯曲的，弯曲程度常用迂曲度表示，引入迂曲度的主要目的是使计算的渗透率或阻力系数等参数更接近实际情况。

迂曲度常用实验测量，实验测量结果通常表达为含有几个经验常数的经验关系式，或以图表形式给出，前人通过一系列实验，得到了迂曲度和孔隙率之间的关系式：

$$\Gamma = 1 + 1.6\ln(1/\varphi) \tag{6-9}$$

式中，Γ 为迂曲度；φ 为多孔介质的孔隙率。

然而，依据实验测量得到的经验常数所代表的物理意义往往因人而异，缺乏一致性，通过数值模拟的方法测定迂曲度也成为了一种常用手段。数值模拟的方法，通常是假设一个理想的多孔介质结构模型，然后采用适当的方法，如有限差分法、有限元法加以计算。多孔介质通常被模拟为由相同尺寸的可自由重叠、自由放置的颗粒构成，得到流体路径迂曲度与孔隙率之间的关系式：

$$\Gamma = 0.8(1-\varphi) + 1 \tag{6-10}$$

式中各参数含义与式（6-9）一致。

6.4 矿伴生资源制备多孔材料的相关应用

矿产共伴生资源中伴生有大量硅酸盐无机物和镁、铁等有用矿物，针对其物质组成和化学性质的特征，将其作为原料烧制多孔陶瓷材料是大幅提升尾矿产品附加值的有效途径之一。多孔陶瓷材料凭借自身孔隙的连通性（开孔、闭孔、半连通）、孔径大小差异等结构特性，既有传统陶瓷的优良性能，还具有低密度、低热导率、吸音、隔热保温等性能[19]。目前已在化工、能源、电子、冶金、生物、制药以及污水处理等诸多领域得到了广泛的应用，在极端的酸碱和腐蚀环境下能够长期稳定地工作，具有使用寿命长、可循环性高等优点。

6.4.1　矿伴生资源制备闭孔材料及其应用

闭孔多孔陶瓷材料具有的显著特点比如强度高、体积密度小、孔隙率高和热导率低，使其在保温隔热领域起到了极其重要的作用，避免了传统墙体材料在应用过程中逐渐凸显出吸声性能、防潮性能、隔热性能不足等问题，能够大量应用在现代建筑墙体材料中使用，提升了建筑整体的保温隔热效果，同时增强建筑外观美观性，达到最佳的建设设计状态，增强建筑性能（图 6-12）。本书分别以铁矿和金矿共伴生资源制备闭孔多孔陶瓷材料为例，介绍矿伴生资源在制备闭孔材料中的应用效果。

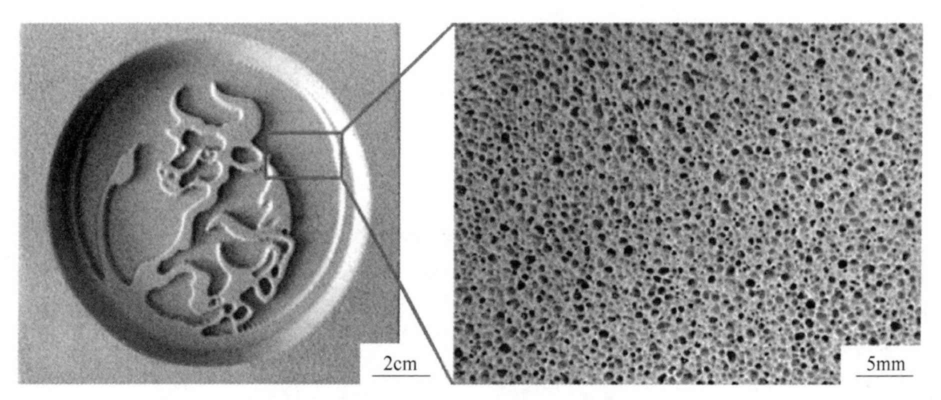

图 6-12　现代墙体材料雕花线条装饰

彩色原图

6.4.1.1　铁矿共伴生资源制备闭孔材料

铁矿共伴生资源选取于 BIF 型铁矿（图 6-13），与页岩和珍珠岩按一定配比组合构成实验原料的基本组分。

图 6-13　不同产地 BIF 型铁矿共伴生资源样品

以铁矿共伴生资源为主要原料，利用高温发泡的方法制备多孔材料，通过在高温熔融环境中造孔剂反应生成的气体逸出形成气孔构造，同时也为矿物结晶提供硅酸盐熔体生长环境。闭孔样品呈黑色或灰褐色，肉眼可见密集分布较为规则的闭孔，孔径主要分布在微米和毫米级，孔洞发育程度均较高（图 6-14）。样品整体致密，密度较小，具有一定的抗压能力。

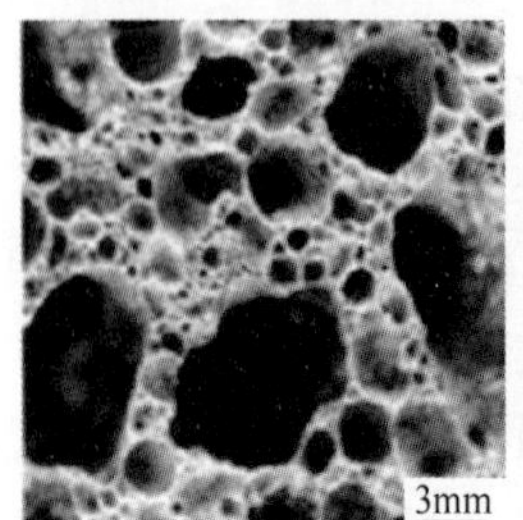

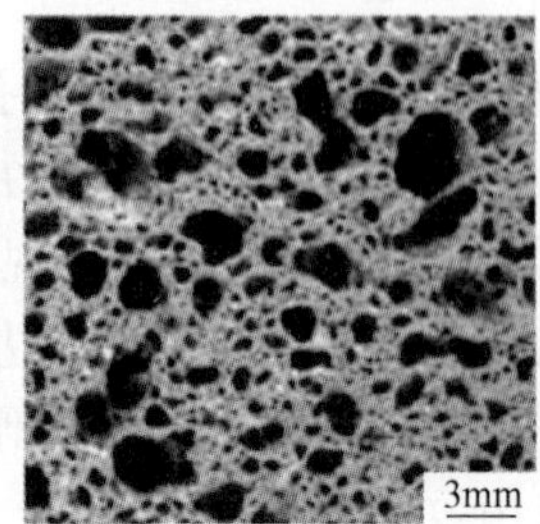

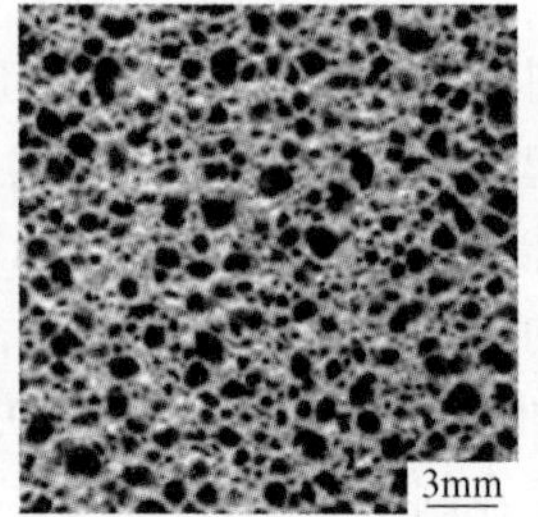

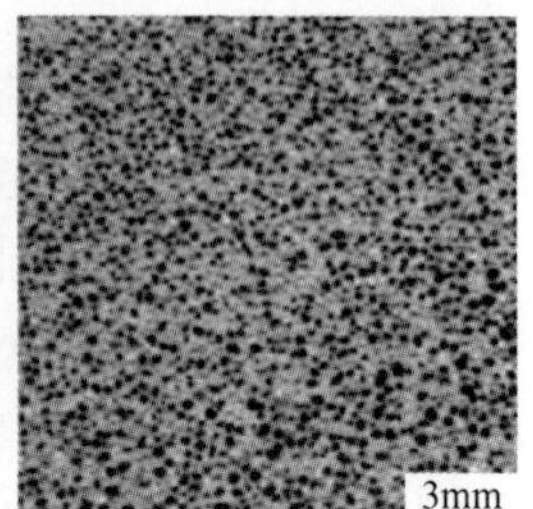

图 6-14　铁矿共伴生资源制备不同孔径闭孔材料照片

在 50~200 倍数的显微镜下观察样品的微观结构，可以发现，材料中基本为密闭孔，互相之间基本不连通，孔径大小不一，孔洞形貌比较规则（图 6-15）。生成清晰致密的骨架结构，其孔壁骨架上存在密闭小孔。

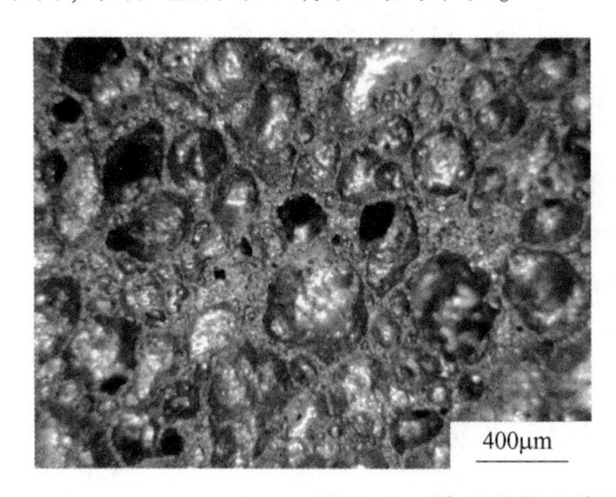

图 6-15　铁矿共伴生资源制备闭孔材料显微照片

用电子显微镜对样品进行进一步观察，可以看到有矿物生长组成的孔壁格架上还分布着一些大小不等的微孔，孔径介于 10~100μm（图 6-16）。样品中孔径较大的孔隙互相之间连通性差且数量较少，但所占孔隙总面积大；孔径较小的孔隙多发育在孔壁上，存在一定的连通性且数量较多，但所占孔隙总面积小。

通过对比铁矿共伴生资源的原料与烧成多孔样品的物相组成，可以发现原料中的石英部分保留，铁韭闪石完全参与反应，新生成的结晶矿物相包括镁铁矿、赤铁矿和钙长石，多孔材料基体部分主要为非晶相（图 6-17）。

6.4.1.2　金矿共伴生资源制备闭孔材料

金矿共伴生资源选取于蚀变岩型金矿，与页岩和珍珠岩按一定配比组合构成实验原料的基本组分（图 6-18）。

以金矿共伴生资源为主要原料制备的闭孔材料的宏观特征如图 6-19 所示，主要呈棕褐色，可以在肉眼下观察到密集的孔洞。

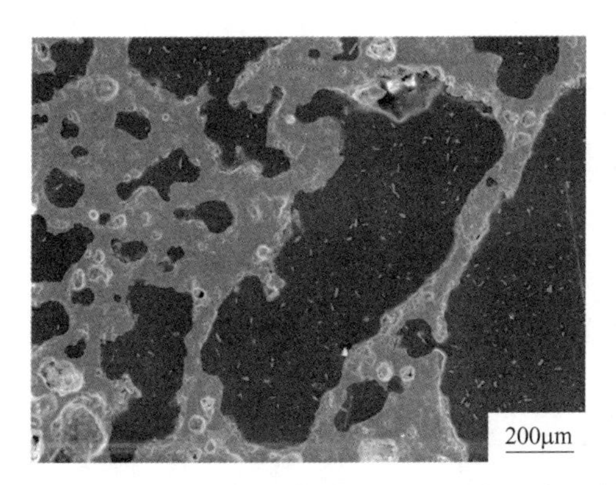

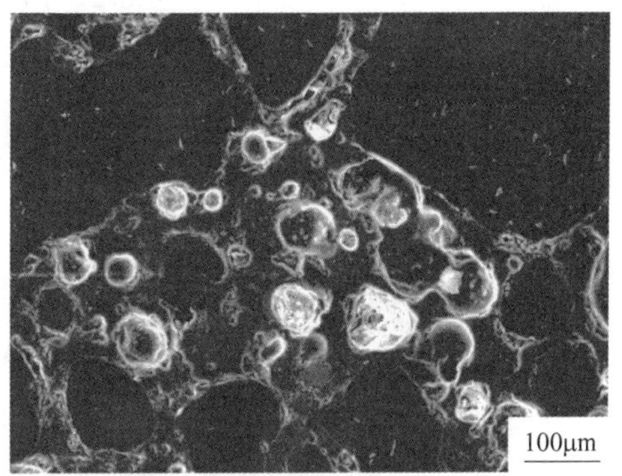

图 6-16 铁矿共伴生资源制备闭孔材料扫描电镜照片

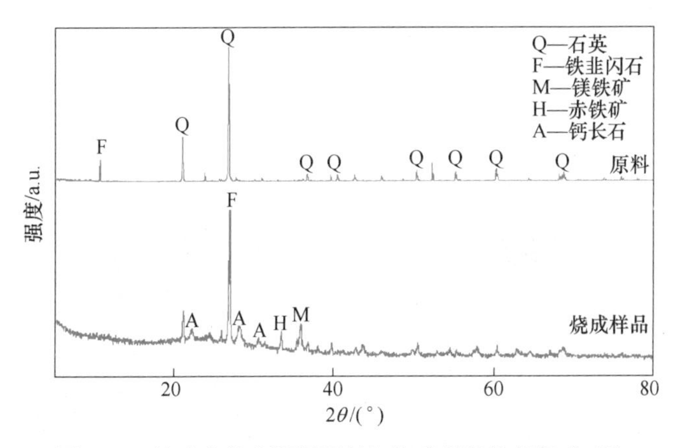

图 6-17 铁矿共伴生资源原料与烧成样品物相组成对比

图 6-18 蚀变岩型(左)与矽卡岩型(右)金矿共伴生资源样品

在显微镜下观察闭孔样品的光片如图 6-20 所示。可以发现样品中的孔洞均为密闭孔，互相之间不连通，在孔壁上也会存在密闭小孔。

为了进一步观察孔壁上的孔隙形貌和连通情况，在扫描电镜下观察样品，如图 6-21

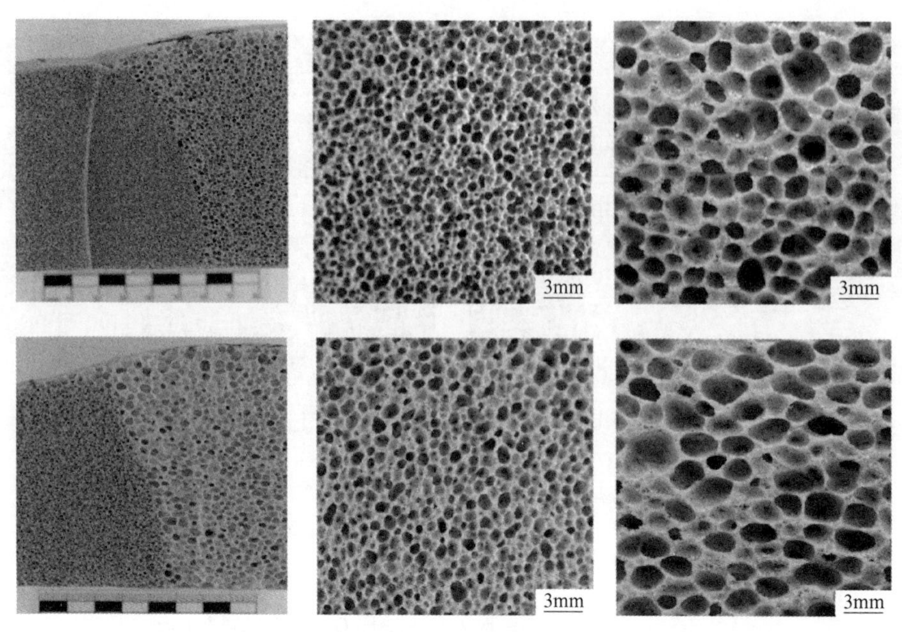

图 6-19 金矿共伴生资源制备不同孔径闭孔样品照片

图 6-20 闭孔样品光片显微镜下照片

所示。可以看到有矿物生长组成的孔壁格架上还分布着一些大小不等的微孔，孔径介于 5~100μm。微孔大部分独立分布，连通少。

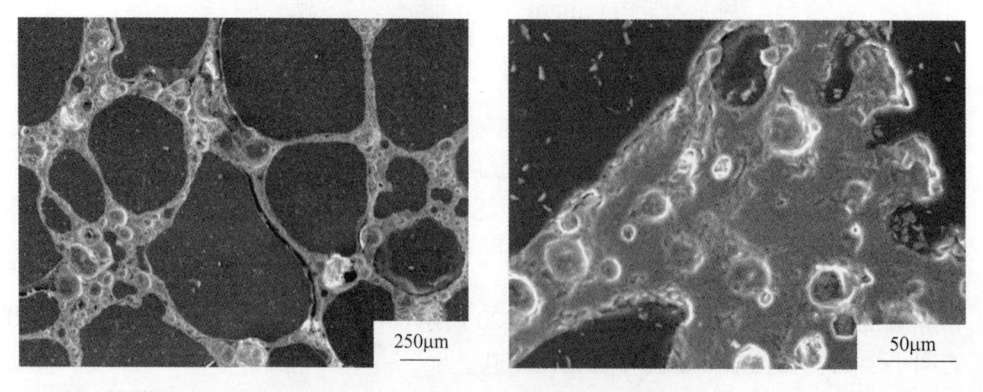

图 6-21 闭孔样品扫描电镜观察照片

通过对比金矿共伴生资源的原料与烧成多孔样品的物相组成，可以发现原料中的石英和钠长石相部分保留，铁白云石和多硅白云母完全参与反应，且铁白云石加热分解生成的CO_2有利于材料孔隙发育，新生成的结晶矿物相包括磁铁矿和斜顽辉石，多孔材料基体部分主要为非晶相（图6-22）。

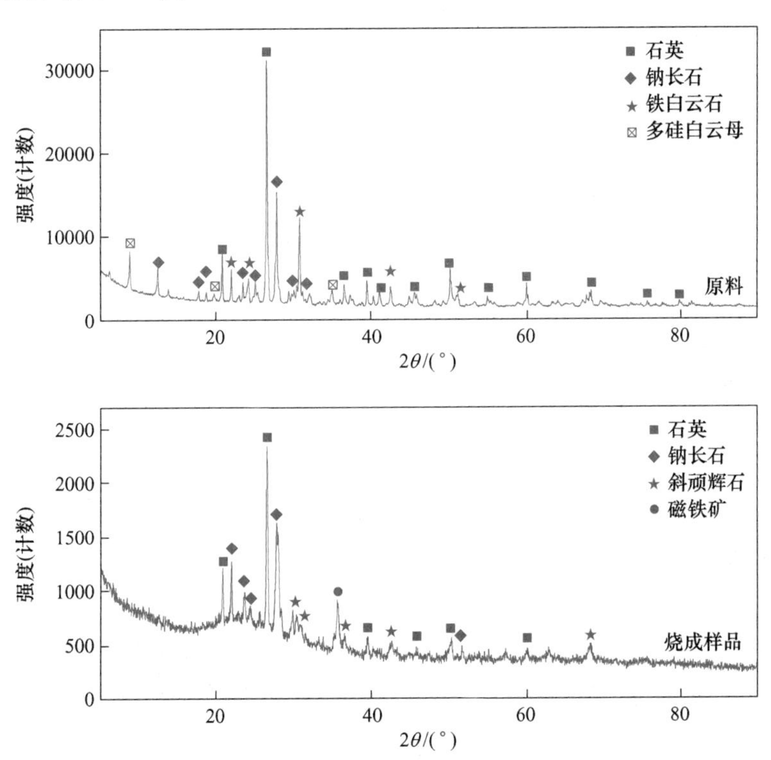

图6-22 金矿共伴生资源原料与烧成样品物相组成对比

6.4.2 矿伴生资源制备开孔材料及其应用

以矿伴生资源为主要原料，通过调整其发泡过程和冷却方式，可以使多孔材料孔壁连通，从而制备开孔材料。利用其具有连通孔的透水特性，可以应用于污水处理、生态修复和海绵城市等环境领域。

此部分以铁矿共伴生资源制备的通孔材料为例（图6-23），同样利用高温发泡的方法，通过调整发泡剂类型和烧成制度使孔壁连通，形成了较为清晰的骨架结构。骨架中存在形状不规则的孔道以三维交错的网状结构贯穿其中，气孔分布较为均匀，且孔径分布范围较广。这种三维连通气孔具有很好的透水和透气性，以及较高的比表面积，良好的过滤性能为其应用在废气除尘和废水污染物处理方面创造了条件。

6.4.2.1 在污水处理方面的应用

目前，多孔陶瓷在废（污）水处理中的应用主要包括3个方面：

（1）利用多孔陶瓷的吸附性和离子交换性能，对废（污）水中的有机质、重金属离子等污染物进行吸附过滤。介孔硅基材料，因为其极强的热稳定性和机械稳定性、较高的生物相容性、可调的孔径分布和良好的无定形网络结构等优点，在废水处理中表现出良好

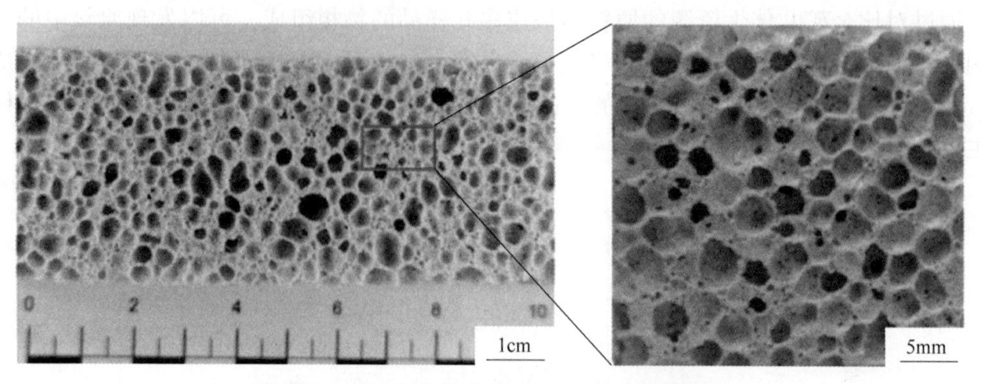

图 6-23 铁矿伴生资源制备通孔材料宏观样品

的前景。人们用铁尾矿为主要原料制备陶粒滤料处理生活污水中 COD[20]。为了寻找更经济、高效、环保的吸附剂，戚海新提出了一种利用锰硅尾矿处理含酚和苯胺的焦化废水的方法[21]。该方法直接采用尾矿粉对焦化废水进行处理，但 COD 去除率只有 60%左右，原因是该尾矿中没有明显的微孔区域。因此，通过运用物相重构和自成孔技术，将尾矿制作成为多孔新材料，才能得到高质化利用。利用自析晶技术，成孔过程中功能矿物从尾矿混熔体系中分步结晶，在硅质构架上构建出不同种类的辉石、赤铁矿、镁铁矿等矿物异质结构活性位点（图 6-24），实现吸附、分解、去除污染物的功能。

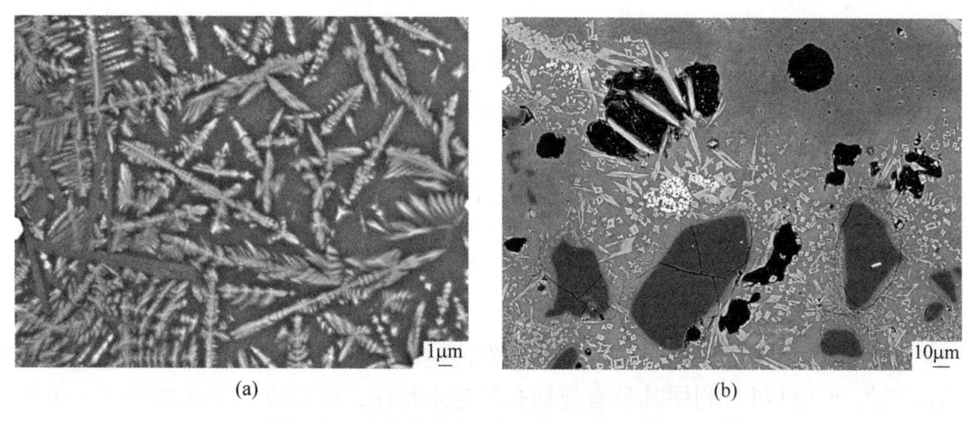

(a) (b)

图 6-24 多孔材料表面析晶与负载纳米矿物
（a）辉石枝晶；（b）镁铁矿

（2）负载催化剂，提高对废（污）水中污染物的去除能力。在多孔陶瓷上修饰活性位点，将多种不同类型和层次的功能基团引入到介孔骨架[22]。形成有介孔二氧化硅优异的结构性能和功能基团的光催化性能，使得此类材料具有结构稳定、设计灵活、多重功能等特点[23]。近年来，固体催化剂因可多次使用、可避免二次污染而成为催化高级氧化领域重要的发展趋势[24]。以固体催化剂表面为活性中心的多相催化，不但可利用固体催化剂巨大的比表面积对污染物吸附去除，而且还可利用固体催化剂提供的活性吸附位点，对污染物分子进行有效配位，降低其反应活化能，从而促进强氧化剂对污染物的氧化去除[25-26]。此外，在催化材料上通过自析出或加载过渡金属离子（如 Cu^{2+}、Mn^{2+}、Fe^{2+} 和

Co^{2+}等)、电场及光辐射等活化强氧化剂（如臭氧、过氧化氢及单过氧硫酸氢盐（PMS））生成羟基自由基和硫酸根自由基，加快催化降解有机污染物，使得污染物分解更彻底，效率更佳。

（3）作为微生物固定化的载体。构建出孔内膜与污染物降解菌具有良好交互性的硅铝系多孔材料，形成适于污染物降解菌的宜居环境，能够增强功能微生物的固定化并促进微生物的繁殖和生长，提高对污水处理的效率。

污水地下渗滤系统能够充分利用当地的自然环境，因地制宜地处理本地居民生活污水，具有去除效果好、投资小、能耗低、不产生恶臭等优点，且不影响地面景观，工程简单，受气候影响小，便于管理。但污水地下渗滤系统存在易堵塞、总氮去除率低等问题。多孔新材料用于污水地下渗滤系统，扩大了污水地下渗滤系统的反硝化区间，延长了反硝化时间，增强了对总氮的去除效率（图 6-25）。使用新材料改良后的污水地下渗滤系统处理低碳氮比的生活污水，经过 716 天的运行时间，改良污水地下渗滤系统出水的 COD、

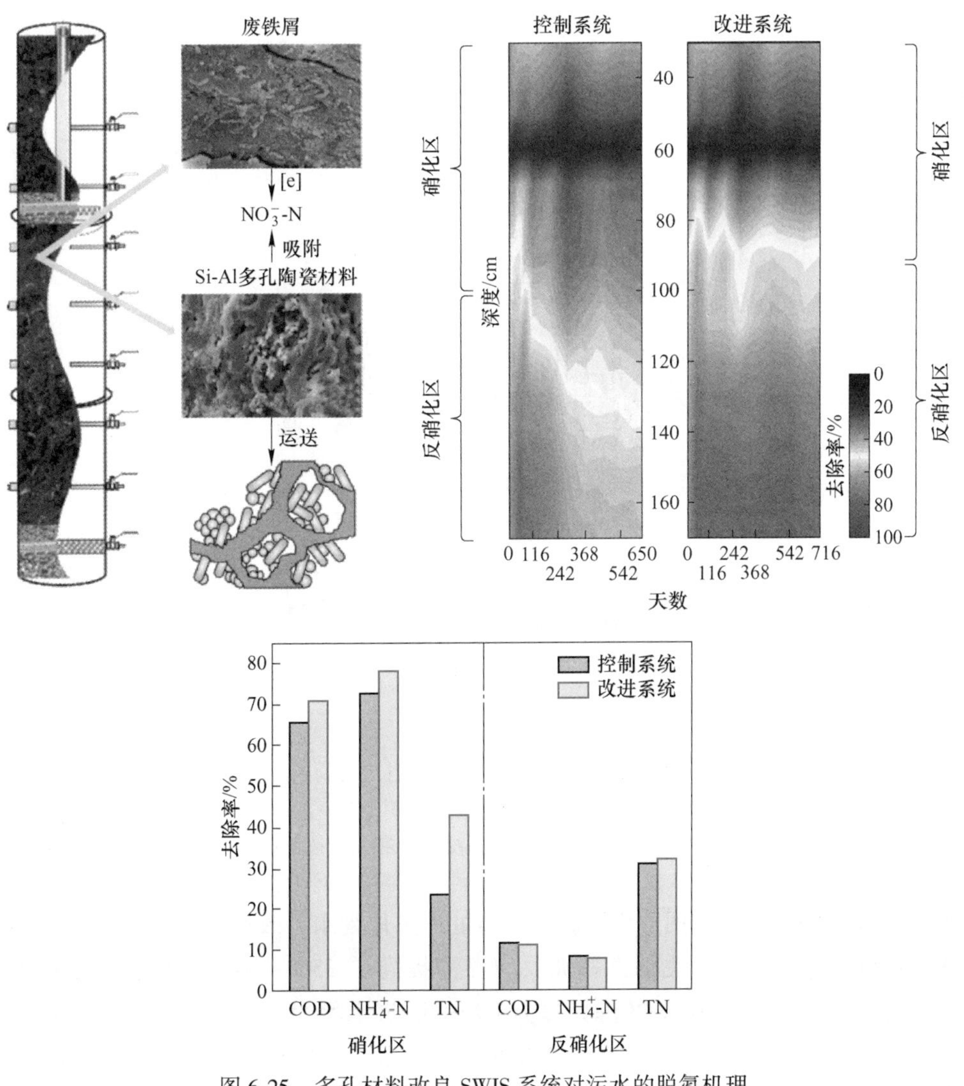

图 6-25 多孔材料改良 SWIS 系统对污水的脱氮机理

NH_4^+-N 和 TN 平均浓度满足《城镇污水处理厂污染物排放标准》（GB 18918—2016）一级 A 标准（图 6-26）。硅铝系多孔材料和铁元素的协同作用降低了改良系统中微生物群落多样性，改变了微生物群落结构，增强了脱氮菌的丰度，显著提高了脱氮关键酶的活性。铁元素通过影响改良污水地下渗滤系统中碳水化合物代谢、氧化磷酸化、固氮等功能，参与并调节了有机物的降解和氮素的去除。

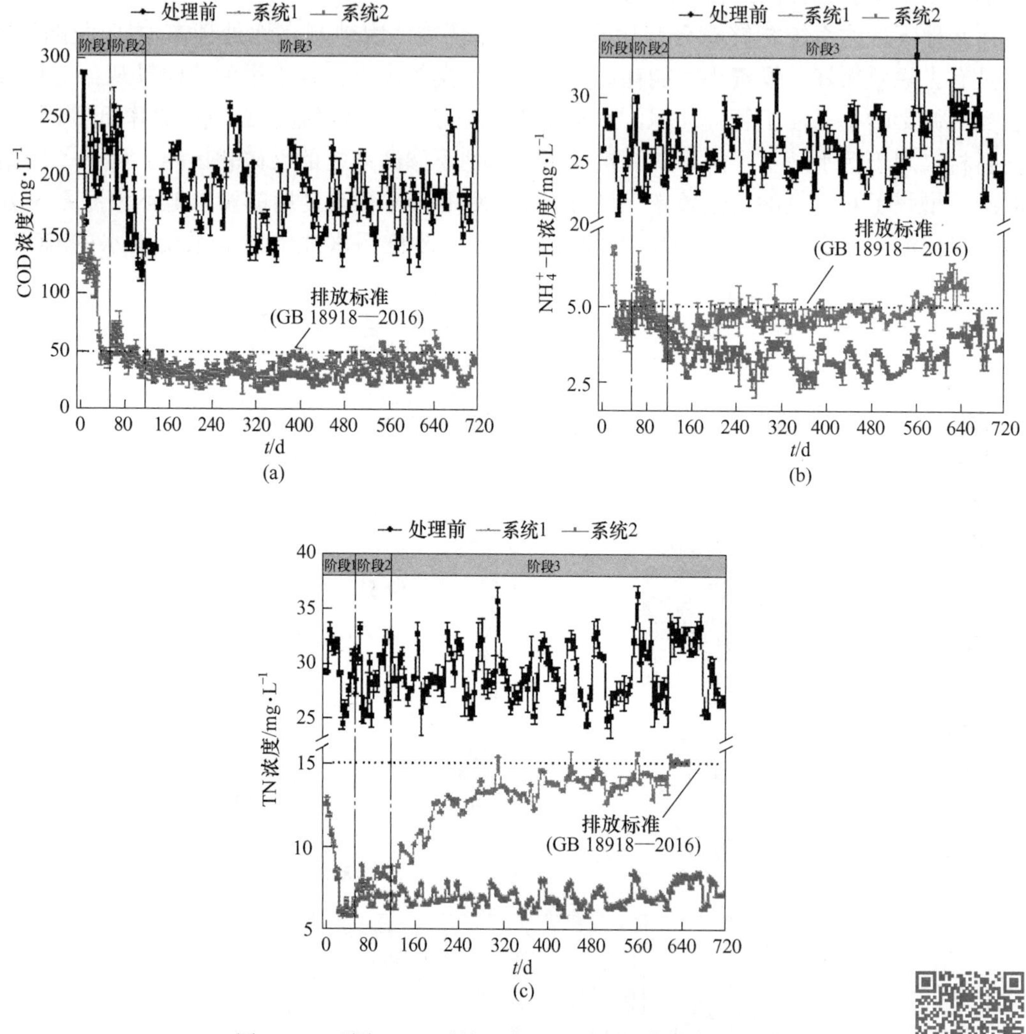

彩色原图

图 6-26 不同 SWIS 系统运行 716 天对污染物的去除作用

（a）COD；（b）氨氮；（c）总氮

系统 1—未改良基质对照；系统 2—多孔材料改良基质

此外，多孔陶瓷材料应用于生物膜反应器处理焦化废水，改性多孔陶粒生物膜反应器对 COD 和 NH_3-N 的去除率比活性污泥反应器高提高了 25%～30%，去除率均为 90%以上[27]。Han 等采用新型陶粒（CCPs）作为上流式厌氧生物滤池（UAF）中的填料处理污水时，反应器的启动时间较传统反应器缩短了 45 天，在较低的温度下，稳定状态下对 COD 的去除率仍达到 76%左右[28]。在废水处理工程应用中，多孔陶瓷载体的通孔孔径应控制在 30~40μm 之间，载体粒径控制在 2~4mm，保证有较高的比表面积和较高的强度，避免因曝气引起的冲击以及微生物增殖导致材料胀裂。静电吸附也是多孔陶瓷固定微生物的一个重要机理，载体表面和菌体表面的静电引力有助于微生物的附着。作为微生物固定化载体的多孔陶瓷，可以通过回烧再生。

6.4.2.2 在生态修复方面的应用

多孔陶瓷材料优良的物理和力学性能使其得到了工业化应用，成为环境工程领域关注的热点，是一种很有发展前景的生态环境材料，在环境治理和生态修复中得到了广泛利用和推广。

对抚顺露天矿区排土场进行生态修复实验研究，利用复合矿物调理剂强化露天矿区排土场的植株生长情况。加入由两种微生物菌剂和矿物材料组成的复合矿物调理剂，将矿伴生资源制成的多孔颗粒以载体形式附着在修复植株的根茎部位，与未加入调理剂的正常生长植株进行对照，经过长时间观察发现，生长调理剂对生长有明显的促进作用（图 6-27）。

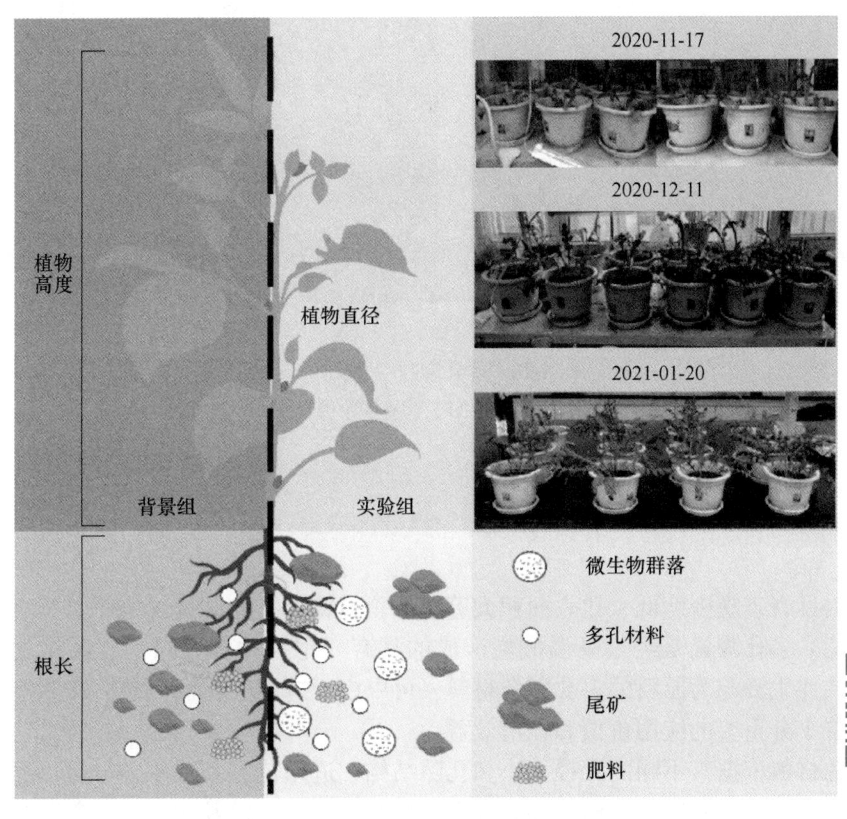

彩色原图

图 6-27　多孔材料生态修复实验示意图

6.4.3 矿伴生资源制备多孔陶粒及应用

多孔陶粒是通过高温烧成，在材料成形与烧结过程中材料体内形成大量彼此相通或闭合气孔的新型陶瓷材料。初期仅作为细菌过滤材料使用，随着控制材料的孔隙结构水平的不断提高，以及各种新材质高性能多孔陶粒材料的不断涌现，其应用领域和范围也在不断地扩大。多孔陶粒的制备方法有很多，如有机泡沫浸渍工艺、挤出成形、添加造孔剂工艺、化学发泡工艺等。这些方法具有共同的特性：化学稳定性好、孔道分布均匀、具有良好的机械强度和硬度。多孔陶粒具有均匀的透过性、较大的比表面积、低密度、低热传导率，以及耐高温、耐腐蚀、化学稳定性好、机械强度高以及易于再生等优点。

多孔陶粒外观呈球形，陶粒的开口气孔率较高，陶粒有大量小颗粒附着在其表面，表面凹凸不平，较为粗糙。样品内部的微孔非常发达，孔的形态也不规则，以三维交错的网状孔道贯穿其中，孔隙的内表面凹凸不平，具有很高的比表面积。孔隙的分布较均匀，孔径大致呈三个系列分布：大气孔为炭粉燃尽或矿化剂分解所致，孔径大约 50μm；小孔则由大量的粉煤灰中颗粒本身的孔隙及堆积形成，约 1~20μm；另类孔洞为肉眼可见，由造孔剂挥发所致，孔径大约 0.2~1mm（图 6-28）。这种发达的孔径分布有利于使多孔陶粒达到挂膜、吸附、净化和过滤等目的。

(a)

(b)

图 6-28　多孔陶粒示意图

（a）多孔陶粒直观图；（b）多孔陶粒截面微观图

本 章 小 结

多孔材料具有表观密度低、比表面积大等特点，独特的孔隙结构决定了其具有特殊的物理化学性能。多孔陶瓷是经过高温煅烧形成的具有一定尺寸和数量的孔隙结构的陶瓷体，以矿产共伴生资源为原料的多孔陶瓷材料，可以广泛应用于保温隔热、吸附净化等多个领域，有着十分重要的应用价值和经济效益。

多孔陶瓷材料依据其不同的孔径大小和孔隙结构、适用范围和成本差异等因素，需要利用不同的制备工艺进行制备，同时多孔陶瓷的孔径和孔结构以及物理性能需要依据其微观结构特征，选用合适的方法进行表征和分析。

以矿产共伴生资源作为原料烧制的多孔陶瓷材料是大幅提升尾矿产品附加值的有效途径之一。多孔陶瓷材料凭借自身孔隙的连通性、孔径大小差异等结构特性，既有传统陶瓷的优良性能，还具有低密度、吸音、隔热保温等性能。现阶段利用铁/金尾矿制备多孔陶瓷材料，可广泛应用于保温隔热材料、污水处理以及生态环境修复等各个方面。为未来矿产开发过程中产生尾矿废料的利用、生态环境的修复和保护提供了重要保障。

思考题

(1) 不同工艺制备的多孔陶瓷有哪些区别?
(2) 多孔陶瓷材料有哪些孔结构表征方法，适用对象有什么不同?
(3) 你认为未来的多孔陶瓷材料还能有哪些方面的应用?

参考文献

[1] 巫红平，吴任平，于岩，等. 硅藻土基多孔陶瓷的制备及研究 [J]. 硅酸盐通报，2009，28 (4)：641-645.
[2] 邢志祥，杜贞，欧红香，等. 多孔非金属材料在阻隔防爆方面的研究进展 [J]. 安全与环境工程，2015，22 (2)：112-126.
[3] 吴海波，袁波，韩建燊，等. 多孔陶瓷材料的制备研究进展 [J]. 耐火材料，2012，46 (3)：230-235.
[4] 王国梅，徐晓虹，吴建锋. 高温发泡陶瓷的烧成工艺与性能 [J]. 新型建筑材料，1997 (11)：19-21.
[5] 冯鑫，李文凤，郭会师，等. 隔热用多孔陶瓷材料制备方法的研究进展 [J]. 陶瓷学报，2022，43 (2)：186-195.
[6] 孙海军，李月丽，刘建. 堇青石多孔陶瓷的研究进展 [J]. 佛山陶瓷，2021，31 (10)：4-9.
[7] 熊洵，刘浩，马妍，等. 多孔莫来石陶瓷制备与性能研究 [J]. 耐火材料，2019，53 (5)：336-341，347.
[8] 倪星元，张志华，黄耀东，等. SiO_2 纳米多孔材料制备及其保温隔热特性研究 [J]. 原子能科学技术，2004 (S1)：129-132，142.
[9] 杜建芬，李士伦，孙雷. 多孔介质吸附对凝析油气相平衡的影响 [J]. 天然气工业，1998 (1)：47-50，58-59.
[10] 吴朝齐. 隔热保温多孔陶瓷材料性能研究 [D]. 上海：华东理工大学，2012.
[11] 刘媛媛，肖慧，李寿德. 铁尾矿烧结多孔保温材料气孔形成的机理研究 [J]. 新型建筑材料，2010，37 (4)：47-49，58.
[12] 袁绮，谭划，杨廷旺，等. 多孔陶瓷的制备方法及研究现状 [J]. 硅酸盐通报，2021，40 (8)：2687-2701.
[13] 王圣威，金宗哲，黄丽容. 多孔陶瓷材料的制备及应用研究进展 [J]. 硅酸盐通报，2006，25 (4)：124-129.
[14] 覃东. 多孔陶瓷吸声材料的制备与性能研究 [D]. 广州：华南理工大学，2013.
[15] 陈莉，徐军，陈晶. 扫描电子显微镜显微分析技术在地球科学中的应用 [J]. 中国科学：地球科学，2015，45 (9)：1347-1358.
[16] 于长帅，罗忠，骆海涛，等. 多孔吸声材料声学模型及其特征参数测试方法研究进展 [J]. 材料导报，2022，36 (4)：226-236.
[17] 魏芸，李忠全. 气泡法测量多孔材料孔径的简化解析法 [J]. 粉末冶金工业，2004 (6)：20-23.
[18] 蒋兵，翟涵，李正民. 多孔陶瓷孔径及其分布测定方法研究进展 [J]. 硅酸盐通报，2012，31 (2)：311-315，321.
[19] Bohatkiewicz J. Noise control plans in cities - selected issues and necessary changes in approach to measures and methods of protection [J]. Transportation Research Procedia，2016，14：2744-2753.
[20] 朱晓丽，陈瑞军，幺琳，等. 铁尾矿陶粒的制备及对生活污水的处理 [J]. 金属矿山，2015 (8)：

178-180.

[21] 戚海新. 高效有机硫吸附剂的可控合成与性能研究［D］. 大连：大连工业大学，2016.

[22] Bo S, Luo J, An Q, et al. Circular utilization of Co（Ⅱ）adsorbed composites for efficient organic pollutants degradation by transforming into Co/N-doped carbonaceous catalyst［J］. Journal of Cleaner Production, 2019, 236: 117630.

[23] Devi M M, Sunaina, Singh H, et al. New approach for the transformation of metallic waste into nanostructured Fe_3O_4 and SnO_2-Fe_3O_4 heterostructure and their application in treatment of organic pollutant［J］. Waste Management, 2019, 87: 719-730.

[24] Li R, Zhou Y, Li C, et al. Recycling of industrial waste iron tailings in porous bricks with low thermal conductivity［J］. Construction and Building Materials, 2019, 213: 43-50.

[25] Mehl D, Köymen A, Jensen K O, et al. Sensitivity of positron-annihilation-induced Auger-electron spectroscopy to the top surface layer［J］. Phys Rev B Condens Matter, 1990, 41（41）: 799-802.

[26] Shettima A U, Hussin M W, Ahmad Y, et al. Evaluation of iron ore tailings as replacement for fine aggregate in concrete［J］. Construction & Building Materials, 2016, 120: 72-79.

[27] Yue C, Fan W, Lei G. Coking wastewater treatment using a magnetic porous ceramsite carrier［J］. Separation and Purification Technology, 2014, 130: 167-172.

[28] Han W, Yue Q, Wu S, et al. Application and advantages of novel clay ceramic particles（CCPs）in an up-flow anaerobic bio-filter（UAF）for wastewater treatment［J］. Bioresource Technology, 2013, 137: 171-178.

7　金属矿共伴生资源制备 3D 打印材料

本章课件

本章提要

简要介绍 3D 打印技术的基本原理、工艺过程、选用材料和技术类型；重点介绍可供 3D 打印技术使用的无机非金属材料；介绍利用金属矿共伴生资源进行 3D 打印的应用实例。

3D 打印（three-dimensional printing）又称增材制造（additive manufacturing，AM）是一种新兴的材料快速成型方式。依托于信息技术、精密机械和材料科学等多学科交叉，3D 打印技术被誉为催生第四次工业革命的 21 项颠覆性技术之一。使用 3D 打印技术可以获得传统方法难以制作的特殊结构模型，对于构件的轻量化结构设计与复杂结构一体化制造起到决定性作用。3D 打印技术发展前景是否广阔，其关键在于材料。矿产共伴生资源体量庞大、利用率低，3D 打印技术的蓬勃发展为矿产共伴生资源的高效利用提供了方向。

7.1　3D 打印概述

7.1.1　3D 打印的基本原理

3D 打印是以数学模型文件为基础，运用金属粉末、陶瓷粉末、塑料线材、细胞组织等可连接或可凝固化的材料，通过一层一层打印的方式直接制造三维实体产品的技术。顾名思义，就是通过一点点增加材料堆叠成一个想要的物件的样子。它是运用计算机软件设计出立体的加工样式，采用物理、化学、冶金等技术手段，通过特定的成型设备将液化、粉末化、丝化的材料逐层打印出产品。与传统的减材制造不同，3D 打印技术无需原胚和模具，就能直接根据计算机图形数据，通过增加材料的方法生产形状复杂的物体，简化产品的制造程序，可实现产品的近净成型，如图 7-1 所示。

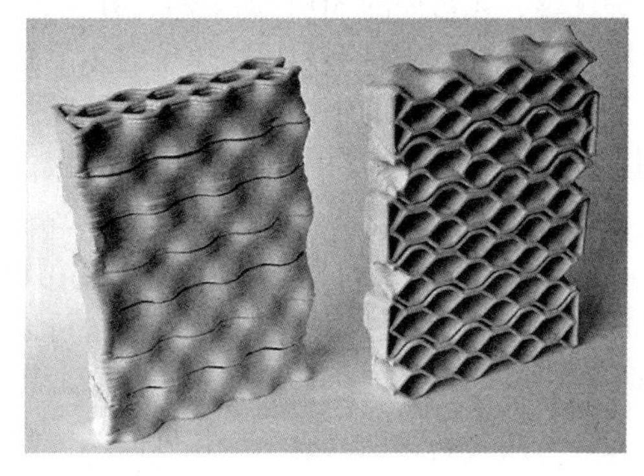

图 7-1　3D 打印产品（由宋沛提供）

7.1.2 3D打印的工艺过程

3D打印已经发展出了多种不同的技术类型，但不同技术类型的打印过程都具有相同的几个基本步骤，如图7-2所示：先设计和建立三维数字模型，再进行模型分层（切片）和打印路径规划，最后指导打印机进行3D打印，并根据产品表现进行后期处理。

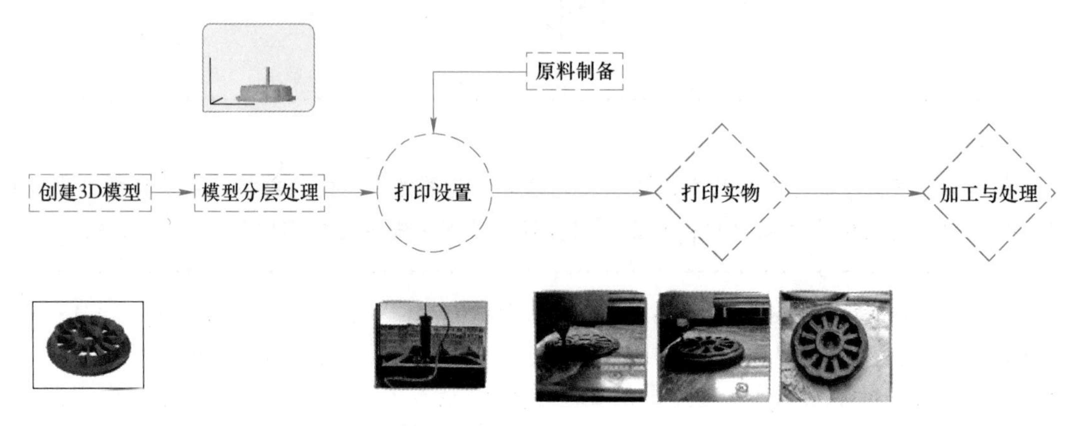

图7-2 3D打印工艺流程图

7.1.3 3D打印材料

3D打印材料是3D打印技术发展的重要物质基础。在某种程度上，材料的发展决定了3D打印是否能有更广泛的应用。目前3D打印材料主要包括工程塑料、光敏树脂、橡胶类材料、金属材料、陶瓷材料和复合材料等。除此之外，石膏材料、人造骨粉细胞、生物原料[1]以及巧克力、砂糖等食品材料[2]也在3D打印领域得到了应用。

由于3D打印是基于离散-堆积的增材制造，因此可以把原料看成是构筑三维实体的材料单元。材料单元的体积越小，相应地打印件的精度就越高。因此，3D打印材料从形态上一般是液态、细丝、薄片、细小的粉末等。不同的工艺对材料的要求也不尽相同，材料的成分与性能应与其加工工艺相适应。一般来说，3D打印选取的材料需尽量满足产品对强度、刚度、耐潮湿度、热稳定性能等的要求，可以达到快速成型、精准制件的要求，同时也有利于后续的处理工艺。目前，国内外研究致力于通过建立材料性能数据库，制备性能更加优越、无污染的3D打印材料，并通过计算机对材料的成型过程与成型性能进行模拟分析，从而开发满足不同用途要求的多品种3D打印材料。理论上说，所有的材料都可以用于3D打印，但目前主要以塑料、石膏、光敏树脂为主，很难满足大众用户的需求，特别是工业级的3D打印材料更是十分有限。3D打印对材料的粒度分布、松密度、氧含量、流动性等性能要求很高。

如图7-3所示，3D打印材料主要是按材料形态进行分类，此外还有按成型方式以及化学性能进行分类的方法，不同形态的材料可以采用不同形式的打印技术。

7.1.3.1 粉体材料

打印所用材料为已具有一定粒度的粉体颗粒材料，包括金属粉体、陶瓷粉体材料、水泥粉体材料、石膏粉体材料、玻璃粉体材料、型砂等。这些粉体颗粒的粒径从纳米级到毫

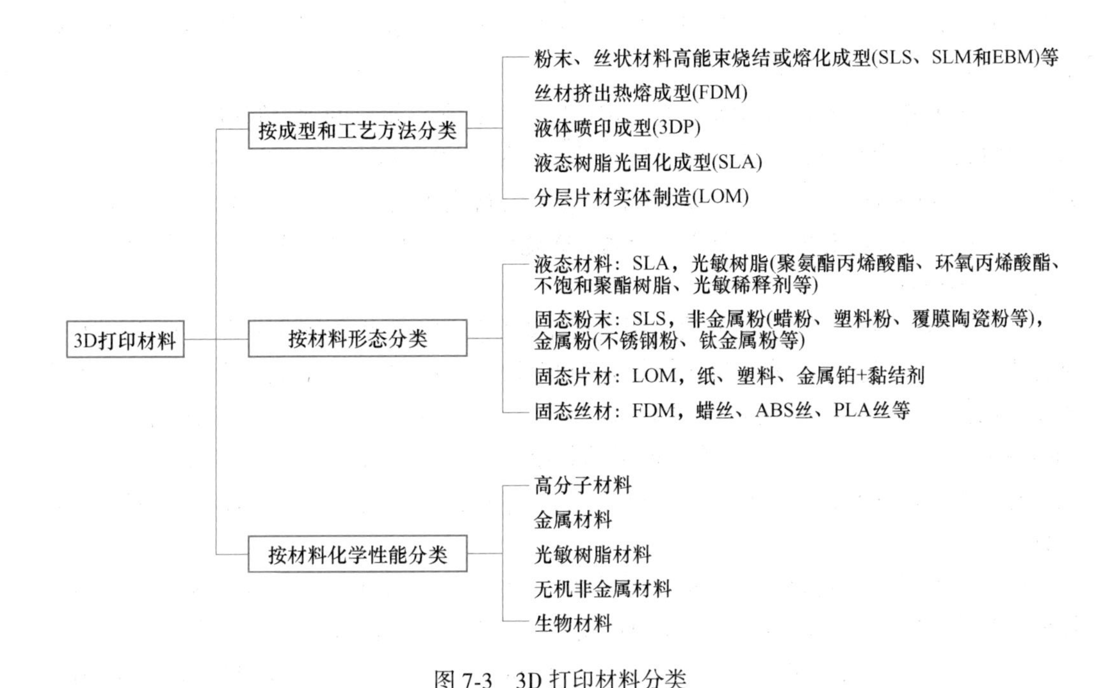

图7-3　3D打印材料分类

米级不等，一般都直接用于黏结剂喷射（3DP）、激光选区烧结（SLS）、激光选区熔化（SLM）等具有粉床铺粉系统的3D打印工艺。这些工艺都要求3D打印粉体材料具有较高的堆积密度和很好的流动性，这就相应对粉体颗粒的级配和形貌等提出了比较严格的要求和标准。

7.1.3.2　浆体材料或膏体材料

主要包括以各种粉体材料调配成的具有一定黏度和流变性的浆体或膏体材料，如陶瓷浆料或膏料、玻璃浆料、水泥混凝土浆体等。这些材料主要用于光固化成形（SL）、喷墨打印成形（IJP）和挤出成形（EFF）等3D打印工艺。这些工艺都具有材料铺展或者挤出的过程，因此浆体或者膏体需要具有低的黏度，好的流变性、分散性、稳定性以及较高的固相含量。这就对调配浆体材料所用的无机粉体颗粒组分的粒度大小、颗粒级配和形貌、有机组分特性、有机与无机组分之间的作用与结合特性等有特定的要求。

7.1.3.3　线材或片材

3D主要是由陶瓷粉末、玻璃粉末、纤维等无机材料与高分子材料等混合并成型的具有一定细度、厚度和长度的热塑性线状或片状材料。这些型材主要用于熔融沉积成形（FDM）工艺或分层实体成形（LOM）工艺，在型材固相含量、力学性能、热熔温度以及成丝特性等方面都对材料有严格要求。

7.1.4　3D打印的技术类型

在Chuck Hull于1986年发明世界上第一台基于光固化（SLA）的快速成型设备后的三十年间，3D打印技术随着信息技术、激光技术、控制技术、材料技术等技术的发展，已经产生了几十种3D打印工艺。按国际标准化组织（ISO）以及我国国家标准，可将众多3D打印技术分为7大类：材料挤出、立体光固化、薄层叠层、黏结剂喷射、材料喷射、粉末床熔融、定向能量沉积[3]。

（1）材料挤出。材料挤出是指将材料通过喷嘴或孔口挤出的增材制造工艺。该工艺所用的原材料形状为线材或膏体。材料挤出是最常见的3D打印工艺，广为熟知的熔融沉积成型（fused deposition method，FDM）就属于材料挤出工艺，其原材料不局限于热塑性材料，其他原材料如巧克力、混凝土、金属、陶瓷等都可以形成线材或膏体，通过材料挤出工艺进行3D打印。

（2）立体光固化。立体光固化是指通过光聚合作用选择性地固化液态光敏聚合物的增材制造工艺。该工艺使用液态的光敏树脂为原材料，在光源照射下发生化学反应后固化。各光固化技术的主要区别就是光源不同，主要包括激光扫描的立体光固化成型（stereo lithography appearance，SLA）、数字投影的数字光处理（digital light processing，DLP）与数字光合成（digital light synthesis，DLS）以及最新的液晶显示技术（liquid crystal display，LCD）。

（3）薄材叠层。薄材叠层是指将薄层材料逐层黏结以形成实物的增材制造工艺，使用片材作为原材料，通过加热、化学反应或超声连接等方式，使各层片材相结合形成三维工件。叠层实体制造（laminated object manufacturing，LOM）、超声波增材制造（ultrasonic additive manufacturing，UAM）都属于薄材叠层制造技术。

（4）材料喷射。材料喷射是将材料以微滴的形式按需喷射沉积的增材制造工艺。常用于液态光敏树脂熔融状态的蜡、生物分子、活性细胞、熔融的金属的增材制造，各层之间通过热黏结或化学反应黏结形成三维形状。主要包括聚合物喷射（photopolymer jetting，PolyJet）、纳米颗粒喷射（nano particle jetting，NPJ）等技术。

（5）黏结剂喷射。黏结剂喷射是指选择性地喷射沉积液态黏结剂黏结粉末材料的增材制造工艺。该工艺的原材料是各种粉末状材料，包括高分子材料、金属材料、无机非金属材料等，通过喷射液态黏结剂将粉末材料层层黏结形成三维实体，在金属及非金属领域得到了广泛的应用。主要包括三维印刷（three-dimension printing，3DP）、多射流熔融（multi jet fusion，MJF）等技术。

（6）粉末床熔融。粉末床熔融（powder bed fusion，PBF）是指通过热能（如激光束、电子束、红外灯等热源）选择性地熔化或烧结粉末床区域的增材制造技术。主要是针对热塑性聚合物、金属、无机非金属材料等粉末材料的打印技术。基于激光的粉末床熔融工艺采用激光作为热源，包括选区激光烧结（selective laser sintering，SLS）、选区激光熔化（selective laser melting，SLM）；基于电子束的粉末床熔融工艺采用电子束作为热源，包括电子束熔化（electron beam melting，EBM）等技术。

（7）定向能量沉积。定向能量沉积技术（directed energy deposition，DED）是指利用聚集热能（如激光束、电子束、电弧、等离子束）将材料同步熔化沉积的增材制造工艺。主要针对粉末材料和丝状材料。包括激光近净成形（laser engineered net shaping，LENS）、电子束自由成型制造（electron beam freeform fabrication，EBF）、电弧增材制造（wire arc additive manufacture，WAAM）、激光熔丝增材制造（laser wire additive manufacture，LWAM）等技术。

7.2 3D 打印无机非金属材料

金属材料、有机高分子材料、无机非金属材料共同构成了错综复杂的材料体系。无机非金属材料最早为人类所利用，具有高熔点、高硬度、耐腐蚀、耐磨损、高强度和良好的抗氧化性等优良性能，同时兼具良好的隔热性、透光性及铁电性、铁磁性和压电性等功能特性，在航空航天、生物医疗、国防、电子、建筑和铸造等领域有广泛应用。以无机非金属材料为主要成分的 3D 打印材料兼具以上特点，并能实现复杂制品的制备。

与金属和高分子 3D 打印材料相比，无机非金属材料的 3D 打印有其鲜明特点：材料种类多样，形态各异，大多数的无机非金属材料都可以通过 3D 打印工艺实现成型，如图 7-4 所示。目前几乎所有的 3D 打印工艺都可以应用于无机非金属材料的成型，由此看出，未来 3D 打印无机非金属材料开发、应用必然成为无机非金属材料领域的重要研究方向。

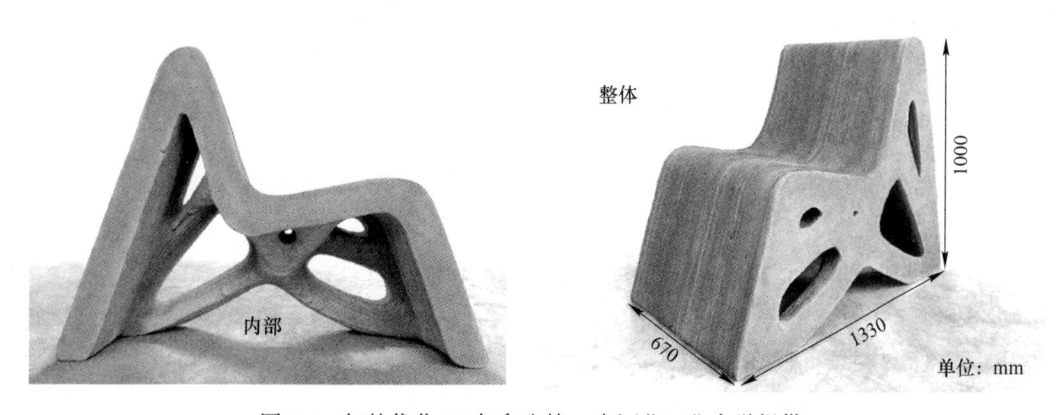

图 7-4　拓扑优化 3D 打印座椅（由河北工业大学提供）

7.2.1　陶瓷材料

陶瓷是以天然黏土以及各种天然矿物为主要原料，经过粉碎混炼、成型和煅烧制得，是一种高脆性、高硬度的材料，加工和成型难度大、成本高、耗时长。传统陶瓷成型方法，如干压、凝胶注模、等静压、流延等，对模具依赖性强，部分复杂结构陶瓷，如图 7-5所示，难以采用传统成型方法制造，这极大地限制了陶瓷材料在先进技术领域中的应用。

7.2.1.1　陶瓷材料的性能

陶瓷材料拥有很多优势，陶瓷材料是工程材料中刚度最好、硬度最高的材料，其硬度大多 HV1500 以上；陶瓷的抗压强度较高，但抗拉强度较低，塑性和韧性很差；陶瓷材料一般具有很高的熔点（大多是在 2000℃以上），并且能够在高温下呈现出极好的化学稳定性，也是良好的隔热材料，导热性低于金属材料，同时陶瓷的线膨胀系数比金属低，当温度发生变化时，陶瓷具有良好的尺寸稳定性；陶瓷材料在高温下不容易氧化，并对酸、碱、盐具有良好的抗腐蚀能力；陶瓷材料还有其独特的光学性能，可用作光导纤维材料、固体激光器材料、光储存器等，透明陶瓷可用于高压钠灯管等；磁性陶瓷（铁氧体，如

$MgFe_2O_4$、$CuFe_2O_4$、Fe_3O_4）在录音磁带、唱片、变压器铁芯、大型计算机记忆元件方面的应用有着广泛的前景。

3D打印陶瓷制品属于特种陶瓷（图7-5）。3D打印技术的出现使生产具有高度复杂几何形状和相互连通孔隙的结构陶瓷材料成为可能。对于3D打印陶瓷材料，可以为粉体材料、浆体或膏体材料，也可以为线材或片材。除了SIM工艺外，3D打印技术仅成型陶瓷坯体，还需经过烧结等热处理工艺。因此，除了打印工艺对所用陶瓷材料的流动性等成型性能有要求外，陶瓷坯体脱脂收缩性能、烧结性能等对所用陶瓷材料组成及颗粒特性等也有一定要求。与传统的陶瓷制造技术相比，陶瓷3D打印技术不依赖复杂模具和机械加工，并可根据材料不同的性能要求，开发出不同结构的陶瓷骨架，大大拓宽陶瓷的应用领域。

图7-5 陶瓷3D打印产品（由宋沛提供）

7.2.1.2 可用于3D打印的陶瓷材料

3D打印陶瓷材料的稀缺已经成为制约3D陶瓷打印发展的重要因素。因此，研发新型3D打印陶瓷材料尤为重要。3D打印用陶瓷粉体一般有三种制备方法：将陶瓷粉末与黏结剂直接混合；将黏结剂覆在陶瓷颗粒表面，制成覆膜陶瓷；将陶瓷粉末进行表面改性后，与黏结剂混合。目前常用的新型陶瓷材料有碳硅化钛陶瓷、多孔氮化硅陶瓷、氧化铝陶瓷和磷酸三钙陶瓷等，最具代表性的则是有机前驱体陶瓷，SiC、Si_3N_4、SiOC、SiNC等多种陶瓷材料都可经由有机前驱体进行制备。

氧化铝（Al_2O_3）作为众多陶瓷原料的主要成分，在自然界中的含量仅次于SiO_2，来源广、成本低，是目前应用最广、产量最大、用途最宽的陶瓷材料。在陶瓷3D打印技术中，采用改性得到的Al_2O_3陶瓷粉末材料进行3D打印，生产时间短、成本低、加工方便、可操作性强，因此陶瓷3D打印材料广泛地应用在建筑、航空航天和电子产品等领域。

磷酸三钙陶瓷（TCP）是一种合成材料，磷酸三钙陶瓷材料近年来越来越多地应用于医疗领域。已有研究成果显示，通过3D打印技术可以实现磷酸三钙陶瓷材料的制备[4]，方法简便，耗时短，降低了材料的制作经济成本和时间成本；此外，利用喷墨沉积3D打印技术可以实现磷酸三钙陶瓷支架的打印，并得以应用。

SiC陶瓷具有高的抗弯强度、优良的抗氧化性与耐腐蚀性、高的抗磨损以及低的摩擦因数等高温力学性能。SiC陶瓷在已知陶瓷材料中具有最佳的高温力学性能（强度、抗蠕变性等），其抗氧化性在所有非氧化物陶瓷中也是最好的。陶瓷3D打印技术，能够突破碳化硅陶瓷加工与生产的瓶颈，快速成型出各种复杂形状的陶瓷零部件，缩短产品的更新周期，扩展碳化硅陶瓷的结构设计和应用领域。

多孔氮化硅陶瓷（Si_3N_4）结合了多孔陶瓷和Si_3N_4陶瓷两者的优点，热导率好、透过性均匀、物理化学性能稳定。目前制备多孔Si_3O_4陶瓷的传统方法有发泡法、熔盐法、热等静压法等，由于氮化硅材料自身具有的高弹性模量及硬脆性，导致氮化硅陶瓷制备周期长，对设备要求高，在针对复杂结构产品制备及成型与加工方面尤为困难，3D打印技术可在一定程度改善上述问题。

碳硅化钛陶瓷（Ti_3SiC_2）具有层状的六方晶体结构，在生物、医疗等方面有着广泛的应用。目前，国内外对Ti_3SiC_2陶瓷的制备已进行了大量的实验研究，制备Ti_3SiC_2陶瓷的方法主要有自蔓延高温合成法（SHS）、热等静压法（HIP）、化学气相沉积法（CVD）、固相反应（SR）、放电等离子烧结（SPS）和热压法（HP）等。但是采用的这些制备方法都需要在前期制作相应的成型模具，成本高、耗时长、灵活性差，不利于制作复杂、中空的零件。利用3D打印技术制备Ti_3SiC_2陶瓷则可以完全克服以上缺点[5]，3D打印Ti_3SiC_2陶瓷材料的优势在于，作为陶瓷材料同时还兼具金属属性，有优异的高温性能和疲劳损伤性能，并且在打印成型后具有极高的致密度。

7.2.1.3 3D打印陶瓷材料的应用与发展

传统陶瓷的生产过程是一种流程式的生产过程，连续性较低。陶瓷原料由工厂的一端投入生产，顺序经过连续加工，最后成为成品。整个工艺过程较复杂，工序之间连续化程度较低；机械化、自动化程度较低；生产周期较长。陶瓷生产的全过程需要消耗大量的能源，如煤炭、天然气、电能；生产过程中石膏模型、硼板等辅助材料消耗量大，这就造成了陶瓷生产过程中烟气、粉尘、固体废料和工业废水排放量很大，污染环境。

在陶瓷工业化生产中使用3D打印技术正是有效解决上述问题的方法之一。图7-6为3D打印陶瓷模型。3D打印制造陶瓷制品具有所需工艺路线简单、加工成型步骤少、自动化程度高、材料损耗低、能源消耗小、环境污染小等优点。目前，陶瓷材料中崛起了具有抗高温、超强度、多功能等优良性能精细陶瓷。精细陶瓷是指以精制的高纯度人工合成的无机化合物为原料，采用精密控制工艺得到的高性能陶瓷，因此又称先进陶瓷或新型陶瓷。新型材料中精细陶瓷是有着广阔的发展前途。这种具有优良性能的精细陶瓷，有可能在很大的范围内代替钢铁以及其他金属而得到广泛应用，达到节约能源、提高效率、降低成本的目的。3D打印技术正是一种针对精细陶瓷制品的成型方式。事实上，3D打印的制品大多数都属于精细陶瓷的范畴，并在建筑、工业、医学、航空航天等领域获得了广泛的应用。

图7-6 3D打印陶瓷模型（由宋沛提供）

（1）陶瓷3D打印材料在航空航天的应用。航天领域使用的零部件在太空中会经历极端的温度变化，因此，所选用的材料在这些温度变化中不会发生严重的收缩和膨胀是很重要的。此外，将任何东西送入太空的成本与质量（重量）直接相关，所以轻质量始终是需要优先考虑的因素。陶瓷的稳定性和低密度使其成为应用于航天领域（火箭、卫星等）的理想材料，如各种轴承、连接件、支承件、密封件和隔热罩等。由于具备高强度和高模量，陶瓷零部件可以进行轻量化结构设计，但大幅度增加了零部件的结构复杂性，使其难以通过传统的陶瓷零件制造工艺来制造，陶瓷材料的3D打印技术正好能够解决上述问题，使其在航天领域能充分发挥其工艺优势。

（2）生物陶瓷3D打印材料。生物陶瓷指与生物体或生物化学有关的新型陶瓷，是具有特殊生理行为的一类陶瓷材料，可用来构成人类骨骼和牙齿的某些部分，甚至可部分或整体地修复或替换人体的某些组织、器官或增进其功能。所谓生物陶瓷的特殊生理行为是指它必须满足下述生物学要求：生物陶瓷是与生物机体相容的，对生物机体组织无毒，无刺激，无过敏反应，无致畸、致突变和致癌等作用；具有一定的力学要求，不仅具有足够的强度，而且其弹性形变应当和被替换的组织相匹配，能与人体其他组织相互结合。

生物陶瓷骨支架被认为是继金属之后，较为理想的人工骨移植材料，生物陶瓷与3D打印技术的融合能实现人工骨支架的定制化、个性化生产，使骨支架更适合病人的身体特征，对于实现精准医疗、个性化医疗有着积极的推动作用。

（3）3D打印技术制备多孔陶瓷材料。由于其形状复杂、多孔的特点，多孔陶瓷结构难以以低成本获得。传统的加工技术，难以制造具有理想和复杂结构的多孔陶瓷。3D打印技术已被越来越多地用于生产复杂的多孔陶瓷，并可实现具有毫米尺度的任意单胞形状多孔陶瓷结构的可靠制备，在定制化生物陶瓷支架、高性能过滤设施等领域展现出广阔的应用前景，可实现毫米级到微米级的多孔陶瓷结构的制备。

7.2.2 胶凝材料

胶凝材料是具有一定胶凝特性，在物理、化学作用下，能从浆体变成坚固的硬化体，并能胶结其他物料，形成有一定机械强度制品的无机非金属材料。该类材料主要包括水泥基材料（包括硅酸盐水泥、硫铝酸盐水泥、铝酸盐水泥、磷酸盐水泥等）、石膏材料、镁质胶凝材料等。胶凝材料的流动性、凝结机制、凝结速率、凝结时间和凝固制品的微观结构及力学性能等都对3D打印工艺参数及打印制品性能等有重要影响。

7.2.2.1 水泥基材料

水泥基材料是配制混凝土的关键原材料。一般建筑工程当中使用的是通用硅酸盐水泥，指的是一类以硅酸盐水泥熟料和适量的石膏及规定的混合材料制成的硬性胶凝材料。以水泥为基体，加入水、粗细骨料、钢筋、掺和料和外加剂等按适当比例拌和均匀，振捣成型即可获得混凝土材料。

混凝土材料的3D打印就是通过喷嘴挤出混凝土实现的，总体流程为：首先利用CAD等三维设计软件设计混凝土建筑构件三维模型图并进行切片处理，将构件每层的二维切片信息传给打印机进行实体打印。混凝土的3D打印主要有基于混凝土分层喷挤叠加的轮廓工艺与3D打印混凝土工艺两种打印方法，以及基于砂石粉末分层黏结叠加的D型工艺打印技术。三种打印方法中，轮廓工艺应用最为广泛。

由于3D打印对材料性能的要求发生变化，要获得具有早期强度高、凝结时间短的混凝土打印材料，需要通过调整水泥的矿物组成、熟料程度添加外加剂等方式对普通硅酸盐水泥进行改性，对改性后的混凝土骨料的级配、形貌等也有一定要求。以往的混凝土理论、标准在3D打印混凝土材料上并不适用，国内外学者在此领域已经展开大量研究，研究表明，通过混凝土材料的可打印时间、输送性和堆积性可以表征混凝土材料的可打印性能。

7.2.2.2 石膏材料

石膏是一种历史悠久的材料，具有轻质、耐火、隔热、吸声和生物相容性好等优点，同时，石膏原材料来源广泛，生产能耗低，是名副其实的绿色材料。利用石膏基材料制备的各种异形石膏构件在精密铸造、陶瓷、医疗、现代建筑结构与装饰材料等领域应用十分广泛。

A 石膏材料的主要性能

石膏的化学成分是硫酸钙，通常所说的石膏是指生石膏，化学本质是二水硫酸钙（$CaSO_4 \cdot 2H_2O$）。二水硫酸钙和无水硫酸钙用途比较广泛，在食品、农业、化工、涂料等多方面都有应用。半水硫酸钙具有较好的凝胶性质，遇水可固结形成一定强度的材料，其中，β-半水硫酸钙多用于建筑行业，α-半水硫酸钙多用于模具制造等。

石膏的主要性能见表7-1。

表7-1 石膏的主要性质

石膏的性能	参 数
硬度	1.5~2
相对密度	2.3g/cm^2
单斜晶体摩氏硬度	2
斜方晶体摩氏硬度	3~3.5
硬化后膨胀率	1%

石膏的粒径在100μm左右，具有六方晶系，相比于立方晶系的材料，接近圆柱体的石膏更易于树脂的快速渗透。石膏的微膨胀性使得石膏制品表面光滑饱满，颜色洁白，质地细腻，具有良好的装饰性和加工性，是用来制作雕塑的绝佳材料。石膏材料相对其他3D打印材料而言有着诸多优势：颗粒粉末精细，直径易于调整；价格相对低，性价比高；安全环保，无毒无害；石膏材料打印出的模型表面常为沙粒感、颗粒状，本身为白色，可实现彩色模型打印，使得石膏在3D打印中得以广泛的运用。

B 石膏材料在3D打印材料中的应用

石膏材料是一种全彩色的3D打印材料，是易碎、坚固且色彩清晰的材料，3D打印石膏成品在处理完毕后，表面可能出现细微的颗粒效果，外观很像岩石，在曲面表面可能出现细微的年轮状纹理。

3D打印石膏材料的用途很广泛[6]。在医疗领域，专家利用3D打印机创建出一种新型石膏，这种石膏质量较小，并可进行弯曲，可针对每个骨折病人的受伤程度进行个性化设计，轻便耐用且可以清洗。石膏还可以用于“克隆”，即采用彩色3D扫描技术与彩色3D打印技术实现人像的快速扫描与打印，该技术采用专业扫描仪，对人体进行快速立体扫描，在电脑上存储数据，运用高强度复合石膏粉，经过3D打印机很快就可以“打”出尺寸比例不等的“人偶”。另外，3D打印机可以用石膏制作个性化的模具，价格便宜，且易于成型，可满足人们个性化定制的要求。

高纯度半水硫酸钙，具有良好的生物相容性、原位自固性、生物可吸收性、骨传导性、快速吸收特性、易加工性和高机械性能等优点[7]，凭借这些优势，最早应用在整形外科或齿科材料中。众多研究结果均表明，硫酸钙基材料可以用作骨修复材料，也是最早应用于组织修复的材料。石膏作为性价比高的打印材料，取材广泛，价廉宜得，毒副作用极小。随着人们研究的深入，石膏在3D打印方面的应用将有更广阔的发展前景。

C 3D打印石膏材料的发展趋势

目前我国的3D打印石膏材料还主要依靠进口，而进口产品高昂的价格和其他因素严重影响了石膏材料在3D打印领域的应用。我国天然石膏矿产资源储量丰富，总储量近600亿吨，位居世界第一，也是化学石膏的制造大国，每年有大量的化学石膏产生。随着我国经济的飞速发展和近年来对环境保护的重视，电厂脱硫已成为发电厂必需的工艺环节，产生了大量的脱硫石膏，3D打印石膏材料的国产化已成为刻不容缓的事情。

3D打印全靠有“米”下锅，石膏作为性价比高的打印材料，取材广泛，价廉易得，毒副作用极小，随着人们研究的深入，石膏在3D打印方面的应用将有更广阔的发展前景。

7.2.3 玻璃材料

玻璃可以看作是一种快速固化的液体。从微观结构来看，其原子不像晶体在空间长程有序排列，而近似于液体的长程无序、短程有序状态，具有各向异性、无固定熔点，以及介稳性、渐变性等特点。

3D打印玻璃所用材料属于非晶态无机非金属固体材料，包括硅酸盐玻璃材料、硼酸盐玻璃材料、石英玻璃材料等。玻璃材料形态可以为粉体、块体、纤维、浆料等，能适应不同类型3D打印的成型方式。打印过程一般需通过高温熔化以挤出；细丝成型。玻璃材料的软化点、成丝特性等是3D打印工艺关注的重点，玻璃纤维在受热过程中容易析晶，影响烧结和致密化；玻璃烧结软化工程中，容易产生宏观气泡缺陷，难以得到透明、均匀的块状玻璃，也难以满足尺寸精度的要求；玻璃的热导率低，使用3D打印方式层层堆积，易产生内应力。因此，玻璃材料的3D打印可分为传统的分层实体制造、直接打印成型和间接打印成型。

7.2.4 复合材料

无机复合材料3D打印是以无机复合材料为打印原材料，采用与原材料相匹配的成形技术制备所需零部件的过程。原材料作为无机复合材料3D打印的基础，在整个打印过程中有着至关重要的影响。随着科学技术的发展，传统材料在面对更为艰难、更为苛刻的使用环境时，显得越来越捉襟见肘，复合材料应运而生。经复杂的结构设计和制备工艺，复合材料可拥有传统材料所不能比拟的优异性能。3D打印技术的层状叠加特点，为材料的复合提供了一种数字化、智能化和自动化的方式。同时，这种3D打印方式使得宏观结构复杂的复合材料制备成为可能。

3D打印无机复合材料要求无机复合材料在保持复合材料优异性能的同时，还具备较好的可打印性能，这就对3D打印无机复合材料的结构设计和制备工艺提出了更高的要求。

目前，成功应用于3D打印的无机复合材料主要有纤维复合材料和颗粒增强复合材料等纤维复合材料，即在传统材料（树脂、金属、陶瓷等）已无法满足所需产品各方面要求时，引入纤维（碳纤维、玻璃纤维、其他纤维等）作为第二相增强材料，制备得到相应的结构材料，其各方面性能较传统材料均有质的提升；颗粒增强复合材料即引入颗粒增强体（金属颗粒、陶瓷颗粒、复杂体系等）作为第二相增强材料，制备得到相应的复合材料，在制备过程中可根据基体性能以及产品不同要求来选择颗粒增强体，假设基体为脆性基体，可加入延性颗粒增强体，假设基体为柔性基体，可加入刚性颗粒增强体，以改善基体材料的力学等各方面性能。

3D 打印成型技术由于其具有精确物理复制、快速成型和结构多尺度可控剪裁设计等优点，受到了功能材料研究领域的广泛关注。相比传统的纤维复合材料成型技术，3D 打印成型技术具有工艺简单、加工成本低、原材料利用率高、绿色环保、设计制造一体化等多方面优势。随着 3D 打印技术的快速发展，3D 打印技术应用领域不断扩大，对于 3D 打印制品的性能和普适性提出了更高的要求。在无机非金属材料 3D 打印领域，传统的 3D 打印耗材已经无法满足制品的各项性能需求。大量研究表明，通过向原材料基体中引入第二相增强材料可提高基体材料强度、耐疲劳、热学、声学、光学和电学等性能，从而获得具有更优良性能的复合材料。同时，增强材料的形貌、尺寸、结晶完整度、掺量等也会影响复合材料的性能。根据增强材料的形貌不同，可以将其分为两类：纤维增强材料和颗粒增强材料。

7.3 矿产共伴生资源制备 3D 打印材料的应用

矿产资源为社会发展提供了基础原料，我国对矿产资源的合理开发与利用越来越重视[8]。随着我国冶金技术的高速发展，矿山的数量、规模及产量日趋增长，矿石入选品位不断降低，导致矿产共伴生资源体量急剧增加。矿产共伴生资源具有粒度细、资源储量大等特点，大部分矿产共伴生资源都含有 O、Si、Al 等元素，可作为硅铝质原料代替黏土、页岩生产水泥熟料，在 3D 打印领域中，矿产共伴生资源也同样大有作为。

7.3.1 矿产共伴生资源制备 3D 打印地质聚合物材料

使用地质聚合物进行 3D 打印是一个新兴且快速增长的领域。将城市和工业固体废物（矿渣、飞灰、硅粉、赤泥、废玻璃、尾矿）进行再次利用，生产过程中的 CO_2 排放量和能耗低，结合早期强度高和硬度快的特点，这些材料有望成为普通硅酸盐水泥基 3D 打印混凝土的“绿色”替代品[9]。此外，与硅酸盐水合产物相比，地质聚合物具有更好的化学和耐热性。

7.3.1.1 地质聚合物

地质聚合物，也称为“无机聚合物”，是一类具有三维骨架结构的无机材料，其形成是铝硅酸盐前体在环境温度或高温下的碱性或碱性硅酸盐活化的结果[10]。与普通硅酸盐水泥相比，在性能方面，地聚物材料具有力学性能优异、耐久性好、抗酸碱腐蚀性好等优点；在环保与经济方面，地聚物材料的原料来源多为粉煤灰、矿渣等工业废弃物，成本低廉，绿色环保[11]。已有研究表明，地聚物材料的制备过程能耗少，碳排放量仅为普通硅酸盐水泥的 26%~45%，是公认的绿色胶凝材料。以地聚物为打印材料，对印刷材料层间的机械性能、微观结构和黏附性进行了分析和比较的研究。结果表明，各层在时间、温度（14~20℃）和相对湿度（43%~63%）条件下具有良好的黏附性[12]，避免了所谓的“冷关节”效应，这为地聚物材料应用于 3D 打印提供了良好的开端。

7.3.1.2 地质聚合物在3D打印领域中的优势

地聚物材料优异的性能表明其能够作为3D打印材料的胶结介质应用于3D打印混凝土的领域中。地质聚合物不存在硅酸钙的水化反应，其最终产物主要是以共价键为主的三维网络凝胶体，与骨料界面结合紧密，不会出现类似的过渡区，非常符合3D打印技术对于打印材料的要求。地聚物材料在实际工程的广泛应用，可为工业固体废弃物循环利用和降能减排提供有效途径，使废弃物资源化、经济化、绿色化。除建筑行业外，3D打印技术还为3D打印地质聚合物作为催化剂、净水过滤器、导电材料和智能传感器的许多先进能源和环境应用提供了广阔机会。

取决于初始组分的组成和合成条件，地质聚合物材料除了非晶态凝胶相之外，还可能包括纳米晶沸石[10]，3D打印技术可为创建具有分层微观、中观和宏观孔径分布的结构提供一个机会。这种方法结合了几何复杂结构增材制造中的设计自由，以及用于固定沸石的非晶态地质聚合物产品的有用特性，以及沸石本身的高比表面积和吸附能力。这种印刷的混合地质聚合物沸石材料可能在吸附、催化和过滤过程中具有潜在的用途。泡沫地质聚合物的3D打印也可以应用于这些领域以及隔热领域。在结构设计方面，可以利用仿生原理创建具有新功能的新型仿生地质聚合物结构。

3D打印的地质聚合物纳米复合材料备受关注。在地质聚合物基体中加入纳米颗粒不仅提高了这种复合材料的耐久性和机械性能，而且赋予了它们多功能性。结合3D打印技术提供的优势，这为制造具有独特电、热、电磁、光催化、传感和自愈特性的先进地质聚合物纳米复合材料创造了巨大的机会。

7.3.1.3 3D打印地质聚合物材料的发展

基于挤出方式的3D打印技术是地质聚合物增材制造中最经济的方法，它的特点是成本相对较低、简单、生产速度快。然而，在基于挤出方式的3D打印过程中，很难平衡地质聚合物混合物流变性的竞争要求。混合物的屈服应力和黏度必须最佳匹配，以同时确保顺利挤出以及长丝的形状稳定性和沉积后的结构堆积。孔隙和薄弱层界面的存在是基于挤压成型的3D打印技术制造的地质聚合物机械强度低的主要原因之一。由此可见，地质聚合物的成功制备将取决于更好地理解活化溶液和铝硅酸盐前体颗粒之间的界面相互作用，这也是未来3D打印地质聚合物的重要研究方向之一。

混合原料的设计是3D打印地质聚合物质量和精度的关键因素之一。相对较高的成本、对二氧化碳排放的巨大贡献以及传统活化剂的化学危险性正在创造条件，以便进行进一步研究，使用更经济和环境友好的替代碱性剂，例如草本和农业生物质灰烬、碳酸钠或来自富含二氧化硅资源的废物衍生活化剂。进一步开发打印地质聚合物混合物的方法还包括替代建筑工程和采矿工程中铝硅酸盐来源的应用、工业废物的使用。

7.3.2 矿产共伴生资源在3D打印领域的应用

7.3.2.1 矿产共伴生资源制备水泥基3D打印材料

A 3D打印水泥基材料的组成

3D打印水泥基材料组成包括水、胶凝材料、骨料、纤维和外加剂。与传统混凝土相比，胶凝材料、骨料和纤维的种类差异不大，但外加剂与传统混凝土相差较大。其胶凝材料通常使用水泥、粉煤灰、矿渣粉、硅灰、石灰石填料等；骨料通常为细骨料，不掺粗骨料；纤维包括玻璃纤维、碳纤维、玄武岩纤维和聚丙烯纤维等。为了满足可打印性的要求，需要同时掺入多种不同功能的外加剂来实现流变控制和水化控制。

已有采用铜尾矿替代河砂开发更为环境友好的3D打印水泥基材料[13]的方法被提出。除硅酸盐水泥体系外，其他品种的水泥，如磷酸盐水泥，早期强度高、黏结效果好、凝结时间快（1~10min），通过控制缓凝剂的掺量，可以在保证层与层之间无界面的情况下，试样不塌陷，从而实现复杂异形结构的3D打印。此外，由于磷酸盐水泥具有良好生物相容性以及陶瓷的结构特征，3D打印磷酸盐水泥还可以应用于陶瓷类物品打印及医疗行业。

3D打印的关键在于满足打印工艺要求的混凝土材料的制备，要求混凝土材料具有良好的流动性、挤出性、建造性与凝结性等性质，以保证打印过程的不间断、不坍塌，且具有一定的黏聚力，最终确保结构的稳定成型（图7-7）。

图7-7　混凝土3D打印建筑产品（单位：mm；由河北工业大学提供）

B　3D打印水泥基材料的应用

近年来，混凝土3D打印被成功应用到建筑工程中，受到广泛关注并表现出巨大的发展潜力（图7-8）。国内外针对水泥基材料3D打印研究方兴未艾，在可打印性、层间结合强度等方面都取得了突破和进展。相比传统模板浇筑的混凝土施工方法，混凝土3D打印具有灵活化、自动化、无模化的智能建造特点，降低了施工过程中的能耗与污染，提高了建造效率。发展以混凝土3D打印为核心的智能建造关键技术，对建筑业的绿色化、工业化发展均具有重要意义。

混凝土材料3D打印房屋建筑已成为现实，打印材料为添加玻璃纤维的混凝土材料，更类似于预制板房的复制品，强度和耐久性能均远优于普通混凝土材料，建造周期短。荷兰曾打印了全球首座3D打印混凝土自行车桥，自行车桥全长8m，宽度3.5m，能承载约40辆卡车的重量，而建造周期仅为3个月[14]。清华大学在上海使用3D打印技术建成了混

图7-8 滑轨式六轴混凝土3D打印机（由河北工业大学提供）

凝土3D打印步行桥[15]。步行桥全长26.3m，宽度3.6m，而建造周期仅为450h，打印过程中未使用模板和钢筋，建造成本为普通桥梁的三分之二。打印材料为添加多种外加剂的聚乙烯纤维混凝土材料，抗压强度能达到65MPa，抗折强度能达到15MPa，能满足站满行人的荷载要求。河北工业大学建成了装配式混凝土3D打印赵州桥[16]，全长28.1m，单拱跨度18.04m，宽度4.20m，是目前世界上跨度最长、总长最长、规模最大的混凝土3D打印桥梁（图7-9）。打印材料为自制的特种水泥基复合材料，具有速凝快硬、水化放热低和早期强度高的早龄期材料特性，同时具有低收缩、微膨胀、高抗裂和自修复的长期工作性能。众多的工程实际案例已经证明了3D打印技术在建筑领域的可行性、有效性以及巨大的发展潜力。

图7-9 混凝土3D打印赵州桥（由河北工业大学提供）

7.3.2.2　矿产共伴生资源制备3D打印彩色砂岩材料

砂岩是一种沉积岩，主要由砂粒胶结而成，其中砂粒含量大于50%。绝大部分砂岩是由石英或长石组成的。砂岩的颜色和成分有关，最常见的是棕色、黄色、红色、灰色和白色。有的砂岩可以抵御风化，但又容易切割，所以经常被用于做建筑材料和铺路材料。石英砂岩中的颗粒比较均匀坚硬，所以砂岩也被经常用来做磨削工具。砂岩由于透水性较好，表面含水层可以过滤掉污染物，比其他石材如石灰石更能抵御污染。

A　彩色砂岩材料的性能

彩色砂岩具有很多优点，它具有石的质地、木的纹理，色彩丰富，贴近自然，无光污染、无辐射，对人体无放射性伤害。它有隔音、吸潮、抗破损、户外不风化、水中不溶化、不长青苔、易清理等特点。同时，它还具有防潮、防滑、吸音、吸光、无味、不褪色、冬暖夏凉的优点。与木材相比，它不开裂、不变形、不腐烂、不褪色。这些优点使得砂岩变成最广泛的一种建筑用石材（表7-2）。

表7-2　3D打印彩色砂岩的物理性能

物理性能	数　值
拉伸强度	14MPa
拉伸率	0.2%
挠曲强度	31MPa
弯曲模量	7160MPa
邵氏硬度	81D
热变形温度	112℃

设计师往往选择彩色砂岩材料进行彩色打印设计作品。彩色砂岩可以打印多种颜色，颜色层次和分辨率都很好。砂岩打印出的模型较为完美并且栩栩如生。因此彩色砂岩被普遍应用于制作模型、人像、建筑模型等室内展示物。但是，彩色砂岩作为3D打印材料，虽然色彩感较强，却有很大的局限性，其材质较脆，基本上一摔即碎，不利于长期保存。

B　彩色砂岩材料在3D打印中的应用

彩色砂岩是在3D打印领域里使用较为广泛的材料之一。由彩色砂岩制作的对象色彩感较强，3D打印出来的产品表面具有颗粒感，打印的纹路比较明显，使物品具有特殊的视觉效果。它的质地较脆容易损坏，并且不适用于打印一些经常置于室外或极度潮湿环境中的对象。彩色砂岩常被应用于建筑领域，但加工过程会产生很多的废弃物——颗粒很细的彩色砂岩粉末，已经成为环境问题之一。如果将这些彩色砂岩粉末都用来制作3D打印产品，将会是一个既环保又节约资源的选择。

现今已开发出全新的3D打印彩色砂岩材料，消除了传统砂岩材料打印的颗粒感，可以看作是在传统较粗糙的彩色砂岩材料外表增加了一层UV树脂的涂层，令其打印出的表面更加明亮，增加打印对象的表现力，相机拍摄出的照片效果更好，好似大理石质感。这种极具光泽的表面，可以增强色彩的表现力，对于深色调的效果尤为明显。利用彩色砂岩材料3D打印的各种城市建筑微缩模型具有惊人的细节和逼真效果，充分展现了3D打印技术的能力、彩色砂岩材料细腻柔和的纹理以及逼真的色彩。使用全彩砂岩打印出来的建筑表面具有磨砂质感，可以充分保留原始建筑自然的感觉。

7.3.2.3　矿产共伴生资源制备3D打印陶土材料

A　陶土材料组成

陶土是一种制作陶瓷的原料，常呈浅灰色、黄色、紫色。按其性质、性能、颜色，习惯上分为甲泥、白泥、嫩泥三大类[17]。甲泥和嫩泥的含铁量高，基本呈有色状；白泥含铁量低，所以洁白细腻、质地松软，具有良好的可塑性和耐火性等性质。

陶土的矿物成分复杂，主要由水云母、高岭石、蒙脱石、石英及长石等组成。陶土在加水后具有可塑性，干燥和烧结性能较好，可用于制造陶器。我国有悠久的制陶历史。传统陶艺因为受到拉坯技术的限制，所以只能制作出规则的形体，比如现在常见的罐状、瓶状、盘子类的对称形体，如果想做不规则的形体，只能开模或纯手工制作，不仅增加了物质成本，而且增加了时间成本。

近年来，3D打印也开始应用于陶土制品的制造。3D陶土打印采用计算机建模的形式与电脑连接进行直接打印，无需手工拉坯，可以制作出自己想要的形体，也可以制作出各式各样不规则的形体[18]（图7-10）。由此可见，3D打印使得陶土制品的形状更加丰富多样，使得传统的陶土制品焕发出新的活力。

图7-10　陶土3D打印工艺品（由宋沛提供）

B　3D打印陶土材料的应用

陶土材料在加水后具有可塑性，可以和混凝土材料一样利用FDM3D打印机打印成型。目前，市场上推出的陶土3D打印机基本上都是通过对FDM3D打印机进行改造来实现的，如图7-11所示。其核心是配备一套适合陶土浆料的打印挤出装置。为了便于陶土浆料的顺利挤出，一般还需要一台空气压缩机，利用一定压力的压缩空气将料筒内的陶瓷浆料连续挤出。

陶土材料在打印时的难点在于浆料的配制，既要有一定的流动性，又要能快速硬化，以避免打印结构的坍塌。此外，在浆料配制时要使陶土颗粒能长期稳定悬浮，以便浆料能长期保存以及打印时浆料挤出平稳。在打印之前，还要将料筒内浆料中的气泡尽量排出，因为气泡的存在会导致挤出的陶瓷条产生孔洞甚至断开，从而引起打印过程的中断及打印件质量的降低。另外，由于压缩气体的压力会在某个压力范围内波动，会对打印的平稳性造成一定影响。

图 7-11　陶泥 3D 打印机

东北大学矿产资源评价与利用研究室已成功使用金矿、铁矿等金属矿伴生资源成功打印出了具有独特纹理的 3D 打印陶瓷工艺品，如图 7-12 和图 7-13 所示。以铁尾矿、金尾矿为主体材料，加入高岭土等助剂增强浆料可塑性，通过调整含水量改变浆料黏稠度以获得具挤出特性的陶泥。使用 8kPa 的挤出气压，可在 1~2h 内完成工艺品的打印，打印精度较高，惟妙惟肖，如图 7-14 所示。

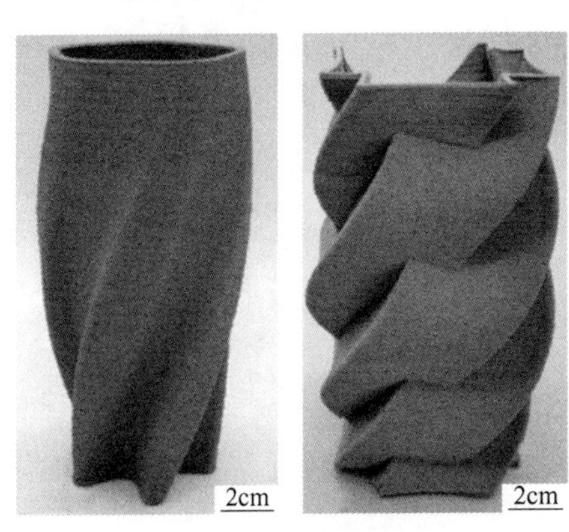

图 7-12　铁尾矿原料 3D 打印陶泥工艺品

图 7-13　金尾矿原料 3D 打印陶泥工艺品

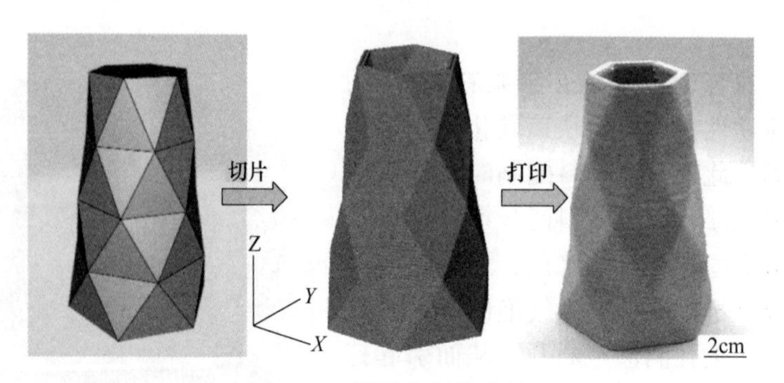

图7-14 模型与打印产品

3D打印陶泥工艺品经1150~1200℃高温烧结过程成型，经烧结的3D打印陶泥工艺品形状基本没有发生改变（图7-15），兼具一定的强度以及陶瓷材料的耐酸碱、耐磨的特质，可满足日常装饰的需要。经过上釉，颜色将更加绚丽。

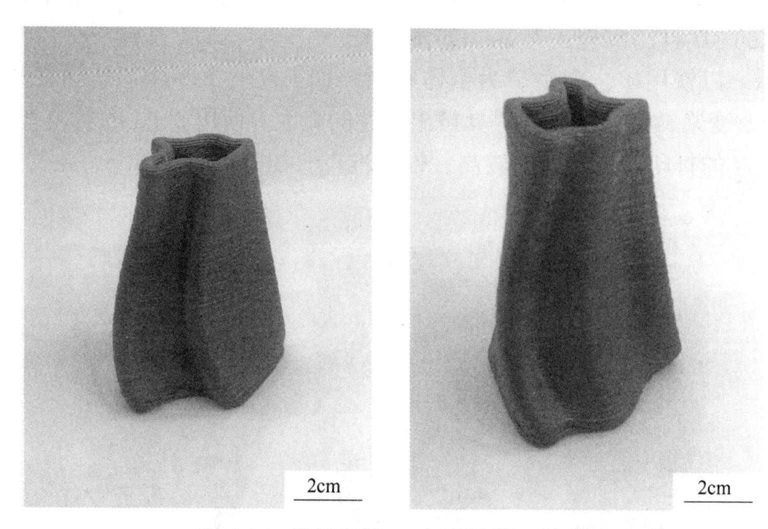

图7-15 烧结后的3D打印陶泥工艺品

C 3D打印陶土材料的展望与发展

3D陶土打印在我国刚刚起步，现阶段打印技术还有待完善。陶土3D打印产品对三维建模的要求也比较高，比如模型不能出现镂空面、形体弧度不宜过大；由于陶土的特性，陶泥的配置缺乏量化的统一配置，打印精度也有待提高。目前，已有研究者对陶土3D打印机进行了改进，在料筒内增加了一套单螺杆挤出装置，利用螺杆的旋转将浆料连续挤出。与利用压缩空气挤压陶土浆料相比，该装置的连续性和平稳性更优，所打印的陶土物品的质量也更好。陶土材料价格低廉，打印速度远远快于塑料丝FDM打印。因此，陶土材料3D打印技术在教育领域的应用更有优势。

3D陶土打印在我国是3D打印技术的新型发展，存在许多优质的特点，缩短了产品的生产周期，降低了产品的生产成本，打破了传统的陶艺对形体的约束，同时顺应了私人订制与电子商务相结合的大潮流。3D陶土打印不仅掀起了3D打印技术的新一轮狂潮，而且是对我国陶艺发展的推进器，可以使全民重视且传承我国历史悠久的陶艺文化。3D陶土打印技术在未来的发展过程中应找到一种大众化的三维建模方式，同时要对陶土的配置进行量化处理，且完善陶土打印的形体要求，尽量边打边成型，提高打印的精度等。

本 章 小 结

矿产共伴生资源量极其庞大，3D 打印技术的蓬勃发展赋予了矿伴生资源更多的利用空间。本章主要介绍了无机非金属材料，属于无毒、无害的环保材料，是非常理想的 3D 打印材料，矿产共伴生资源在艺术、工业、建筑等领域表现出广阔的发展背景：陶瓷材料可以经 3D 打印技术获得具有独特形状的陶瓷工艺品，石膏、彩色砂岩 3D 打印后可获得多彩的 3D 打印产品。3D 打印混凝土已在国内外获得了广泛的应用，是未来新型装配式建筑的重要实现手段之一。利用 3D 打印技术对矿产共伴生资源加以利用，是矿产资源全组分利用的重要途径之一。

思 考 题

(1) 3D 打印陶瓷材料有哪些优缺点？

(2) 运用陶土材料进行 3D 打印后煅烧过程的作用是什么？

(3) 哪些矿产共伴生资源可被选择为 3D 打印材料？

(4) 矿伴生资源材料如何应用到陶瓷 3D 打印中？

(5) 3D 打印陶瓷材料可以在哪些领域应用？

(6) 地质聚合物如何进行 3D 打印？

参 考 文 献

[1] 张铁，胡丽，蔡志祥，等. 载脱钙骨基质的 3D 打印多孔生物陶瓷的制备及其成骨性能研究 [J]. 生物骨科材料与临床研究，2021，18 (6)：1-6.

[2] 曹沐曦，詹倩怡，沈晓琦，等. 3D 打印技术在食品工业中的应用概述 [J]. 农产品加工，2021 (1)：78-82.

[3] 刘少岗，金秋. 3D 打印先进技术及应用 [M]. 北京：机械工业出版社，2020.

[4] 王维. 3D 打印材料发展现状研究 [J]. 新材料产业，2019 (2)：7-11.

[5] 贲玥，张乐，魏帅，等. 3D 打印陶瓷材料研究进展 [J]. 材料导报，2016，30 (21)：109-118.

[6] 黄明杰，张杰. 硫酸钙（石膏）在 3D 打印材料中的应用综述 [J]. 硅谷，2014，7 (12)：85-86.

[7] 李保顺，胡永成，伦登兴. 硫酸钙基无机复合骨修复材料研究进展 [J]. 广东化工，2020，47 (24)：47-49，56.

[8] 蔚美娇，孔祥云，黄劲松，等. 我国尾矿固废处置现状及建议 [J]. 化工矿物与加工，2022，51 (1)：34-38.

[9] Lazorenko G，Kasprzhitskii A. Geopolymer additive manufacturing：A review [J]. Additive Manufacturing，2022，55.

[10] Provis J L，Lukey G C，Van Deventer J S J. Do geopolymers actually contain nanocrystalline zeolites? A reexamination of existing results [J]. Chemistry of Materials，2005，17 (12)：3075-3085.

[11] 马世龙，江汪正，肖伟，等. 3D打印地质聚合物材料研究进展［J］. 混凝土世界，2022（1）：45-50.
[12] Archez J，Texier-Mandoki N，Bourbon X，et al. Shaping of geopolymer composites by 3D printing［J］. Journal of Building Engineering，2021，34：101894.
[13] Ma G，Li Z，Wang L. Printable properties of cementitious material containing copper tailings for extrusion based 3D printing［J］. Construction and Building Materials，2018，162：613-627.
[14] Salet T A M，Ahmed Z Y，Bos F P，et al. Design of a 3D printed concrete bridge by testing［J］. Virtual and Physical Prototyping，2018，13（3）：222-236.
[15] 徐卫国. 世界最大的混凝土3D打印步行桥［J］. 建筑技艺，2019（2）：6-9.
[16] 田泽皓. 3D打印混凝土层间界面的力学和耐久性能研究［D］. 天津：河北工业大学，2020.
[17] 李堪舆. 3D打印荧光陶瓷试验分析［J］. 西部皮革，2019，41（2）：159-160.
[18] 邓霞，曹阳. 3D陶土打印的特点及应用简析［J］. 中国包装工业，2015（Z2）：137-138.

8 矿产资源全组分利用技术发展与展望

本章课件

本章提要

了解矿产资源全组分利用的前景以及未来的发展方向。

全组分利用是对矿产共伴生资源综合利用提出的更高要求，本章简要介绍了全组分利用在生态文明建设、经济持续发展、学科交叉融合等方面的重要意义，提出将向信息化、高值化、系统化发展的趋势。

8.1 矿产资源全组分利用前景

目前，世界经济迅猛发展，人们对资源的消耗日益激烈。矿产资源的不可再生性和生态环境的特殊需求性，要求必须重视可持续发展。

传统认知中，资源指的是那些具有较高经济价值的金属矿产、稀有矿产，因而造成了矿产资源开发中采富弃贫、采大丢小，矿产资源严重浪费的问题。但是，通过科学的原理与方法，对伴生资源分级使用、优质优用、做到资源的全组分高值高质利用，可以实现已开采资源的吃干榨净，达到资源利用最大化的目的。比如，将矿产共伴生资源制备性能优异的混凝土材料、陶瓷材料、多孔材料、3D 打印材料等多种有社会需求的材料。因此，新型资源观要求在对资源进行开发利用的同时，充分考虑资源和生态的可持续发展需求，又快又好地发展共伴生资源的高效利用技术，在满足经济快速发展的同时，减少、甚至消除资源浪费现象，真正实现绿水青山和金山银山共同发展的目标。

矿产资源全组分利用的研究，拓宽了传统资源、矿业、材料、环境的研究视野和空间，促进地质学、矿业工程、化学、物理学、材料科学、环境科学、生态学、遥感科学、资源经济学、计算机科学等多个学科的交叉融合。矿产资源全组分利用面向国家重大需求的主攻方向，是问题导向性课题，也是实现科技成果转化应用的生命力。这就要求矿山企业、科研院所、高校等产学研有机融合，围绕保障矿产资源安全供给和促进矿业绿色转型，探索建立产业技术创新战略联盟，积极争取国家重点研发计划支持，大力研发先进技术，突破一批核心关键技术，为可持续发展、矿业转型升级，提供强有力的科技支撑[1]。

因此，提升矿产共伴生资源的战略地位，适度超前部署，将共伴生资源全组分利用作为一个战略新兴产业来重点培育，推动矿产资源综合利用向共伴生资源全组分利用的转变，将成为实现资源、环境可持续的必经之路。

8.2 矿产资源全组分利用发展趋势

对矿产资源全组分利用原理和方法的研究是实现资源最大化利用的基础，是满足我国经济发展的需求，是推动生态文明建设的要求，是促进交叉学科的发展的契机，同时也是矿产行业可持续发展的内动力，更是推进国家资源战略转型与发展的紧迫任务。全组分利用具有美好前景，未来将向信息化、高值化、系统化迈进。

由于伴生资源分布广泛，规模、时间尺度大，赋存状态复杂，化学组分和矿物组成多样，这会使得一些关键技术的研发进展缓慢，矿产资源综合利用困难。因此，地球科学在共伴生资源利用中具有举足轻重的作用，同时，需要加强共伴生资源利用原理的深入探讨，促进多个学科的交叉融通。另外，共伴生资源利用面临的首要挑战之一就是如何从海量数据中提取尽可能多的有用信息并获得新发现、新认识，以期待在学科领域获得新突破。因此，依托云计算、“互联网+” 等现代化信息技术手段，建设矿产资源的大数据研究中心，构建固体废物综合管理和公共信息服务体系，提升固体废物环境管理的信息化、数字化、网络化水平[2]。建立资源共享的固体废弃物矿物学数据库，实现生产信息的互通互联，避免出现“数据孤岛”与“信息烟囱”等问题。为潜在资源的开发利用、方案优化提供基础数据和理论支撑，同时建立适应大规模定制、多工序协同的制品生产智能化工艺模型库，有助于建立完整的产业链和促进多学科的交叉融合解决共伴生资源复杂性的技术难题。

目前，对共伴生资源的处理多集中在建筑材料方向，跟踪开发的产品较多，在基础研究领域，产学研合作机制还不健全，研发与产业脱节严重，导致成果转移、转化存在障碍。因此，未来的发展，需要克服共伴生资源难利用、高成本的问题，提高自主创新能力，瞄准开发功能矿物材料（包括环境矿物材料、光功能矿物材料、电功能矿物材料、声功能矿物材料、生物医用矿物材料）、结构矿物材料（包括矿物聚合材料、矿物摩擦材料、矿物复合材料）和纳米矿物材料。同时，急需提升自主创新能力，引进和培养资源全组分利用领域高端人才，建立起具有自主知识产权，重点突出共性、关键性、集成性、带动性的技术问题[3]，真正做到共伴生资源的高值化利用，从而产生有颠覆性的成果。

共伴生资源全组分利用，既是一项经济工作，更是一项长期性、综合性的系统工作。国家政府需要设立专项基金，并逐步增加投入，加强组织管理[4]，以区域布局方式在重点行业，形成共伴生资源回收利用-循环产业集群，加快提升共伴生资源化的跨行业集成；综合使用经济扶持政策促进固体资源化新型产业的系统化发展[5]，提升产品质量与产业竞争力，有利于解决矿山企业发展资源循环经济内动力不足的问题。而且要深化科技体制改革，建立以企业为主体、市场为导向、产学研深度融合的技术创新体系，加强对企业技术创新的支持，加强全产业链的协调管理和重点建设大型固体矿业集团，促进科技成果转化[6]。同时打造专业化的服务科技成果转化的高素质人才队伍，完善知识产权创造与保护体系，发挥各自资源优势。通过龙头企业的示范效应，建立并完善产业标准，提升产品品质和市场认可度，让市场主体真正有了进行科技创新的需求和动力[3,7]，建全产业链布局，从而实现系统化的全组分利用目标。

本章小结

矿产资源全组分利用是矿产行业持续发展的动力，是经济发展的需求，更是生态文明建设的要求。随着先进技术手段的应用、自主创新能力的提高、产业链布局的完备，矿产资源全组分利用将向信息化、高值化、系统化迈进。

思考题

(1) 矿产资源全组分利用的意义有哪些?

(2) 请结合自身专业方向谈一谈矿产资源全组分利用对学科的交叉促进作用。

(3) 请简要分析当前矿产资源利用方式存在哪些不足，未来如何发展。

参考文献

[1] 中国自然资源学会. 2016—2017资源科学学科发展报告 [M]. 北京：中国科学技术出版社，2018.

[2] 杜祥琬，钱易，陈勇，等. 我国固体废物分类资源化利用战略研究 [J]. 中国工程科学，2017，19 (4)：27-32.

[3] 国家新材料产业发展战略咨询委员会，2017.

[4] 陈毓川，李庭栋，彭齐鸣. 矿产资源与可持续发展 [M]. 北京：中国科学技术出版社，1999.

[5] 董发勤，徐龙华，彭同江，等. 工业固体废物资源循环利用矿物学 [J]. 地学前缘，2014，21 (5)：302-312.

[6] 中国工程院-清华大学“中国可持续发展矿产资源战略研究”项目组. 中国可持续发展矿产资源战略研究 [M]. 北京：科学出版社，2016.

[7] 中国科学院. 2018高技术发展报告 [M]. 北京：科学出版社，2018.